河北省灯诱监测昆虫

◎ 李春峰　勾建军　等　编著

中国农业科学技术出版社

图书在版编目（CIP）数据

河北省灯诱监测昆虫 / 李春峰等编著 . — 北京：
中国农业科学技术出版社，2019.11

ISBN 978 - 7 - 5116 - 4520 - 3

Ⅰ．①河… Ⅱ．①李… Ⅲ．①昆虫－生物监测－河北
Ⅳ．① Q96 ② X835

中国版本图书馆 CIP 数据核字（2019）第 262149 号

责任编辑	李　雪　徐定娜
责任校对	李向荣

出 版 者	中国农业科学技术出版社
	北京市中关村南大街 12 号　邮编：100081
电　　话	（010）82109707 82105169（编辑室）
	（010）82109702（发行部）
	（010）82106629（读者服务部）
传　　真	（010）82109707
网　　址	http://www.castp.cn
经 销 者	各地新华书店
印 刷 者	北京富泰印刷有限责任公司
开　　本	787mm×1 092mm　1/16
印　　张	18.5
字　　数	473 千字
版　　次	2019 年 11 月第 1 版　2019 年 11 月第 1 次印刷
定　　价	128.00 元

《河北省灯诱监测昆虫》
编著人员

主 编 著 李春峰　勾建军

副主编著 李秀芹　刘　莉　崔　彦　王　伟（河北省植保植检总站）　王睿文　栗梅芳
　　　　　 刘俊田　毕章宝　董立新　于卫红

主 审 王勤英

编 著 （按姓氏笔画排序）

卫雅斌	马秀英	马建英	王文娜	王书芳	王玉强	王玉霞	王立颖
王兰剑	王永升	王　伟（青龙县）	王会玲	王志霞	王丽川	王丽芹
王丽娟	王　松	王孟泉	王秋莲	王俊英	王美娟	王洪亮	王晓涛
王新学	田艳艳	付秀悦	白　颖	刑永会	师素英	朱贵鹏	朱敬霞
任　洁	任艳慧	刘　旺	刘明霞	刘　玥	刘　丽	刘　莹	齐　智
闫金梅	闫志勇	江彦军	安文占	许州达	许志兴	许万华	孙晓计
孙彦敏	杜　宏	杨　宇	杨志伶	杨树新	杨保峰	杨素堂	杨新振
杨　静	苏　亚	苏翠芬	苏增朝	李长印	李计勋	李兰蕊	李永刚
李永亮	李华峰	李　志	李利平	李秀清	李　君	李茂兴	李林俊
李虎群	李树洋	李保俊	李彦青	李晓丽	李朝辉	李智慧	李瑶瑶
吴天剑	吴永山	吴宝华	吴春柳	吴春娟	吴晓杰	吴雅娟	何广全
何国梁	汪志和	沈　成	张大为	张小龙	张云慧	张友青	张　双
张玉江	张巧丽	张立娇	张汉友	张永生	张动军	张红芹	张志英
张志勇	张　丽	张国新	张宝军	张星璨	张秋月	张俊丽	张须堂
张艳刚	张振旺	张淑玲	张　徽	张瑞雪	张　颖	张新瑜	张　聪
张　毅	陈　奇	陈立涛	陈　哲	陈云芳	陈国华	陈春妙	武培秀
武墨广	林永岭	尚玉儒	尚秀梅	罗东万	周树梅	庞红岩	郑广永
郑贵银	郑　倩	荆微微	要兵涛	郝延堂	郝向娜	赵鹏飞	赵福艳
钟金旭	郗向华	姜红艳	宣　梅	姚明辉	秦　洁	聂志英	倪玉杰
徐宝兴	徐春梅	郭丽伟	郭泉龙	高东霞	高占虎	高　峰	高　倩
高慧芳	曹艳蕊	鄂建元	崔延哲	崔　栗	崔海平	康爱国	寇奎军
彭　波	彭俊英	董建华	董宪梅	韩　丽	韩丽敏	韩　娟	程　丽
程校云	程瑞玲	焦金荣	焦素环	靳群英	蔡晓玲	裴祥旺	潘小花
潘宝军	薛鸿宝	魏希铭	魏洪亮	魏　娜			

序

　　河北省是我国唯一兼有高原、山地、丘陵、平原、湖泊和海滨的省份，地形地貌复杂，生态类型多样，物种丰富，昆虫种类也非常多。目前，河北省的昆虫分类工作成效明显，为有害昆虫的防治工作奠定了坚实的基础，这得益于广大植保工作者的辛勤劳作。

　　进行不常见昆虫种类的识别和鉴定是植保工作者日常工作的一部分，最常用的方法就是灯诱法，其根据夜行昆虫的趋光性，利用特定的灯光诱捕昆虫并对昆虫的发生进行预测预报。灯诱法防治害虫也是农、林、渔及养殖业等生产中重要的手段之一，这种方法对保护环境十分有利，且低成本高效率，在现代农业生产中日益显示出其优越性，越来越受到重视。

　　河北省300多名植保工作者经过多年的努力，利用灯诱的方法采集整理了500多种昆虫，制成了3 500多张模式图片，遴选出了具有代表性的11个目，73个科，345种昆虫图片，配以简洁明确的文字说明，集成《河北省灯诱监测昆虫》一书。

　　此书简要介绍了如何利用特定灯光对趋光性昆虫进行捕捉分类和调查，测定不同时间段活动的昆虫种类，比较分析昆虫的活动习性，明确了当前河北省灯诱昆虫的种类及其具体分布。更让人欣喜的是，他们新发现了河北省植保系统记录以外的种类，丰富了河北省植保技术信息。书中图片清晰完整，文字描述精练准确，展现了各种昆虫的典型形态特征，既能作为工具书查阅，也可作为教科书参考，在丰富河北省植保技术资料的同时，进一步提升了农作物害虫监测预警工作水平。

　　此书的编写集中了全省植保工作者的智慧，许多植保工作者提供了有价值的资料，有的老植保人将毕生的研究成果贡献出来。十分感谢为河北省植保工作辛勤劳动、任劳任怨的人们，有这些忘我工作及无私奉献的人们的支持与厚爱，相信河北省的植保工作一定会上一个新台阶。

　　此书对提高植保专业人员的昆虫识别、鉴定能力必将大有裨益，也是植保学习者、爱好者、新型经营主体、种植大户查询昆虫信息、了解昆虫知识的宝贵资料。

段玲玲

2019 年 6 月 20 日

目 录

第一章 半翅目

·蝽 科· 1

·盾蝽科· 8

·负子蝽科· 9

·红蝽科· 10

·盲蝽科· 10

·缘蝽科· 14

·长蝽科· 16

·地长蝽科· 18

第二章 鳞翅目

·斑蛾科· 19

·豹蠹蛾科· 19

·菜蛾科· 20

·蚕蛾科· 22

·草螟科· 23

·尺蛾科· 27

·刺蛾科· 44

·天蚕蛾科· 48

·大蚕蛾科· 49

·灯蛾科· 50

·毒蛾科· 62

·幅蛾科· 68

·举肢蛾科· 68

·卷蛾科· 70

·枯叶蛾科· 75

·鹿蛾科· 79

·麦蛾科· 80

·螟蛾科· 81

·木蠹蛾科· ···································· 102

·潜叶蛾科· ···································· 104

·天蛾科· ······································ 105

·夜蛾科· ······································ 121

·羽蛾科· ······································ 181

·织蛾科· ······································ 182

·舟蛾科· ······································ 182

第三章　脉翅目

·蚁蛉科· ······································ 198

第四章　膜翅目

·叶蜂科· ······································ 199

第五章　鞘翅目

·步甲科· ······································ 200

·虎甲科· ······································ 204

·花金龟科· ···································· 206

·吉丁甲科· ···································· 208

·叩甲科· ······································ 209

·丽金龟科· ···································· 211

·拟步甲科· ···································· 214

·瓢虫科· ······································ 215

·鳃金龟科· ···································· 218

·天牛科· ······································ 224

·铁甲科· ······································ 228

·象甲科· ······································ 229

·肖叶甲科· ···································· 233

·隐翅虫科· ···································· 240

·芫菁科· ······································ 241

·葬甲科· ······································ 242

第六章　蜻蜓目

·蜻　科· 243

第七章　双翅目

·大蚊科· 244
·盗虻科· 245
·食蚜蝇科· 245
·蕈蚊科· 247

第八章　螳螂目

·螳螂科· 249

第九章　同翅目（半翅目同翅亚目）

·蝉　科· 251
·飞虱科· 253
·广翅蜡蝉科· · · · · · · · · · · · · · · · · · · 254
·蜡蝉科· 255
·象蜡蝉科· 256
·蚜　科· 257
·叶蝉科· 260

第十章　缨翅目

·蓟马科· 261

第十一章　直翅目

·斑翅蝗科· 263
·斑腿蝗科· 266
·飞蝗科· 268
·癞蝗科· 270
·剑角蝗科· 271

· 蝼蛄科 · 271

· 蟋蟀科 · 273

· 锥头蝗科 · 275

第十二章　植保工作照

· 害虫防治 · 277

· 现场监测 · 278

· 昆虫为害 · 278

· 中文名索引 · 280

第一章　半翅目

·蝽　科·

1. 斑须蝽

中文名称：斑须蝽，*Dolycoris baccarum*（Linnaeus），半翅目，蝽科。

为害：为害谷子、玉米、麦类、水稻、甜菜、棉花、烟草、蔬菜等多种作物。

分布：黑龙江、吉林、辽宁、上海、江苏、浙江、安徽、福建、江西、山东、北京、天津、山西、河北、内蒙古[①]、河南、湖北、湖南、广东、广西、海南、四川、贵州、云南、重庆、西藏、陕西、甘肃、青海、宁夏、新疆。

生活史及习性：斑须蝽每年发生 1～3 代，以成虫在植物根际、枯枝落叶下、树皮裂缝中或屋檐底下等隐蔽处越冬。在河北省第一代发生于 4 月中旬至 7 月中旬，第二代发生于 6 月下旬至 9 月中旬，第三代发生于 7 月中旬一直到翌年 6 月上旬。后期世代重叠现象明显。

成虫多将卵产在植物上部叶片正面，或花蕾或果实的苞片上，呈多行整齐排列。初孵若虫群集为害，2 龄后扩散为害。成虫及若虫有恶臭，均喜群集于作物幼嫩部分和穗部吸食汁液，自春至秋持续为害。

成虫形态特征：成虫体长 8.0～13.5 mm，宽约 6 mm，椭圆形，黄褐色或紫褐色，体背有细毛，密布刻点。触角 5 节，黑色，各节端部和基部淡黄色，以至黑黄相间。小盾片近三角形，末端钝而光滑，黄白色。前翅革片红褐色，膜片黄褐色，透明，超过腹部末端。胸腹部的腹面淡褐色，散布零星小黑点，足黄褐色，腿节和胫节密布黑色刻点。

成虫上灯时间：河北省 4—9 月。

斑须蝽成虫　卢龙县　董建华	斑须蝽成虫　南皮县　田艳艳	斑须蝽成虫　蔚县　郑贵银
2018 年 7 月	2018 年 6 月	潘进红 2018 年 7 月

---

① 内蒙古自治区、广西壮族自治区、西藏自治区、宁夏回族自治区、新疆维吾尔自治区、简称内蒙古、广西、西藏、宁夏、新疆。全书同。

2. 茶翅蝽

中文名称：茶翅蝽，*Halyomorpha halys*（Stål），半翅目，蝽科。别名：臭木椿象、茶翅蝽象，俗称臭大姐等。

为害：为害梨、苹果、海棠、桃、李、梅、杏、樱桃、山楂、草莓、大豆等树木和作物。以成虫、若虫吸食叶、嫩梢及果实汁液。果实受害部分停止发育，形成果面凹凸不平的"疙瘩果"。

分布：黑龙江、吉林、辽宁、北京、天津、山西、河北、内蒙古、上海、江苏、浙江、安徽、福建、江西、山东、台湾和陕西、甘肃、青海、宁夏、新疆。

生活史和习性：1年发生1代，以成虫在空房、屋角、檐下、草堆、树洞、石缝等处越冬。北方果区一般从5月上旬开始陆续出蛰活动，飞到果树、林木及作物上为害，6月开始产卵，多产于叶背，7月上旬开始陆续孵化，初孵若虫喜群集卵块附近为害，而后逐渐分散，成虫为害至9月寻找适当场所越冬。

成虫形态特征：成虫体扁平茶褐色，前胸背板、小盾片和前翅革质部有黑色刻点，前胸背板前缘横列4个黄褐色小点，小盾片基部横列5个小黄点，两侧斑点明显。腹部两侧各节间均有1个黑斑。

成虫上灯时间：河北省5—9月。

茶翅蝽成虫 邢台县 张须堂 2012年8月　　茶翅蝽成虫 泊头县 吴春娟 2018年7月　　茶翅蝽若虫 邢台县 张须堂 2012年8月

茶翅蝽若虫 正定县 李智慧 2010年9月　　茶翅蝽卵 正定县 李智慧 2010年9月8日

3. 赤条蝽

中文名称： 赤条蝽，*Graphosoma rubrolineata*（L.），半翅目，蝽科。

为害： 主要为害胡萝卜、茴香等伞形花科植物及萝卜、白菜、洋葱、葱等蔬菜，也可为害栎、榆、黄菠萝等。成虫、若虫常栖息在寄主植物的叶片、花蕾及嫩荚上吸取汁液，植株生长衰弱，若留种菜受害可使种荚畸形、种子减产。

分布： 黑龙江、吉林、辽宁、上海、江苏、浙江、安徽、福建、江西、山东、北京、天津、山西、河北、内蒙古、河南、湖北、湖南、广东、广西、海南、四川、贵州、云南、重庆、西藏、陕西、甘肃、青海、宁夏、新疆。

生活史及习性： 赤条蝽在各地均 1 年发生 1 代，以成虫在田间枯枝落叶、杂草丛中、石块下、土缝里越冬。4 月中、下旬越冬成虫开始活动，5 月上旬至 7 月下旬成虫交配并产卵。若虫于 5 月中旬至 8 月上旬出现，6 月下旬成虫开始羽化，8 月下旬至 10 月中旬陆续进入越冬状态。成虫白天活动，多产卵于叶片和嫩荚上，卵成块，一般排列 2 行，每块卵约 10 粒。初孵若虫群集在卵壳附近，2 龄以后分散。若虫共 5 龄。卵期 9 ～ 13 d，若虫期约 40 d，成虫期 300 d 左右。

成虫形态特征： 成虫长椭圆形，体长 10 ～ 12 mm，宽约 7 mm。全体红褐色，其上有黑色条纹，纵贯全长。头部有 2 条黑纹，前胸背板和小盾片上各有 5 条黑纹。体侧缘每节具黑、橙相间斑纹。体腹面黄褐色或橙红色，其上散生许多大黑斑。足黑色，其上有黄褐色斑纹。

成虫上灯时间： 河北省 4—10 月。

赤条蝽成虫 邢台县 张须堂

2009 年 7 月

4. 二星蝽

中文名称： 二星蝽，*Eysarcoris guttiger*（Thunberg），半翅目，蝽科。

为害： 寄主有麦类、水稻、棉花、大豆、胡麻、高粱、玉米、甘薯、茄子等。以成虫、若虫吸食寄主茎秆、叶穗部汁液，致植株生长发育受阻，籽粒不饱满。

分布： 河北、山东、黑龙江、内蒙古、宁夏、甘肃、四川、西藏、台湾、海南、广东、广西、云南。

生活史及习性： 每年的 6—10 月为为害期。成虫白天隐藏在植株的隐蔽处，偶尔可见，趋光性较弱，以夜间活动为主。成虫寿命 7 ～ 12 d，卵散产或多粒产，平均每雌产卵 80 粒左右，大部分卵产在含苞欲放的花蕾或花瓣上。

成虫形态特征： 成虫体长 4.0 ～ 5.5 mm，宽 3.2 ～ 4.5 mm。体卵圆形，长宽几乎相等。头部全黑色，少数个体头基部具浅色短纵纹，体黄褐色或黑褐色；触角浅黄褐色，具 5 节。前胸背板胝区及侧角黑，前侧缘黄白色，小盾片末端多无明显的锚形浅色斑，小盾片基角各有 1 个近圆形的黄白色斑；胸部腹面污白色，密布黑色点刻；腹下中部黑色区域窄，约占腹宽的 1/3，或宽，侧方亦伸达气门附近，气门黑褐色，但向两侧渐淡，渐成深色密集的刻点；边缘较模糊；小盾片宽大，倒钟形，末端圆，伸过腹部中央。足淡褐色，密布黑色小点刻。

成虫上灯时间： 河北省 7 月。

二星蝽　馆陶县　马建英

2017 年 7 月

5. 浩蝽

中文名称：浩蝽，*Okeanos quelpartensis*（Distant），半翅目，蝽科。

为害：食性驳杂，从各种小虫到植物茎叶，荤素俱全。

分布：湖南（湘西）、吉林、甘肃、河北、陕西、江西、四川、云南。

成虫形态特征：体长 12.0～16.5 mm，宽 7～9 mm，长椭圆形，深紫褐或酱褐色，具光泽和刻点。前胸背板基缘、小盾片侧区、前翅革片外域呈暗金绿色；前胸背板前部、小盾片端部及侧接缘淡黄褐色，几无刻点。头侧叶与中叶等长，基部有暗金绿色斑纹，触角淡黄褐色，第 4 节端及第 5 节深黄褐色。前胸背板前角小刺状，略向前斜指，侧角明显伸出体外，末端呈斜平截。前翅革片前缘具淡黄白色窄边，膜片淡烟褐色，末端稍伸出腹末。侧接缘淡黄褐色。足及腹部腹面淡黄褐色，生殖节鲜红色。

成虫上灯时间：河北省 8 月。

浩蝽成虫 平山县 刘明霞
2018 年 8 月

6. 麻皮蝽

中文名称：麻皮蝽，*Erthesina fullo*（Thunberg），半翅目，蝽科。

为害：寄主有苹果、枣、沙果、李、山楂、梅、桃、杏、石榴、柿、海棠、板栗、龙眼、柑橘、杨、柳、榆等及林木植物。刺吸枝干、茎、叶及果实汁液，枝干出现干枯枝条；茎、叶受害出现黄褐色斑点，严重时叶片提前脱落；果实被害后，出现畸型或猴头果，被害部位常木栓化，失去食用价值，对产量及品质造成很大损失。

分布：内蒙古、辽宁、河北、陕西、四川、云南，广东、海南沿海各地及台湾，黄河以南密度较大。

生活史及习性: 河北、山西1年发生1代,江西2代,均以成虫在枯枝落叶下、草丛中、树皮裂缝、梯田堰坝缝、围墙缝等处越冬。次春寄主萌芽后开始出蛰活动为害。山西省5月中、下旬开始交尾产卵,6月上旬为产卵盛期,此时可见到若虫,7—8月间羽化为成虫,为害至秋末陆续越冬。

成虫飞翔力强,喜于树体上部栖息为害,交配多在上午,长达约3 h。具假死性,受惊扰时会喷射臭液,但早晚低温时常假死坠地,正午高温时则逃飞。有弱趋光性和群集性,初龄若虫常群集叶背,2龄、3龄才分散活动,卵多成块产于叶背,每块约12粒。

成虫形态特征: 成虫:体长18.0～24.5 mm,宽8.0～11.5 mm,体稍宽大,密布黑色点刻,背部棕黑褐色,由头端至小盾片中部具1条黄白色或黄色细纵脊;前胸背板、小盾片、前翅革质部布有不规则细碎黄色凸起斑纹;腹部侧接缘节间具小黄斑;前翅膜质部黑色。触角5节,黑色,丝状,第5节基部1/3淡黄白或黄色。

成虫上灯时间: 河北省6—9月。

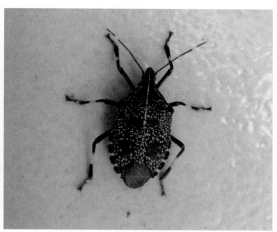

麻皮蝽成虫 正定县 张志英　　　　　　　麻皮蝽成虫 正定县 张志英

2018年9月　　　　　　　　　　　　　　　2018年9月

7. 麦 蝽

中文名称: 麦蝽,*Aelia sibirica*(Reuter),又名臭斑斑,西北麦蝽。属半翅目,蝽科。

为害: 麦蝽以口器刺吸小麦叶片汁液,受害麦苗出现枯心,或叶片上出现白斑,或扭曲或变黄枯萎,严重时叶片尖端齐断,后期被害可造成白穗及秕粒。

分布: 陕西、甘肃、青海、宁夏、新疆、河北、山西、江苏、浙江、吉林等。

生活史及习性: 1年发生1代,以成虫及若虫在杂草、落叶及芨芨草丛中或土块及墙缝中越冬。4月下旬出蛰,首先在芨芨草上取食活动,5月初迁入麦田,6月上旬产卵,卵期8 d左右,6月中旬进入卵孵化盛期。若虫为害期40 d左右,为害后成虫或老熟若虫迁回芨芨草,9月后陆续越冬。成虫一般下午交尾,其后1 d即可产卵。卵多产在植株下部及枯黄叶背面,每头雌虫可产卵20～30粒。成虫虽有翅,只能作短距离飞行,多在地埂、渠岸、碱滩上的芨芨草丛下越冬。

成虫形态特征: 成虫体长9～11 mm,黄至黄褐色,前胸背板有一条白色纵纹,背部密生黑色点刻，小盾片发达，长度超过腹背中央。

成虫上灯时间：河北省4—6月。

麦蝽成虫 定州市 苏翠芬
2018年5月

8. 珀 蝽

中文名称：珀蝽，*Plautia fimbriata*（Fabricius），半翅目，蝽科。别名：朱绿蝽、米缘蝽、克罗蝽。

为害：寄主有水稻、大豆、菜豆、玉米、芝麻、苎麻等作物。为害白蜡、国槐，也为害柳、月季、梨、苹果、茶、柑橘、桃、柿、李、泡桐、马尾松、枫杨、盐肤木等园林植物。若虫和成虫以为害植物为主，同时也为害植物的新梢。

分布：河北、北京、河南、江苏、福建、广西、四川、贵州、江西、云南等。

生活史及习性：珀蝽在河北省1年发生1代，以成虫在树皮缝、墙缝、枯草丛中等处越冬。翌年4月开始活动，成虫有较强的趋光性，晴天10：00前和15：00后较活泼。4月下旬至6月上旬产卵，卵多产于叶片背面上，卵块呈双行或不规则紧凑排列，一般14～16粒。卵期7～8 d。初孵若虫群集，先静止在卵壳周围或卵壳上，3龄后分散为害。7—8月是为害高峰期。成虫趋光性强。

成虫形态特征：成虫体长8.0～11.5 mm，宽5.0～6.5 mm。长卵圆形，具光泽，密被黑色或与体同色的细点刻。头鲜绿，触角第二节绿色，3～5节绿黄，末端黑色；复眼棕黑，单眼棕红。前胸背板鲜绿。两侧角圆而稍凸起，红褐色，后侧缘红褐色。小盾片鲜绿，末端色淡。前翅革片暗红色，刻点粗黑，并常组成不规则的斑。腹部侧缘后角黑色，腹面淡绿色，胸部及腹部腹面中央淡黄色，中胸片上有小脊，足鲜绿色。

成虫上灯时间：河北省8月。

珀蝽成虫 安新县 张小龙

2018 年 8 月

· 盾蝽科 ·

1. 金绿宽盾蝽

中文名称：金绿宽盾蝽，*Poecilocoris lewisi*（Distant），半翅目，盾蝽科。别名：异色花龟蝽、红条绿盾背蝽。

为害：寄主植物葡萄、松、枫杨、臭椿、侧柏等。

分布：山东、北京、天津、河北、陕西、江西、四川、贵州、云南等。

生活史及习性：金绿宽盾蝽1年发生1代，以5龄若虫在侧柏附近的落叶和石块下越冬，翌年4月上中旬陆续从越冬处爬出，取食侧柏嫩叶。5月中旬5龄若虫开始羽化，6月初为羽化高峰期，6月中下旬羽化期结束，5—8月为成虫期，7月底到8月中旬交配产卵，8—9月若虫由1龄发育至5龄，9月中下旬为5龄若虫高峰期，11月5龄若虫开始转移越冬。

成虫形态特征：体长 13.5 ～ 15.5 mm，宽 9 ～ 10 mm。宽椭圆形。触角蓝黑，足及身体下方黄色，体背是有金属光泽的金绿色，前胸背板和小盾片有艳丽的条状斑纹。

成虫上灯时间：河北省5—8月。

金绿宽盾蝽若虫 容城县 王丽芹（采集地点北京）

2018 年 5 月

·负子蝽科·

1. 负子蝽

中文名称： 负子蝽，*Sphaerodema rustica* （Fabricius），半翅目，负子蝽科。别名：田鳖。

为害： 以荤食为主，以小鱼、小虫、水蚤、蝌蚪甚至小蛙等为捕食对象。

分布： 河北、辽宁、山西、江苏、浙江、湖南、湖北、安徽、福建、江西、广东、四川。

生活史及习性： 负子蝽生活史为不完全变态发育，卵生。喜欢栖息在池沼、稻田、鱼塘中，习惯于生活在水质变化小的山脚底洼、坑、沟、湖、塘中。它有较明显的趋光性，傍晚时会向明亮处靠近。负子蝽从夏季到秋季都生活在水中，但有时也会到陆地上过冬，常藏身在水边的草丛之中。以荤食为主，以小鱼、小虫、水蚤、蝌蚪甚至小蛙为捕食对象。常用伏击的办法捕捉猎物，往往抓住水草，发现猎物后悄悄接近，然后进行捕捉，并用镰刀一般的前肢抱住猎物吸其体液，但有时直接游上前吸其体液，一般不吃猎物的肉。通常以成虫在池塘、湖泊或河流的浅层泥底中越冬。

成虫形态特征： 体长 15～17 mm，宽 9～10 mm，雌虫头较小，三角形。触角短，4 节；喙 5 节；复眼突出，无单眼；前胸大。前翅革质，发达且较为坚韧，前足粗大且强壮，呈镰刀状，通常为横向摆放。跗节短，有一钩爪。中后肢胫节及跗节具长毛，足端有 2 个长爪。负子蝽的尾巴尖端有较长而细的吸管，用以露出水面时进行呼吸。

成虫上灯时间： 河北省 6—7 月。

负子蝽成虫 泊头市 吴春娟	负子蝽成虫 大名县 崔延哲
2018 年 7 月	2017 年 7 月

·红蝽科·

1. 地红蝽

中文名称：地红蝽，*Pyrrhocoris sibiricus* （Kuschakevich），半翅目，红蝽科。

为害：刺吸取食多种植物的种实。

分布：内蒙古、辽宁、北京、河北、天津、甘肃、青海、山东、江苏、上海、浙江、四川、西藏。

生活史及习性：成虫常在枯草落叶、土缝中，取食多种植物的种实，5—8月、10月可见成虫，偶尔可见于灯下。在地面急行，喜栖于土块碎石下。

成虫形态特征：体长 8.5 ～ 10.0 mm，宽 3.0 ～ 4.0 mm；头黑色，头顶微具稀疏刻点，由 4 块近方形和基部中央一纵带构成"V"形图案；触角黑色；喙伸达中足基节；前胸背板前叶、侧缘黑色；背板前缘略凹，后缘在小盾片前向前凹入；小盾片黑色三角形，中央隐约有 1 浅色纵线，近基部中央多有 2 个暗色圆斑；爪片中央 1 列刻点与两侧缘的距离近等，淡黄褐至黄白色。

成虫上灯时间：河北省 5—8月、10月可见成虫，偶尔可见于灯下。

地红蝽成虫 平山县 韩丽

2018 年 5 月

·盲蝽科·

1. 赤须盲蝽

中文名称：赤须盲蝽 *Trigonotylus coelestialium*（Kirkaldy），半翅目，盲蝽科。别名：赤须蝽、赤角盲蝽。

为害：寄主植物谷子、糜子、高粱、玉米、麦类、水稻等禾本科作物以及甜菜、芝麻、大豆、苜蓿、棉花等作物。

分布：北京、河北、内蒙古、黑龙江、吉林、辽宁、山东、河南、江苏、江西、安徽、陕西、甘肃、青海、宁夏、新疆等。

生活史及习性：河北省1年发生3代，以卵越冬。翌年第一代若虫于5月上旬进入孵化盛期，5月中下旬羽化。第二代若虫6月中旬盛发，6月下旬羽化。第三代若虫于7月中下旬盛发，8月下旬至9月上旬，雌虫在杂草茎叶组织内产卵越冬。成虫产卵期较长，有世代重叠现象。成虫白天活跃，傍晚和清晨不甚活动，阴雨天隐蔽在植物中下部叶片背面。羽化后7～10 d开始交配。雌虫多在夜间产卵，卵多产于叶鞘上端，每雌每次产卵5～10粒，卵粒成1排或2排。若虫行动活跃，常群集叶背取食为害。在谷子、糜子乳熟期，成虫、若虫群集穗上，刺吸汁液。

成虫形态特征：身体细长，长5～6 mm，宽1～2 mm，鲜绿或浅绿色。头部略成三角形，头顶中央有一纵沟。触角4节，红色。前胸背板梯形，具暗色条纹4个。小盾板三角形，基半部隆起，端半部中央有浅色纵脊。前翅略长于腹部末端，革片绿色，膜片白色，半透明，长度超过腹端。后翅白色透明。

成虫上灯时间：河北省5—9月。

赤须盲蝽成虫 霸州市 潘小花　　　　　　赤须盲蝽成虫 大名县 李长印
2008年6月　　　　　　　　　　　　　　2018年6月

2. 绿盲蝽

中文名称：绿盲蝽，*Apolygus lucorum*（Meyer-Dür），半翅目，盲蝽科。别名：花叶虫、小臭虫等。

为害：棉花、桑、麻类、豆类、玉米、马铃薯、瓜类、苜蓿、药用植物、花卉、蒿类、十字花科蔬菜等。

分布：黑龙江、吉林、辽宁、内蒙古、北京、天津、河北、山西、重庆、甘肃、宁夏、河南、青海、陕西、新疆、四川、上海、安徽、江苏、福建、江西、山东、浙江、湖北、湖南、云南、贵州、广西、广东、香港、澳门、台湾。

生活史及习性：1年发生3～5代，以卵在棉花枯枝铃壳内或苜蓿、蓖麻茎秆、茬内、果树皮或断枝内及土中越冬。翌春3—4月旬均温高于10℃或连续5日均温达11℃，相对湿度高于 70%，卵开始孵化。第一、第二代多生活在紫云英、苜蓿等绿肥田中。成虫寿命长，产卵期 30～40 d，发生期不整齐。成虫飞行力强，喜食花蜜，羽化后 6、7 d 开始产卵。非越冬代卵多散产在嫩叶、茎、叶柄、叶脉、嫩蕾等组织内，外露黄色卵盖，卵期 7～9 d。6 月中旬棉花现蕾后迁入棉田，7 月达高峰，8 月下旬棉田花蕾渐少，便迁至其他寄主上为害蔬菜或果树。果树上以春、秋两季受害重。

成虫形态特征：体长 5.0 mm，宽 2.2 mm，绿色，密被短毛。头部三角形，黄绿色，复眼黑色突出，无单眼，触角 4 节丝状，较短，约为体长 2/3，第 2 节长等于 3、4 节之和，向端部颜色渐深，1 节黄绿色，4 节黑褐色。前胸背板深绿色，密布许多小黑点，前缘宽。小盾片三角形微突，黄绿色，中央具 1 浅纵纹。前翅膜片半透明暗灰色，余绿色。足黄绿色，胫节末端、跗节色较深，后足腿节末端具褐色环斑，雌虫后足腿节较雄虫短，不超腹部末端，跗节 3 节，末端黑色。

成虫上灯时间：河北省 5—11 月。

  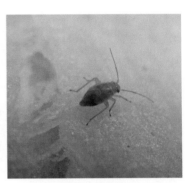

绿盲蝽成虫 饶阳县 何广全　　　绿盲蝽若虫 辛集市 陈哲　　　绿盲蝽若虫 饶阳县 何广全
2004 年 6 月　　　　　　　　　2016 年 6 月　　　　　　　　2004 年 6 月

3. 三点盲蝽

中文名称：三点盲蝽，*Adelphocoris fasciaticollis*（Reuter），半翅目，盲蝽科。

为害：刺吸为害苜蓿、草木犀等豆科牧草、草坪草及棉花、蔬菜、禾谷类、油料作物和枣等。

分布：河北、黑龙江、内蒙古、新疆、山东、河南、陕西、山西、江苏、安徽、江西、湖北、四川。

生活史及习性：1 年发生 3 代。以卵在洋槐、加拿大杨树、柳、榆及杏树树皮内越冬，卵多产在疤痕处或断枝的疏软部位。越冬卵在 5 月上旬开始孵化，若虫共 5 龄，历时 26 d。5 月下旬至 6 月上旬羽化，成虫寿命 15 d 左右。第二代卵期 10 d 左右，若虫期 16 d，7 月中旬羽化，成虫寿命 18 d。第三代卵期 11 d，若虫期 17，8 月下旬羽化，后期世代重叠。成虫多在晚间产卵，多半产在棉花叶柄与叶片相接处，其次在叶柄和主脉附近。

成虫形态特征：体长 7 mm，黄褐色，被黄毛。前胸背板后缘有 1 黑色横纹，前缘有 3 个黑斑。小盾片及 2 个楔片呈明显的 3 个黄绿色三角形斑。触角黄褐色，约与体等长，第 2 节顶端黑色，足赭红色。

成虫上灯时间：河北省 5—8 月。

三点盲蝽成虫 霸州市 潘小花
2008 年 7 月

4. 中黑盲蝽

中文名称： 中黑盲蝽，*Adelphocoris suturalis*（Jakovlev），半翅目，盲蝽科。别名：中黑苜蓿盲蝽。

为害： 寄主有棉花、蚕豆、向日葵、蓖麻、苜蓿、胡萝卜、茼蒿等。中黑盲蝽取食寄主植物后形成的为害状与绿盲蝽相似。除了刺吸取食植物汁液以外，中黑盲蝽还能捕食蚜虫、粉虱、鳞翅目昆虫卵等多种小型昆虫或昆虫的卵。

分布： 河北、黑龙江、内蒙古、新疆、江苏、安徽、江西、湖北、四川。

生活史及习性： 河北省中黑盲蝽 1 年发生 4 代。4 月中旬，中黑盲蝽越冬卵孵化，孵化后的若虫多集中在以小苜宿、婆婆纳为主的杂草上为害，高龄若虫向邻近寄主扩散。5 月上、中旬，1代成虫羽化后迁入正值花期的小麦、蚕豆等冬播作物田。5 月底，小麦等越冬作物相继成熟，麦、棉套种田（或其他套种田）的中黑盲蝽直接转移到正处花期的野胡萝卜、全叶马兰等杂草地或早棉田繁殖为害。6 月中、下旬，棉花现蕾、开花，2 代成虫正逢羽化高峰期，大量迁入棉田，形成棉田中黑盲蝽的第一次高峰。7—8 月是 3 代、4 代中黑盲蝽在棉田的发生高峰期。9 月中旬后棉花枯衰，4 代成虫开始向仍处花期的艾蒿、女菀和野苋菜等野生寄主上转迁，产卵越冬。

成虫形态特征： 体长 7.0 mm，宽 2.5 mm，体表被褐色绒毛。头小，红褐色，三角形。触角 4 节，比体长。前胸背板颈片浅绿色；胝深绿色；后缘褐色，弧形；背板中央有黑色圆斑 2 个；小盾片、爪片内缘与端部、楔片内方、革片与膜区相接处均为黑褐色。停歇时这些部分相连接，在背上形成 1 条黑色纵带，故名中黑盲蝽。革片前缘黄绿色，楔片黄色，膜区暗褐色。足绿色，散布黑点。

成虫上灯时间： 河北省 7 月。

中黑盲蝽成虫 安新县 张小龙
2016 年 7 月

中黑盲蝽成虫 霸州市 潘小花
2010 年 7 月

· 缘蝽科 ·

1. 稻棘缘蝽

中文名称：稻棘缘蝽，*Cletus punctiger*（Dallas），异名：*Cletus trigonus*（Thunberg），半翅目，缘蝽科。别名：长肩棘缘蝽。

为害：其成虫、若虫均可用口器刺吸水稻叶片、茎秆、幼穗、成穗、小穗梗和未成熟谷粒的汁液，主要为害穗期水稻，若防治不及时，往往导致稻谷减产和稻米品质恶化。

分布：北京、河北、山西、山东、江苏、浙江、安徽、河南、陕西、福建、江西、湖南、湖北、广东、云南、贵州、西藏。

生活史及习性：喜食小麦、水稻、看麦娘、稗草等禾本科植物。在长江流域 1 年发生 2～4 代，以成虫在枯枝落叶或枯草丛中越冬。越冬代成虫寿命可长达 5～7 个月，翌年 4 月后越冬成虫开始活动取食、产卵。成虫一般在白天活动，但夏季活动高峰一般避开高温时段。成虫飞行能力强，一次飞行距离可达 20～400 m。若虫活动性较弱。成虫、若虫均有向寄主顶端爬行和假死的习性。一生成虫可多次交尾，交尾后可立即产卵。卵多产在寄主的穗部。

成虫形态特征：体狭长，但相对大稻缘蝽粗短，长 9.5～11.0 mm，宽 2.8～3.5 mm，黄褐色。头顶及前胸背板上具黑色小粒点，头顶中央具短纵沟；触角 4 节，第四节纺锤形。前胸背板两侧角呈刺状突出，略向上翘；前翅革片内角翅室有 1 大型黄白色斑点。小盾片刻点粗，前足、中足基节各具 2 个小黑点，后足基节 1 个，腹部有 4 个黑点，中间 2 个小或不明显。

成虫上灯时间：河北省 7 月。

稻棘缘蝽成虫 卢龙县 董建华
2018 年 7 月 　　　　　　稻棘缘蝽成虫 卢龙县 董建华
2018 年 7 月

2. 点蜂缘蝽

中文名称：点蜂缘蝽，*Riptortus pedestris*（Fabricius），半翅目，缘蝽科。别名：白条蜂缘蝽、豆缘蝽象。

为害：为害大豆、花生、芝麻、蚕豆、豇豆、豌豆、丝瓜、白菜等。成虫和若虫刺吸汁液，在植株开花结实时，往往群集为害，致使蕾、花凋落，果荚不实或形成瘪粒，严重时全株枯死。

分布：北京、陕西、河北、山西、河南、山东、江苏、浙江、安徽、江西、福建、台湾、湖北、四川、云南、西藏。

生活史和习性：1 年发生 2 ～ 3 代，以成虫在空房、枯草堆等处越冬。一般从 5 月上旬开始陆续出蛰活动，大豆等豆科作物上为害，6 月产卵。7 月上旬开始陆续孵化，出孵若虫喜群集卵块附近为害，而后逐渐分散，成虫为害至 9 月寻找适当场所越冬。

成虫形态特征：体长 15 ～ 17 mm，宽 3.6 ～ 4.5 mm，狭长，黄褐色至黑褐色，被白色细绒毛。头在复眼前部成三角形，后部细缩如颈。头、胸部两侧的黄色光滑斑纹呈点状或无。前胸背板及侧板具许多不规则的黑色颗粒，前胸背板前叶向前倾斜，前缘具领片，后缘有 2 处弯曲，后侧角成刺状。小盾片三角形。前翅膜片淡棕褐色，稍长于腹末。腹部背腹板接缘处稍外露，黄黑相间。

成虫上灯时间：河北省 5—9 月。

点蜂缘蝽若虫 大名县 崔延哲
2016 年 9 月 　　　　　　点蜂缘蝽成虫 正定县 李智慧
2012 年 8 月

· 长蝽科 ·

1. 红脊长蝽

中文名称：红脊长蝽，*Tropidothorax elegans*（Distant），半翅目，长蝽科。别名：黑斑红长蝽。

为害：主要为害瓜类、蔬菜。以成虫、若虫群集于嫩茎、嫩瓜、嫩叶上刺吸汁液，刺吸处呈褐色斑点，严重时导致枯萎。

分布：北京、天津、河北、江苏、浙江、江西、河南、广东、广西、台湾、四川、云南。

生活史及习性：红脊长蝽1年发生2代，以成虫在寄主附近的树洞或枯叶、石块和土块下面的穴洞中群聚过冬。次年4月中旬开始活动，5月上旬交尾。第一代若虫于5月底至6月中旬孵出，7—8月羽化产卵。第二代若虫于8月上旬至9月中旬孵出，9月中旬至11月中旬羽化，11月上、中旬进入越冬。成虫怕强光，以10:00前和17:00后取食较盛。卵成堆产于土缝里、石块下或根际附近土表，一般每堆30余枚，最多达200～300枚。

成虫形态特征：体长10 mm左右，长椭圆形。头、触角和足黑色，体赤黄色；前胸背板后缘中部稍向前凹入，纵脊两侧各有一个近方形的大黑斑；小盾片黑色，三角形；前翅爪片除基节和端部赤黄色外基本上为黑色，革片和缘片的中域有一黑斑，膜质部黑色，基部近小盾片末端处有一个白斑，其前缘和外缘白色。

成虫上灯时间：河北省3—10月田间可见成虫，灯下偶见。

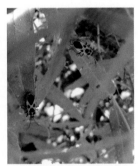

| 红脊长蝽成虫 平山县 刘明霞 2018年9月 | 红脊长蝽成虫 平山县 刘明霞 2018年9月 | 红脊长蝽若虫 大名县 崔延哲 2018年10月 | 红脊长蝽若虫 大名县 崔延哲 2018年10月 |

2. 小长蝽

中文名称：小长蝽 *Nysius ericae*（Schilling），半翅目，长蝽科。

为害：主要为害高粱、粟、芝麻等。成虫和若虫喜群集为害寄主植物的蕾、花和幼果（穗），亦可为害嫩梢、嫩叶、花（穗）梗和嫩枝。花萼受害初期出现褐色小点，然后半边枯死，最后全部枯死脱落，柱头和子房受害，造成落花、落果、落位或子实不饱满，甚至形成空壳。嫩头、花（穗）梗、嫩枝和嫩叶被害，轻者形成褐色小点，严重时呈焦黄白色斑块，叶片黄化卷曲，嫩茎、枝梗凋萎或干枯。

分布：河北、北京、天津、山西、内蒙古、山东、江苏、安徽、浙江、福建、上海、广东、广西、海南、湖北、湖南、河南、江西、云南、宁夏、四川、西藏。

形态特征：体长 3.6 ～ 4.5 mm，宽 1.5 mm。头淡褐或棕褐色不等，头顶基部有时较淡，各侧在单眼处有一黑色宽纵带，但常与复眼处的黑色区相连，以及整个头部外方黑色。头背部中央，中叶基部常有"X"形黑纹，眼内缘常淡色，眼基部缢入的倾向较弱，密被丝状平伏毛，无直立毛。触角褐色，第一、第四节常略深，喙可达后足基节后缘。头下方黑，小颊白，向后明显渐狭，下缘较直，末端不完全尖削，终于近后缘处。喙第一节亦不达前胸。触角第四节略长于第二节，或与之等长。前胸背板污黄褐色，刻点均匀，较大，较密，同色或黑褐色。在后叶组成一些模糊的深色纵走晕带，胝区处成一宽黑横带，常边缘较完整，中央中断的情况不多，中线处向后延伸成一短黑纵带，毛被似较短而平伏。前胸背板较短宽，侧缘微内凹，后缘两侧微成叶状后伸，微成波状弯曲。前胸侧面中段黑，后角处褐，中胸其余部分几全黑。后胸侧板内半多黄褐色纵带与黑色纵带相间。小盾片铜黑，被平伏毛。前翅淡白，半透明，翅前缘基部有少数毛，翅面毛平伏，无直立毛，在各脉上有一褐斑。膜片几无色，半透明，几无深色斑。

成虫上灯时间：河北省 7 月。

小长蝽成虫 邯郸市 毕章宝 2015 年 7 月

小长蝽成虫 邯郸市 毕章宝 2015 年 7 月

3. 角红长蝽

中文名称：角红长蝽，*Lygaeus hanseni*（Jakovlev），半翅目，长蝽科。别名：六斑红长蝽、角长蝽、红长蝽等。

为害：主要以成虫和幼虫吸吮植物汁液，影响生长发育，可取食板栗、酸枣、月季、枸杞、柳、榆、落叶松，油松等木本植物和小麦、玉米、菊花、大麻等草本植物。以成虫和若虫刺吸植物叶片、花器、浆果汁液，造成生长不良，甚至减产。

分布：黑龙江、辽宁、吉林、河北、北京、天津、内蒙古、甘肃、宁夏。

成虫形态特征：体长 8 ～ 9 mm，长椭圆形，红色。头三角形，黑色，触角 4 节，黑色。前胸背板黑色，仅中线及两侧的端半部红色；前缘两侧各有 1 个圆形黑斑前翅膜片黑褐色，基部具不规则的白色横纹，中央有一个圆形白斑，边缘灰白色。

成虫上灯时间：河北省 4—9 月。

角红长蝽成虫 万全区 薛鸿宝
2018 年 4 月

· 地长蝽科 ·

1. 白斑地长蝽

中文名称：白斑地长蝽，*Panaorus albomaculatus*（Scott），半翅目，地长蝽科。

为害：刺吸板栗、杨、榆等植物。

分布：河北、北京、陕西、吉林、天津、河北、山西、河南、江苏、湖北、湖南、广西、四川等。

成虫形态特征：体长 7.0～7.5 mm，头黑色，无光泽，披金黄色平伏短毛，前胸背板前叶黑色，后叶具黑色刻点，两侧淡黄色，其上无刻点；小盾片黑色，前端具"V"字形淡黄色纹，前翅革片后端具 1 个近三角形白斑。

成虫上灯时间：河北省 6—8 月。

白斑地长蝽成虫 馆陶县 陈立涛
2018 年 7 月

第二章　鳞翅目

·斑蛾科·

1. 梨叶斑蛾

中文名称：梨叶斑蛾，*Illiberis pruni*（Dyar），鳞翅目，斑蛾科。别名：梨星毛虫，幼虫俗称梨狗子、饺子虫等。

为害：寄主植物是梨、苹果、海棠、山荆子、花红、桃、李、杏、樱桃和沙果等果树。主要以幼虫为害果树的花芽、花蕾和叶片。花芽被害后不能正常开放。受害严重的树，叶片常被吃光，或大量落叶，使树势极度衰弱，造成当年二次开花，严重影响当年和下年梨果产量。

分布：主要分布于黑龙江、吉林、辽宁、内蒙古、河北、北京、山西、山东、河南、安徽、湖南、江苏、浙江、江西、广西、陕西、宁夏、甘肃、青海、四川、云南、贵州等地梨产区。

生活史及习性：在河北省1年发生1代，以幼龄幼虫潜伏在树干及主枝的粗皮裂缝下结茧越冬，也有低龄幼虫钻入花芽中越冬。第二年当梨树发芽时，越冬幼虫开始出蛰，向树冠转移，一般喜吃嫩叶，由嫩梢下部叶片开始，然后转向其他新叶。6月中下旬，夏季初孵幼虫开始为害。成虫白天潜伏在叶背不活动，多在傍晚或夜间交尾产卵。卵多产在叶片背面。

成虫形态特征：体长9～13 mm，翅展19～30 mm，体质柔软，灰褐至灰黑色，雌虫比雄虫体大。复眼黑色。雄虫触角双栉齿状，雌虫锯齿状。头、胸部具黑褐色绒毛。翅黑色，半透明，其上的鳞毛和鳞片短而稀，前翅前缘浓黑色，前缘基部、臀区以及后翅中脉以前部分较密，翅脉清晰可见。

成虫上灯时间：河北省6—8月。

| 梨叶斑蛾毛虫成虫
和卵　王勤英 | 梨叶斑蛾（梨星毛虫）蛹 宽城县
姚明辉 2006 年 6 月 | 梨叶斑蛾（梨星毛虫）越冬幼虫
宽城县姚明辉 2007 年 2 月 |

·豹蠹蛾科·

1. 芦苇豹蠹蛾

中文名称：芦苇豹蠹蛾，*Phragmatoecia caslanea*（Hübner），鳞翅目，豹蠹蛾科。

为害：是芦苇钻蛀性害虫，幼虫钻蛀芦苇茎秆后造成植株枯黄不能抽穗，严重影响芦苇产量和品质。在南方可为害甘蔗。

分布：河北、新疆、黑龙江、辽宁、吉林、北京、天津、山西、内蒙古、山东、江苏、安徽、浙江、福建、江西、上海、台湾、广东。

生活史及习性：在河北省白洋淀地区1年发生1代，以老熟幼虫在芦苇地下茎中越冬。翌年4月下旬至6月上旬化蛹，5月中旬至7月上旬陆续羽化产卵，6月上旬至7月下旬孵化，9月中下旬幼虫开始越冬。成虫有趋光性，白天常静伏于芦苇基部和杂草丛中。成虫羽化、交尾后第二天即可产卵，卵产在芦苇基部叶鞘内侧。幼虫共7龄，1龄、2龄幼虫有群集性，3龄开始分散转移，1头幼虫一生可转株为害3～5株芦苇。

成虫形态特征：雄蛾体长18～23 mm，翅展34～41 mm；体灰褐色，头部较小，喙及下唇须退化，触角基部2/3双栉齿状，中段较长，栉齿细长，端部锯齿状；前翅狭长，除中后缘及中脉2、肘脉1的基部，其余各部两脉之间均有一黑褐色纵斑；后翅稍窄，色较淡，足无距。雌蛾体长28～34 mm，翅展47～54 mm；体淡褐色，触角也是双栉状，但栉齿极短，前翅淡灰色，后翅淡白色；腹部长筒型，雌蛾长于雄蛾的1倍，雌蛾腹部末节较长。

成虫上灯时间：河北省5—7月。

芦苇豹蠹蛾雄成虫 安新县 张小龙
2018年5月

· 菜蛾科 ·

1. 小菜蛾

中文名称：小菜蛾，*Plutella xylostella*（Linnaeus），鳞翅目，菜蛾科。别名：小菜蛾、小青虫、两头尖，是一种迁飞害虫。

为害：小菜蛾是河北省十字花科蔬菜主要害虫之一，加之世代重叠，抗药性增强，为害日趋严重。主要为害白菜、油菜、甘蓝、芥菜、花椰菜、紫甘蓝、青花菜、薹菜、萝卜等十字花科植物。

初龄幼虫仅取食叶肉，残留表皮，在菜叶上形成一个个透明的斑，"开天窗"，3～4龄幼虫可将菜叶食成孔洞和缺刻，严重时全叶被吃成网状。在苗期常集中心叶为害，影响包心。在留种株上，为害嫩茎、幼荚和子粒。

分布： 黑龙江、吉林、辽宁、内蒙古、北京、天津、河北、山西、重庆、甘肃、宁夏、河南、西藏、青海、陕西、新疆、四川、上海、安徽、江苏、福建、江西、山东、浙江、湖北、湖南、云南、贵州、广西、广东、海南、香港、澳门、台湾。

生活史及习性： 属完全变态昆虫，包括成虫、卵、幼虫、蛹4个虫态。河北省一年发生4～6代，其中张家口、承德两市坝下地区1年4～5代，坝上地区1年发生3～4代。3月始见成虫，5—6月及8—9月呈现两个发生高峰期，以春季为重。成虫昼伏夜出，黄昏后开始活动、交配、产卵，以午夜为最多。成虫对十字花科植物有较强的趋性，成虫飞翔力不强，借风进行远距离迁飞。卵常产于叶背面靠近主脉处有凹陷的地方卵期3～11 d。幼虫共4龄，发育历期12～27 d。老熟幼虫在叶脉附近结薄茧化蛹，蛹期约9 d。

成虫形态特征： 体长6～7 mm，翅展12～16 mm，前后翅细长，缘毛很长，前后翅缘呈黄白色三度曲折的波浪纹，两翅合拢时呈3个接连的菱形斑，前翅缘毛长并翘起如鸡尾，触角丝状，褐色有白纹，静止时向前伸。雌蛾较雄蛾肥大，腹部末端圆筒状，雄蛾腹末圆锥形，抱握器微张开。

成虫上灯时间： 河北省3—10月。

小菜蛾成虫 康保县 康爱国　　小菜蛾成虫 丰宁县 尚玉儒　　小菜蛾卵 正定县 李智慧
2018 年 6 月　　　　　　　　2018 年 7 月　　　　　　　　2010 年 6 月

小菜蛾幼虫 丰宁县 尚玉儒　　　　小菜蛾幼虫（结茧） 丰宁县
2018 年 7 月　　　　　　　　　　尚玉儒 2018 年 7 月

·蚕蛾科·

1. 野 蚕

中文名称：野蚕，*Bombyx mandarina*（Moore），属鳞翅目，蚕蛾科。别名：野桑蚕。

为害：幼虫主要为害桑树叶片，严重时能将整株树叶片全部食光，仅留主脉，严重影响用桑及桑树的正常生长。

分布：黑龙江、吉林、辽宁、内蒙古、北京、河北、河南、山西、山东、陕西、甘肃、江苏、安徽、浙江、江西、湖北、湖南、四川、广东、广西、云南、西藏等。

生活史及习性：在我国1年发生1～4代，各地因气候不同发生世代数有较大差异，如陕北地区1年发生1～2代，关中地区1年发生2～3代，陕南地区1年发生3～4代；秦巴山区1年发生3代，江浙地区1年发生3～4代，野蚕以卵在桑树的枝干上越冬，越冬卵于4月上旬开始孵化，最迟可至7月，世代重叠现象严重。

全年各代幼虫发生为害期分别在4月下旬至5月上旬、7月中旬、8月上旬及9月上中旬，10月开始产卵越冬。成虫多在白天羽化，羽化1～3 h后交尾，再隔3～4 h开始产卵。越冬卵大多群产于枝条或主干上；发生代成虫大多产卵于叶背，少数产于叶表或嫩枝上；每个卵块有100～200粒卵，排列不整齐，有3～5粒零星排列。每蛾产卵数各代不同，多的400多粒，少的只有100多粒，卵期1～3代为7～14 d，越冬卵长达200多天。

成虫形态特征：雌蛾体长20 mm，翅展46 mm，雄蛾体长15 mm，翅展36 mm，体灰褐色，触角羽状，前翅外缘顶角下方有一弧形凹陷，翅面有2条褐色横带，两带中间有一深褐色新月形纹，后翅暗红褐色，中央有1条暗色阔带，内缘中央有1个镶白边的棕黑色半月形斑，雌蛾腹部肥大，腹端尖，雄蛾体色较深，腹部瘦小而向上举。

成虫上灯时间：河北省6—9月。

野蚕雌成虫 卢龙县 董建华
2018年10月

· 草螟科 ·

1. 白点暗野螟

中文名称：白点暗野螟，*Bradina atopalis*（Walker，1859），鳞翅目，草螟科。

为害：寄主植物有水稻等。

分布：河北、辽宁、北京、天津、陕西、河南、山东、上海、浙江、福建、台湾、广东、广西、四川、云南等。

成虫形态特征：体长 13 ～ 15 mm，翅展 19 ～ 24 mm，体背淡褐色，腹部各节后缘色淡，翅暗灰褐色，前翅中室内具 1 黑褐色小点，中室端具新月形黑褐斑，外侧具圆形白斑，内外横线和缘线黑褐色。双翅缘毛端大部分灰白色，基部黑褐色。雄蛾腹部细长。

成虫上灯时间：河北省 7—9 月。

白点暗野螟成虫 栾城区 焦素环

2018 年 7 月

白点暗夜螟成虫 玉田县 孙晓计

2018 年 7 月

2. 白蜡绢野螟

中文名称：白蜡绢野螟，*Palpita nigropunctalis*（Bremer），鳞翅目，草螟科。别名：白蜡绢须野螟、黄边白野螟。

为害：幼虫卷叶取食为害金木犀、白蜡树、梧桐、丁香、橄榄、女贞等。

分布：北京、河北、陕西、河南、吉林、黑龙江、辽宁、江苏、浙江、湖北、福建、台湾、四川、云南、贵州。

成虫形态特征：翅展 28 ～ 30 mm。体乳白色带闪光；翅白色，半透明，有光泽，前翅前缘有黄褐色带，中室内靠近上缘有 2 个小黑斑，中室有新月状黑纹，2A 脉及 Cu2 脉间各有 1 黑点，翅外缘内侧有间断暗灰色线，缘毛白色。后翅中室端有黑色斜斑纹，亚缘线暗褐色，中室下方有 1 黑点，各脉端有黑点，缘毛白色。

成虫上灯时间：河北省 9 月。

白蜡绢野螟成虫 正定县 李智慧
2018 年 9 月

3．黄翅缀叶野螟

中文名称：黄翅缀叶野螟，*Botyodes diniasalis*（Walker），鳞翅目，草螟科。别名：杨黄卷叶螟、杨卷叶螟。

为害：幼虫取食杨、柳等林木，缀叶做巢。

分布：北京、河北、河南、山东、陕西、黑龙江、辽宁、吉林、江苏、浙江、宁夏、四川、云南、湖北、福建、台湾。

生活史及习性：北京 1 年发生 3 代，以初龄幼虫在树皮缝、枯落物下及土缝中结茧越冬。翌年春季越冬幼虫开始活动为害，4 月萌芽后开始取食为害，5 月底老熟幼虫化蛹，6 月成虫羽化；7 月中旬为成虫为害盛期，成虫有趋光性，将卵产于新梢叶背。

初孵幼虫有群集性，喜群居啃食叶肉，3 龄后分散缀叶呈饺子状虫苞或叶筒栖息取食，发生严重时叶片被食光，枝梢变成"秃梢"。幼虫活泼，遇惊扰即弹跳逃跑或吐丝下垂。

成虫形态特征：体长约 12 mm，翅展 28 ～ 33 mm，体鲜黄色，头部褐色，两侧有白条纹。前翅黄色，中室中部有 1 褐色肾形斑，下侧有 1 斜线；内横线、外横线褐色，弯曲如波纹；亚缘线浅红褐色。后翅褐黄色，中室内有 1 褐色肾形斑，外横线波纹状。雄蛾腹部末端有黑毛束。

成虫上灯时间：河北省 7—9 月。

黄翅缀叶野螟成虫 正定县 李智慧
2018 年 9 月

4.黄杨绢野螟

中文名称： 黄杨绢野螟，*Diaphania perspectalis* Walker，鳞翅目，草螟科。别名：黄杨黑缘螟蛾。

为害： 主要为害黄杨木、瓜子黄杨、雀舌黄杨、冬青卫矛等。

分布： 陕西、河北、江苏、浙江、山东、上海、湖北、湖南、广东、福建、江西、四川、贵州、西藏等。

生活史及习性： 1年发生3代，以第三代的低龄幼虫在叶苞内做茧越冬，翌年4月中下旬开始为害，黄杨绢野螟在新蔡县1年发生3代，以第三代的低龄幼虫在叶苞内做茧越冬，翌年4月中下旬开始为害，取食时吐丝缀合将叶片、嫩枝包裹，在内取食叶肉，呈缺刻状。3龄后取食范围扩大，食量增加为害严重，受害严重时，仅剩丝网、虫皮、虫粪，少量残存叶脉、叶缘。4龄后转移为害，遇到惊动立即隐匿于网中，幼虫期一般20 d，5～6龄，越冬代为9～10龄，老熟后吐丝缀合叶片内结茧化蛹，5月上、中旬第一代成虫出现，成虫一般在夜晚羽化夜间交配，次日产卵，卵多产于叶背，雌蛾产卵在120～200粒，成虫昼出夜伏，白天常栖息于隐蔽处，性机警，受惊扰迅速飞离，具有趋光性。

成虫形态特征： 体长20～30 mm，翅展30～50 mm。头部暗褐色，头顶触角间鳞毛白色，触角褐色。前胸、前翅前缘、外缘、后翅外缘均有黑褐色宽带，前翅前缘黑褐色宽带在中室部位具2个白斑，近基部1个较小，近外缘白斑新月形，翅其余部分均为白色，半透明，并有紫色闪光。腹部白色，末端被黑褐色鳞毛。

成虫上灯时间： 河北省7—9月。

黄杨绢野螟成虫 宽城县 姚明辉
2012 年 8 月

黄杨绢野螟幼虫 宽城县 姚明辉
2012 年 7 月

黄杨绢野螟老熟幼虫
缀叶准备化蛹 宽城县 姚明辉
2013 年 5 月

黄杨绢野螟刚出蛰的低龄幼虫
宽城县 姚明辉
2013 年 4 月

黄杨绢野螟蛹背面 宽城县 姚明辉
2012 年 5 月

黄杨绢野螟蛹腹面 宽城县 姚明辉
2013 年 5 月

黄杨绢野螟蛹 宽城县 姚明辉　　黄杨绢野螟幼虫 即将化蛹 宽城县　　黄杨绢野螟为害状 宽城县
2013 年 5 月　　　　　　　姚明辉 2013 年 5 月　　　　　姚明辉 2012 年 9 月

5. 紫斑谷螟

中文名称： 紫斑谷螟，*Pyralis farinalis*（Linnaeus），鳞翅目，草螟科。别名：粉缟螟蛾、紫斑螟、大斑粉螟等。

为害： 寄主于小麦、稻谷、大米、玉米、花生仁、稻糠、麸皮、干草、干果、饼干等。群集的幼虫吐丝缀粮粒或碎屑成巢，潜伏在巢中为害。

分布： 黑龙江、吉林、辽宁、内蒙古、北京、天津、河北、山西、重庆、甘肃、宁夏、河南、西藏、青海、陕西、新疆、四川、上海、安徽、江苏、福建、江西、山东、浙江、湖北、湖南、云南、贵州、广西、广东、海南、香港、澳门、台湾。

生活史及习性： 1 年发生 1～2 代，以幼虫在仓库缝隙中或食物里作硬薄茧越冬。翌春化蛹，6 月越冬代成虫出现，初羽化为成虫 1～2 d 开始产卵，卵多产在粮粒间或缝隙中，产卵期 1～10 d；气温 24～27℃，相对湿度 89%～100%，卵期 5～7 d，幼虫期 25～60 d，蛹期 7～11 d，每代历期 41～75 d，成虫寿命 7～10 d，幼虫共 8 龄。初孵幼虫嗜食成虫尸体或粮食碎屑，24 h 内找不到食物即被饿死，幼虫喜群集，2～3 龄后吐丝缀粮粒或碎屑筑成坚固的巢，幼虫潜伏其中为害，老熟后爬到缝隙中作茧化蛹。

成虫形态特征： 雄虫翅展约 17 mm，雌虫翅展约 25 mm。头及胸部浓褐色，腹部第一、第二节紫黑色，其余各节茶褐色。前、后翅宽大，前翅近基部及外缘各有 1 白色波纹横线；内横线及外横线赤褐至黑褐色，两条横线之间褐黄色；后翅淡黑色，有 2 条白色横纹；双翅外缘有黑紫色斑。

成虫上灯时间： 河北省 7 月。

紫斑谷螟成虫 栾城区 焦素环 2018 年 7 月

6. 紫苏野螟

中文名称：紫苏野螟，*Pyrausta phoenicealis*（Hübner），鳞翅目，草螟科。别名：紫苏红粉野螟、紫苏卷叶虫。

为害：主要为害紫苏、丹参、泽兰等作物。幼虫食害寄主叶片，咬断植株的嫩梢，受害率高达 50%，严重影响紫苏等作物的生长发育。

分布：北京、河北、浙江、湖北、福建、台湾。

生活史及习性：北京 1 年发生 2～3 代，以 4 龄幼虫在残叶或土缝内结茧越冬。翌春 4—5 月化蛹，越冬代成虫于 5 月下旬始见，交配产卵、孵化幼虫，7—8 月为害重。8—9 月部分第二代末龄幼虫及第三代幼虫陆续滞育越冬。夏天卵经 3 d 孵化，幼虫期 10～15 d，蛹期 6～9 d。成虫产卵前期 3 d，产卵期 l0 d 左右，每雌产卵 180 粒，把卵产在叶背面。幼虫喜吐丝把叶卷成筒状，虫体藏在筒中剥食叶片，进入末龄后常出筒活动，把嫩枝咬断。老熟后在叶内或土缝中结薄茧化蛹。天敌有雷赖氏奴模菌寄生在幼虫上。

成虫形态特征：体长 6～7 mm，翅展 13～15 mm。头部橘黄色，两侧具白条纹；触角微毛状；下颚须黄褐色；下唇须向前平伸，上侧黄褐色，下侧白色；胸部、腹部的背面黄褐色，腹面、足白色；前翅深黄色，内横线波状纹向外倾斜，外横线在 Cu1 到 M1 脉之间向外弯曲，内侧有 1 条较宽的朱红色带在翅内角与内横线连接，外缘线、内缘线朱红色。后翅的顶角深红或褐色，从前缘到臀角上方具斜线 1 条。

成虫上灯时间：河北省 8—9 月。

紫苏野螟成虫 正定县 李智慧
2018 年 8 月

紫苏野螟成虫 正定县 李智慧
2018 年 9 月

· 尺蛾科 ·

1. 四星尺蛾

中文名称：四星尺蛾，*Ophthalmitis irrorataria*（Bremer & Grey，1853），鳞翅目，尺蛾科。

为害：幼虫为害蓖麻、苹果、梨、枣、柑橘、海棠、鼠李等多种植物叶片，取食叶成缺刻或孔洞。

分布：黑龙江、吉林、辽宁、内蒙古、陕西、宁夏、甘肃、河北、北京、天津、浙江、江西、湖南、福建、广西、四川、云南、台湾等。

成虫形态特征： 体长约 19 mm，翅展 39～51 mm。雄、雌触角均双栉形。体翅常带青绿色，前、后翅上各有 1 个星状斑，中心灰白，周围深褐至黑褐色；中线在前翅锯齿状，有时消失，其外侧散布褐鳞，在后翅扩展成 1 条深色宽带，宽过中点；外线深锯齿形；亚缘线灰白色锯齿状，其内侧有 1 列不连续的黑褐色斑，外侧色略深，在前翅 M3 以上有 4 个小斑，但有时消失；缘线为 1 列黑点；缘毛深浅相间。翅反面污白至灰褐色，两翅均有巨大深灰褐色中点和端带。

成虫上灯时间： 河北省 6 月。

四星尺蛾成虫 景县 蔡晓玲
2018 年 6 月

2. 斑雅尺蛾

中文名称： 斑雅尺蛾，*Apocolotois arnoldiaria*（Oberthür），鳞翅目，尺蛾科。

为害： 寄主植物有水蜡、大枣、榆树、梨、山杏等。以幼虫群集取食，呈辐射状为害，将叶片吃尽。1～2 龄食量少，4 龄后食量渐增。

分布： 河北、北京、青海、内蒙古、黑龙江、辽宁、吉林。

生活史及习性： 1 年发生 1 代，以卵在寄主枝干上越冬。翌年春 4 中旬卵孵化，5 月下旬幼虫老熟，幼虫期 35～45 d。老熟幼虫在树下枯枝层中结薄茧化蛹越夏。在气温 6～20℃ 的 10 月羽化，羽化后交尾，交尾后即产卵，卵期 180～190 d。成虫期 9～13 d，雄成虫寿命 4～6 d，雌成虫寿命 2～4 d。成虫夜间羽化，以午夜羽化为盛期，雌成虫无翅，羽化后攀爬到树冠外围，等待雄成虫来交尾，雌成虫有假死性，受惊吓后坠落。雄成虫在树冠周围飞舞，发现雌成虫后即在此飞舞数十分钟，渐飞渐近，用胸足抱住雌成虫交尾。凌晨 3:00—5:00 为交尾盛期，产卵多在凌晨和上午进行，每只雌蛾可产卵 560～600 粒。幼虫一般 6 龄。1—2 龄取食很少，4 龄后食量渐增，5～6 龄幼虫每天可取食 5～8 cm² 叶片。幼虫 5～7 d 蜕皮一次，幼虫期 35～45 d。5 月下旬，老熟幼虫沿树干爬到树下枯枝层 1～2 cm 处吐丝结缀树皮的碎屑泥沙成茧，在茧内化蛹。

成虫形态特征： 成虫雌雄异型，雄成虫有翅，体长 20～22 mm，翅展 48～50 mm。触角长双栉齿状，长 9～10 mm。通体淡黄色，前翅杏黄色，有棕褐色外带，外带上有两个白点，后翅浅黄色，有棕褐色外带一条。前后翅中室各有 1 暗斑。胸背及腹部尾节有淡黄色长毛。腿节、胫节棕褐色，跗节淡黄色。前足胫节末端生一个钜齿，中足胫节末端生一对钜齿，后足胫节中间和末端各生一对钜齿。雌成虫无翅，体型较雄成虫粗壮，长 15 ～ 18 mm，宽 5 ～ 6 mm。体棕褐色，胸部颜色较深。通体覆被黑、棕两种颜色鳞片。触角丝状，长 10 ～ 11 mm，呈不规则的黑、棕色相间。中足、后足胫节后半部明显增粗，中足胫节末端生一对钜齿，后足胫节增粗部分中间和末端各生一对钜齿。

成虫上灯时间：河北省 5 月。

斑雅尺蛾成虫 丰宁县 曹艳蕊
2018 年 5 月

3. 春尺蛾

中文名称：春尺蛾，*Apocheima cinerarius* （Ershoff），鳞翅目，尺蛾科。别名：沙枣尺蛾、杨尺蛾、榆尺蛾、桑尺蛾。尺蛾幼虫又称尺蠖。

为害：春尺蛾可为害沙枣、杨、柳、榆、槐、苹果、梨、沙柳等多种林、果。以幼虫取食树木幼芽、幼叶、花蕾，严重时将树叶全部吃光。该虫发生期早，幼虫发育快，食量大，常暴食成灾。

分布：河北、北京、天津、山西、内蒙古、黑龙江、辽宁、吉林、甘肃、陕西、宁夏、青海、新疆。

生活史及习性：河北省 1 年发生 1 代，以蛹在树干基部周围土壤中越夏、越冬。2 月底、3 月初或稍晚，当地表 3 ～ 5 cm 处地温 0℃左右时开始羽化。3 月上、中旬或稍迟见卵。4 月上、中旬或 4 月下旬至 5 月初开始孵化。5 月上、中旬或下旬、6 月上旬幼虫开始老熟，入土化蛹越夏、越冬。成虫多在下午和夜间羽化出土，雄虫有趋光性，白天多潜伏于树干缝隙及枝叉处，夜间交尾，卵成块产于树皮缝隙、枯枝、枝杈断裂等处，一般产 200 ～ 300 粒。初孵幼虫活动能力弱，取食幼芽和花蕾，较大则食叶片，4 ～ 5 龄幼虫具相当强的耐饥能力，可吐丝借风飘移传播到附近林木为害，受惊扰后吐丝下坠，后又收丝攀附上树。幼虫老熟后下地，在树冠下土壤中分泌黏液硬化土壤作土室化蛹，入土深度以 16 ～ 30 cm 处为多，约占 65%，最深达 60 cm，多分布于树干周围，低洼处尤多。

成虫形态特征：雄成虫翅展 28 ～ 37 mm，体灰褐色，触角羽状。前翅淡灰褐至黑褐色，有 3 条褐色波状横纹，中间 1 条常不明显。雌成虫无翅，体长 7 ～ 19 mm，触角丝状，体灰褐色，腹部背面各节有数目不等的成排黑刺，刺尖端圆钝，臀板上有突起和黑刺列。因寄主不同体色差异较大，可由淡黄至灰黑色。

成虫上灯时间：河北省 3 月。

春尺蛾成虫 卢龙县 董建华　　春尺蛾雌成虫 安新县　春尺蛾成虫 康保县 康爱国　春尺蠖 河北农业大学
2019 年 3 月　　　　　　　张小龙 2013 年 3 月　　　2019 年 3 月　　　　　王勤英 2019 年 2 月

春尺蛾卵 安新县　　　　春尺蠖蛹及刚羽化成虫　　　春尺蠖 安新县
张小龙 2013 年 3 月　　安新县 张小龙 2017 年 2 月　张小龙 2012 年 4 月

4. 绿翠尺蛾

中文名称：绿翠尺蛾，*Pelagodes proquadraria*（Lnoue），鳞翅目，尺蛾科。

寄主：榆树、杨树、木槿等。

分布：河北、内蒙古、北京、天津、山西、河南、山东。

成虫形态特征：中小型，翅面绿色，前翅的中外线灰白色，线纹较细，后翅外线波纹状，外缘中央具短小的突角，翅展约 40 mm。

成虫上灯时间：河北省 6 月。

绿翠尺蛾成虫 康保县 康爱国
2018 年 6 月

5. 大造桥虫

中文名称：大造桥虫，*Ascotis selenaria*（Schiffermuller et Denis），鳞翅目，尺蛾科。别名：棉大尺蛾。俗称量地虫、量尺虫、脚攀虫等。

为害：此虫为间歇性、局部地区为害的杂食性害虫，寄主植物有棉花、蚕豆、大豆、花生、豇豆、菜豆、刺槐等，其次也为害向日葵、小蓟、刺苋、黄麻、红麻、小旋花、橘、梨、苦楝、蜀葵、羊角绿豆等。幼虫食芽叶及嫩茎，严重时食成光秆。

分布：河北、北京、浙江、江苏、上海、山东、河南、湖南、湖北、四川、广西、贵州、云南等地。

生活史及习性：河北省1年发生3代，以蛹在土中越冬。翌年4月下旬成虫羽化，成虫有趋光性，昼伏夜出。成虫一般将卵产在叶背、枝条上、土缝间等处，卵期约7天。初孵幼虫借风吐丝扩散，行走时常曲腹如桥形，不活跃，常拟态如嫩枝条栖息。幼虫为害期在5—10月。10月老熟幼虫入土化蛹越冬。

成虫形态特征：体长15～20 mm，翅展38～45 mm，体色变异很大，有浅灰褐色、浅褐色、黄白色、浅黄色等，多为浅灰褐色。翅上的横线和斑纹均为暗褐色，中室端有1条斑纹。前翅亚基线和外横线锯齿状，其间为灰黄色，有的个体可见中横线及亚缘线，外缘中部附近有1个斑块。后翅外横线锯齿状，其内侧灰黄色，有的个体可见中横线和亚缘线。触角浅黄色，雌虫的为丝状，雄虫的为羽状。

成虫上灯时间：河北省4—9月。

大造桥虫成虫　丰宁县　尚玉儒
2018年5月

大造桥虫幼虫　正定县　李智慧
2010年9月

6. 泛尺蛾

中文名称：泛尺蛾，*Orthonama obstipata*（Fabricius），鳞翅目，尺蛾科。

为害：为害蓼科植物。

分布：北京、甘肃、内蒙古、辽宁、河北、山东、河南、上海、浙江、湖南、福建、广西、四川、云南、西藏。

成虫形态特征：体长约9 mm，翅展约21 mm。头、胸、腹部灰黄褐至灰褐色。雄翅灰黄褐色，雌灰红褐至暗红褐色。前翅中域有一条灰黑色带，其上中部外凸，内缘（内横线）浅弧形；中点位于带内，黑色椭圆形，周围有白圈；带内侧的亚基线和内线，带外侧的外横线和亚缘线均灰褐色，在中室前缘至R5一线弯折，然后呈波状并与外缘平行至后缘；缘线在翅脉端两侧有1对小黑点，缘毛灰黄褐至灰褐色，端半部色较浅。后翅可见内横线、中横线、外横线和亚缘线，前三条线深灰色。翅反面色略浅，前后翅均有中点和数条波线，其中外线最为清晰。

成虫上灯时间：河北省 5 月。

泛尺蛾成虫 玉田县 孙晓计

2018 年 5 月

7. 核桃四星尺蛾

中文名称：核桃四星尺蛾，*Ophthalmodes albosignaria*（Bremer & Grey），属鳞翅目，尺蛾科。

别名：核桃星尺蛾、拟柿星尺蛾，俗称大头虫。

为害：幼虫食害核桃等多种果树、林木和油料植物的叶片，但为害核桃最为严重。

分布：河北、北京、山西、山东、陕西、湖南、四川、贵州、云南等地。

生活史和习性：一年发生 2 代，以蛹在核桃树盘下土缝枯叶草丛中、石块下越冬。翌年 6 月中下旬成虫羽化，成虫飞翔力强，有趋光性，多选择小树上产卵，卵成块产在叶背面或枝条上，每块卵约有 100 余粒。7 月份幼虫孵化为害，分散取食叶片，先为害嫩叶，随着幼虫龄期增长转食老叶。3 龄幼虫受惊吐丝下垂。幼虫静止时身体贴在枝条上，老熟幼虫坠地入土化蛹。8 月份成虫羽化，9 月份第二代幼虫为害，10 月份以后幼虫老熟下树入土结茧化蛹越冬。

成虫形态特征：体长约 18 mm，翅展约 70 mm，灰白色，翅面有较碎的不太明显黑斑。前后翅上共有 4 个较大而明显的黑斑，中有箭头纹，前翅外缘有宽棕褐色带，后缘中部有黑色 N 形带，前翅前缘有 4 个黑斑。翅反面较白。胸腹部黄褐色。

成虫上灯时间：河北省 7 月。

核桃四星尺蛾成虫 承德县 王松

2018 年 7 月

核桃四星尺蠖 河北农业大学

王勤英

8. 黑带尺蛾

中文名称：黑带尺蛾，*Alcis picata*（Butler），鳞翅目，尺蛾科。

分布：甘肃、青海、新疆，河北。

成虫形态特征：前翅长22～24 mm。触角雌蛾线状，雄蛾双栉状。体翅黄褐色，密布细小黑点。前翅有宽的黑色中带，深黑色的中室斑纹位于中带上；外线黑色，在M1与M2脉间以及Cu2脉下方向外突出成2个钝齿，外线外侧衬白边，外线与中带间为白色的宽带；亚端线白色锯齿状，其端部外侧至外缘有一三角形黑斑；外缘波状有黑边。后翅横线与前翅相接，中室端黑纹位于黑带外侧，黑带与外线间颜色亦浅，亚端线白色锯齿状，外缘波状有黑边。翅反面色淡，外线和中室黑纹明显，顶角和外缘中部有黄白色斑纹。腹部第1节背面灰白色。

成虫上灯时间：河北省6—9月下旬。

黑带尺蛾成虫 栾城区 焦素环 靳群英
2018年6月

9. 槐尺蛾

中文名称：槐尺蛾，*Semiothisa cinerearia*（Bremer & Grey），鳞翅目，尺蛾科。别名：国槐尺蛾，幼虫一般称为槐尺蛾，俗称"吊死鬼"，以其常吐丝悬垂自身而得名。

为害：主要寄主为国槐、龙爪槐、蝴蝶槐。以幼虫食叶片，严重时可使植株死亡，是我国庭院绿化、行道树种主要食叶害虫。

分布：黑龙江、吉林、辽宁、北京、天津、山西、河北、内蒙古、上海、江苏、浙江、安徽、福建、江西、山东、台湾、河南、湖北、湖南、陕西、甘肃、西藏等。

生活史及习性：在河北1年发生3～4代，第一代幼虫为害期在5月中下旬，第二代幼虫为害期在6月中旬至7月上旬，第三代幼虫为害期7月中旬至8月中旬，第四代幼虫为害期8月中旬至9月下旬，世代重叠严重，以1～2代发生为害严重，3～4代发生为害较轻。9月下旬国槐尺蛾老熟幼虫进入树下松软的表土内陆续化蛹越冬。

成虫日伏夜出，白天多在草丛或灌木丛里停落，夜晚活动，趋光性极强。成虫产卵量大，每头雌成虫可产卵420粒左右，最多可达1 500余粒；卵成块或散产于叶片正面主脉边、叶柄及小枝上，多产在树冠顶端和外缘，以树冠南侧最多，卵期 4～10 d。

幼虫一般 6 龄，低龄幼虫食卵壳和叶肉，食成网状，3 龄以后食量剧增，5～6 龄幼虫进入暴食期，一只幼虫一生能吃树叶 10 片左右，幼虫有吐丝下垂习性，故称"吊死鬼"。

成虫形态特征：体长约 17 mm，翅展 30～45 mm。体黄褐至灰褐色，触角丝状，翅面密布小褐点。前翅具 3 条横线，其中外线明显，在近前缘断裂，裂前的斑纹呈三角形，裂后多由 3 列黑斑组成，并被灰褐色翅脉分开；后翅具 2 条横线，外线双线，线外常具深褐色不规则纹；前后翅具中室端斑；外缘锯齿状。

成虫上灯时间：河北省 4—8 月。

 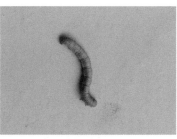 

槐尺蛾成虫 安新县 张小龙	槐尺蠖幼虫 定州市 苏翠芬	槐尺蛾成虫 饶阳县 高占虎
2018 年 6 月	2018 年 7 月	2018 年 6 月

10. 黄灰尺蛾

中文名称：黄灰尺蛾，*Tephrina arenacearia*（Denis Schiffermüller），鳞翅目，尺蛾科。

分布：黑龙江、吉林、辽宁、北京、河北。

成虫形态特征：翅展约 24 mm。头部橘黄色，触角褐色，翅灰黄色，散布暗黄褐色鳞片；横线细弱，暗黄褐色，内横线和外横线均较直；中室端点小而明显。前翅外横线外侧衬较宽的暗色影带。

成虫上灯时间：河北省 8 月。

黄灰尺蛾成虫 安新县 张小龙
2018 年 8 月

11．黄星尺蛾

中文名称：黄星尺蛾，*Arichanna melanaria fraterna*（Butler，1878），鳞翅目，尺蛾科。

为害：幼虫取食松树、杨树、桦树、椴木等树木。

分布：北京、河北、甘肃、黑龙江、辽宁、山西、河南、湖南、四川、福建、内蒙古、陕西。

成虫形态特征：体长约 13 mm，翅展约 50 mm。体灰色，中胸背面具 1 对黑斑或无；腹部背面无斑或具黑斑。前翅底色灰白，前缘带及翅脉黄色，7 列黑斑组成横线，白色横线较宽，缘毛黑黄相间；后翅底为黄色，布满淡墨色斑纹。

成虫上灯时间：河北省 6—9 月。

黄星尺蛾成虫 平泉市 李晓丽
2018 年 8 月

12．黄缘伯尺蛾

中文名称：黄缘伯尺蛾，*Diaprepesilla flavomarginaria*（Bremer，1864），鳞翅目，尺蛾科。

分布：河北、内蒙古、甘肃、辽宁、湖南。

成虫形态特征：前翅长 21 mm，雄虫触角双栉形；雌虫触角线形。下唇须短小细弱。头和胸腹部背面及前翅基部黄色。翅白色，端部有 1 条鲜明的黄带。翅上散布大小不等的灰褐色斑；中点大，近长圆形或肾形；外线斑点较大，排成单列，部分互相融合，翅端部斑点细小但较密集；缘线在翅脉端有深褐色斑；缘毛黄色，在翅脉端深褐色。翅反面颜色、斑纹同正面。

成虫上灯时间：河北省 8 月。

黄缘伯尺蛾成虫 平泉市 李晓丽
2018 年 8 月

13．枯斑翠尺蛾

中文名称：枯斑翠尺蛾，*Eucyclodes difficta*（Walker），鳞翅目，尺蛾科。

为害：幼虫为害柳、杨、桦，取食栎叶。

分布：北京、河北、辽宁、吉林、黑龙江、福建、陕西、四川。

生活史及习性：1年1代，4月发生，5、6月幼虫老熟，在叶片间作茧化蛹，以卵越冬。

成虫形态特征：成虫前翅长 16 ～ 19 mm，体翠绿色；后翅外部 1/3 灰白色，布满枯褐色碎条纹；翅反面粉白色，微青。幼虫体形似叶芽。

成虫上灯时间：河北省 7 月。

枯斑翠尺蛾成虫 丰宁县 曹艳蕊
2018 年 7 月

14．亮隐尺蛾

中文名称：亮隐尺蛾，*Heterolocha Laminaria*（Herrich-Schaffer），鳞翅目，尺蛾科。

分布：河北、北京、辽宁、吉林、黑龙江。

成虫形态特征：翅展 19 ～ 24 mm。触角暗褐色，头部暗褐色，胸部和腹部黄褐色，翅污黄色。前翅内横线以内的基部颜色较暗；中室端斑大，椭圆形，中部色浅；外横线宽，靠近外缘，在顶角处形成暗斑。后翅内横线不明显；中室端斑条状，较模糊；外横线较宽；端线模糊。

成虫上灯时间：河北省 6 月。

亮隐尺蛾成虫 栾城区 焦素环、靳群英
2018 年 6 月

15. 木橑尺蛾

中文学名：木橑尺蛾，*Culcula panterinaria*（Bremer et Grey），鳞翅目，尺蛾科。

为害：木橑尺蛾是一种暴食性的杂食性害虫，已记录的寄主植物有60多种。特别是对木橑和核桃为害更为严重，并且在食光木本植物后，还可侵入农田为害棉花、豆类等农作物。

分布：北京、浙江、江苏、四川、河南、河北、山西、山东、内蒙古、台湾等。

生活史与习性：河北省1年发生1代，以蛹在根际松土中越冬。6月份羽化，7月中、下旬为羽化盛期，成虫于6月下旬产卵，7月中、下旬为盛期。幼虫于7月上旬孵化，盛期为7月下旬至8月上旬。老熟幼虫于8月中旬化蛹，9月为盛期。幼虫很活泼，孵化后即迅速分散，爬行快；稍受惊动，即吐丝下垂，可借风力转移为害。初孵幼虫一般在叶尖取食叶肉，留下叶脉，将叶食成网状。2龄幼虫则逐渐开始在叶缘为害，静止时，多在叶尖端或叶缘用臀足攀住叶的边缘，身体向外直立伸出，如小枯枝，不易发现。3龄以后的幼虫行动迟缓。幼虫共6龄，幼虫期约40 d。老熟幼虫坠地化蛹，通常选择梯田壁内、石堰缝里、乱石堆中以及树干周围和荒坡杂草等松软、阴暗潮湿的地方化蛹，入土深度一般在3 cm左右。

成虫形态特征：体长18～22 mm，翅展45～72 mm。复眼深褐色，雌蛾触角丝状，雄蛾触角羽状。翅白色，散木橑尺蛾布灰色或棕褐色斑纹，外横线呈一串断续的棕褐色或灰色圆斑。前翅基部有一深褐色大圆斑。雌蛾体末有黄色绒毛。足灰白色，胫节和跗节具有浅灰色的斑纹。

成虫上灯时间：河北省6—8月。

木橑尺蛾成虫 卢龙县 董建华
2018年6月

16. 上海玛尺蛾

中文名称：上海玛尺蛾，*Macaria shanghaisaria*（Walker），鳞翅目，尺蛾科。别名：上海枝尺蛾。

为害：幼虫为害杨、柳等。

分布：北京、河北、黑龙江、吉林、辽宁、上海等。

成虫形态特征：翅展21～25 mm，体、翅淡黄棕色（有时呈灰黄色），翅正反面的斑纹相近，前翅具 3 条黄褐色横带，外带最宽，中、内带的翅前缘处具黑褐色斑，外带前缘具 2 黑褐斑，翅及角下翅缘基缘毛呈黑色弧带。后翅外援中部突出。停息两对翅竖起，并不平直。

成虫上灯时间：河北省 8—9 月。

上海玛尺蛾成虫 平山县 韩丽
2018 年 8 月

17. 蛇纹尺蛾

中文名称：蛇纹尺蛾，*Rhodostrophia jacularia*（Hübner），鳞翅目，尺蛾科。

分布：河北。

成虫形态特征：前翅长 13～14 mm。雄蛾触角双栉状。头顶触角间白色，额和下唇须黄褐色。体翅黄褐色，后翅颜色稍淡。前翅内线褐色不达前缘，内侧有白边；外线褐色，白顶角内侧向后缘波曲蜿蜒并逐渐变粗，如蛇形，其外侧有白边；外缘有淡褐边。后翅有淡褐色弯曲的外线。翅反面斑纹不明显。

成虫上灯时间：河北省 5—6 月。

蛇纹尺蛾成虫 康保县 康爱国
2016 年 8 月

18. 肾纹绿尺蛾

中文名称：肾纹绿尺蛾，*Comibaena procumbaria*（Pryer，1877），鳞翅目，尺蛾科。

为害：幼虫取食胡枝子、茶、罗汉松、杨梅、荆条等植物。

分布：甘肃、河北、北京、山西、山东、河南、上海、浙江、江西、湖北、湖南、福建、广西、四川、台湾等。

成虫形态特征：翅展 20～25 mm；体背及翅青绿色，翅上白线不明显。前翅前缘白色，后缘外侧有 1 肾形斑纹，外围褐色，中间白色，翅外缘有波浪形褐线。后翅顶角及外缘处有一更大的肾形斑纹，外围褐色，中间白色，中间有两根褐线。前后翅中室各有 1 黑点。有时前翅可见 2 条白色横线。有时体及翅白色。

成虫上灯时间：河北省 6—8 月。

肾纹绿尺蛾成虫 卢龙县 董建华
2017 年 10 月

19. 双斜线尺蛾

中文名称：双斜线尺蛾，*Megaspilates mundataria*（Stoll，1782），鳞翅目，尺蛾科。

为害：林木害虫

分布：黑龙江、辽宁、内蒙古、北京、河北、陕西、湖北、江西、江苏等。

成虫形态特征：体长约 15 mm，翅展 28～36 mm。触角双栉形，干白色，栉节褐色，雄蛾栉枝较雌蛾长多。体背及翅白色，具丝质光泽。前翅前缘和外缘褐色，并具两条褐色斜线，缘毛白色。后翅近外缘具 1 褐色直线，外缘褐色。

成虫上灯时间：河北省 6—7 月。

双斜线尺蛾成虫 平泉市 李晓丽

2018 年 8 月

20. 丝棉木金星尺蛾

中文名称：丝绵木金星尺蛾，*Calospilos suspecta*（Warren），鳞翅目，尺蛾科。别名：丝绵木金星尺蛾、黄杨金星尺蛾、大叶黄杨尺蛾、卫矛尺蛾。

为害：食叶害虫，可为大叶黄杨、丝棉木、扶芳藤、欧洲卫矛、榆、柳树等多种观赏树木，其中对大叶黄杨为害最重。暴发成灾时，短期内可将叶片全部吃光。

分布：北京、天津、山西、河北、内蒙古、上海、江苏、浙江、安徽、福建、江西、山东、台湾、陕西、甘肃、青海、宁夏、新疆、黑龙江、吉林、辽宁等。

生活史及习性：丝棉木金星尺蛾在河北省 1 年发生 3 代，以蛹在土中越冬。翌年 5 月越冬成虫羽化。卵产于叶背、枝干及裂缝，成块，卵多于黎明前孵化。幼虫共 5 龄，初孵出来的幼虫乳白色，群居取食幼嫩叶片成透明斑状；2 龄后爬行分散食叶；3～5 龄幼虫为暴食期，多在离枝顶 5 cm 以下的叶片上取食。各龄幼虫有吐丝习性，受惊时即吐丝下垂，并有假死现象，行走时打拱成桥状。幼虫老熟后，爬至植株附近的表土中作很薄的土室化蛹，化蛹场所多选择有枯、落叶覆盖的较荫蔽，且湿润的地方。第一代幼虫为害期为 5 月下旬至 6 月下旬，第二代幼为害期为 7 月中旬至 8 月中旬，第三代幼虫为害期为 8 月下旬至 9 月下旬。

成虫多在夜间羽化，白天栖息于树冠、枝叶间，遇惊扰作短距离飞翔，黄昏后外出活动，有弱趋光性。晴热天在大树或遮阴的墙体上，四翅平展，飞翔力不强，易被发现和捕捉。成虫羽化后即可交尾。交尾多在早晚进行，一生可交尾 3～5 次。羽化后 2～3 d 开始产卵。1 d 可产卵数次，每次产卵数不一，多的 1 次可产 60～70 粒，甚至上百粒，少的 3～5 粒。越冬代成虫平均产卵 240 多粒，大部分卵产在树冠外层叶片上，叶正面比叶背多。产完卵后，成虫在 1～2 d 内死去。

成虫形态特征：雌虫体长 12～19 mm，翅展 34～44 mm。翅底色银白，具淡灰色及黄褐色斑纹，前翅外缘有 1 行连续的淡灰色纹，外横线成 1 行谈灰色斑，上端分叉，下端有 1 个红褐色大斑；中横线不成行，在中室端部有 1 大灰斑，斑中有 1 个图形斑，翅基有 1 深黄、褐、灰三色相间花斑；后翅外缘有 1 行连续的淡灰斑，外栈线成 1 行较宽的淡灰斑，中横线有断续的小灰斑。斑纹在个体间略有变异。前后翅乎展时，后翅上的斑纹与前翅斑纹相连接，似由前翅的斑纹延伸而来。前后翅反面的斑纹同正面，惟无黄褐色斑纹。腹部金黄色，有由黑斑组成的条纹 9 行，后足胫节内侧无丛毛。雄虫体长 10 ～ 13 mm，翅展 32 ～ 38 mm；翅上斑纹同雄虫；腹部亦为金黄色，有由黑斑组成的条纹 7 行，后足旺节内仍有 1 丛黄毛。

成虫上灯时间：河北省 5—10 月。

丝棉木金星尺蛾成虫 卢龙县 董建华 2018 年 8 月

丝棉木金星尺蛾成虫 霸州市 刘莹 2018 年 7 月

丝棉木金星尺蛾雌成虫 雌蛾 卢龙县 董建华 2018 年 3 月

丝棉木金星尺蛾成虫 高阳县 李兰蕊 2018 年 8 月

21. 驼尺蛾

中文名称：驼尺蛾，*Pelurga comitata*（Linnaeus，1758），鳞翅目，尺蛾科。别名：驼波尺蛾。

为害：幼虫为害藜和滨藜属的花和种子。

分布：黑龙江、吉林、内蒙古、河北、北京、甘肃、青海、新疆、四川等。

生活史和习性：1 年 1 代，成虫 6—8 月羽化，以蛹越冬。

成虫形态特征：体长 9 ～ 13 mm，翅展 26 ～ 35 mm。触角线状，雄有微毛；中胸背面有一驼峰，后胸具毛丛；体黄褐色，翅的色彩变化较大，有淡褐、橙黄、暗褐等色型，前翅顶角弯突并有一黑褐色斜条，翅中部在曲折的外横线与内横线间形成暗色宽带，中室端有黑点；后翅顶角也略突出，由翅基至外横线颜色较暗。前后翅中点黑色清晰。

成虫上灯时间：河北省 6—9 月。

驼尺蛾成虫　正定县　李智慧　　　　　驼尺蛾成虫　丰宁县　曹艳蕊
2012 年 8 月　　　　　　　　　　　　2018 年 7 月

22．折无缰青尺蛾

中文名称： 折无缰青尺蛾，*Hemistolazi mmermanni*（Hedemann，1879），鳞翅目，尺蛾科。

分布： 河北、北京、甘肃、山西、陕西、黑龙江、吉林、辽宁等地。

成虫形态特征： 雌蛾触角双栉形，最长度栉齿长度约为触角干直径的 2 倍；雌蛾触角双栉形，栉齿长度约为触角干直径的 1.5 倍，近尖端纤毛状。额暗红色。下唇须暗红色，不伸出额外。头顶白色。胸部背面与翅面颜色相同。后足胫节膨大，有毛束。雄蛾前翅长 14 ～ 17 mm；雌蛾前翅长 16 mm。翅面蓝绿色。前翅前缘黄褐色；内横线白色，在中室下缘上方弧形弯曲；外横线白色，在翅脉上略有所扩展；缘线比翅面颜色略深；缘毛白绿色。后翅顶角钝圆；外缘在 M3 处形成小尾突，外横线在中部向外弯曲，在臀褶处外倾达后缘；缘线缘毛同前翅。翅反面较正面色深，无斑纹。

成虫上灯时间： 河北省 6—8 月。

折无缰青尺蛾成虫　枣强县　彭俊英 2018 年 6 月

23．直脉青尺蛾

中文名称： 直脉青尺蛾，*Geometra valida*（Felder et Rogenhofer），鳞翅目，尺蛾科。别名：栎大尺蛾、栎青尺蛾。

为害： 幼虫为害栎、栗、橡、檫等树木。

分布：黑龙江、吉林、辽宁、河北、山西、内蒙古、北京、天津、河南、甘肃、宁夏、山东、陕西、浙江、湖北、湖南、江西、福建、四川、云南。

成虫形态特征：前翅雄性长 28～29 mm，雌性 30～32 mm。头顶和胸、腹粉白色，肩片和翅粉绿色，前翅内线直、白色；中室端有深色点；外线白色较内线粗，从前缘基部 3/4 处伸向后缘基部 2/3 处，并与后翅的白色中线相接；亚端线细，不明显。后翅的亚端线亦细而不明显。翅外缘波状。后翅 M1 和 M3 端处最突出。

本种似白脉青尺蛾，但内线、外线亚端线均较细，尾突明显，翅脉处白色不明显，脉端无褐点。

成虫上灯时间：河北省 6—8 月。

直脉青尺蛾成虫　平泉市　李晓丽
2018 年 8 月

直脉青尺蛾成虫　围场县　宣梅
2018 年 7 月

24. 紫线尺蛾

中文名称：紫线尺蛾，*Calothysanis comptaria*（Walker），鳞翅目，尺蛾科。别名：紫条尺蛾。

为害：食叶害虫，幼虫为害扁蓄。

分布：北京、黑龙江、河北、河南、山东、湖北、湖南、安徽、重庆。

成虫形态特征：体长约 9 mm，翅展约 25 mm。体浅褐色；前、后翅中部各有一斜纹伸出，暗紫色，连同腹部背面的暗紫色，形成一个三角形的两边，后翅外缘中部显著突出，前、后翅外缘均有紫色线。

成虫上灯时间：河北省 4 月、6—9 月。

紫线尺蛾成虫　正定县　李智慧
2012 年 9 月

紫线尺蛾成虫　香河县　崔海平
2018 年 7 月

紫线尺蛾　灵寿县　周树梅
2017 年 9 月

·刺蛾科·

1. 扁刺蛾

中文名称：扁刺蛾，*Thosea sinensis*（Walker），鳞翅目，刺蛾科。

为害：主要为害苹果、梨、杏、桃、樱桃、枇杷、枣、柿、核桃、梧桐、油、杨、桑、大叶黄杨等植物。以幼虫取食叶片为害，发生严重时，可将寄主叶片吃光，造成严重减产。

分布：河北、黑龙江、吉林、辽宁、内蒙古、北京、天津、山西、重庆、甘肃、宁夏、河南、西藏、青海、陕西、新疆、四川、上海、安徽、江苏、福建、江西、山东、浙江、湖北、湖南、云南、贵州、广西、广东、海南、香港、澳门、台湾。

生活史及习性：北方每年发生1代。5月中旬开始化蛹；6月上旬开始羽化、产卵，发生期不整齐；6月中旬至8月上旬均可见初孵幼虫，8月为害最重，8月下旬开始陆续老熟入土结茧越冬。

成虫多在黄昏羽化出土，昼伏夜出，羽化后即可交配，2 d后产卵，多散产于叶面上，卵期7 d左右。幼虫共8龄，6龄起可食全叶，老熟幼虫多夜间下树入土结茧。

成虫形态特征：体长14～17 mm，翅展28～39 mm。体灰白色至灰褐色，零星散布褐色鳞片；前翅灰褐色至浅灰色，外线褐色，内侧色浅，较深色的个体在中室端具黑褐斑。

成虫上灯时间：河北省5—9月。

扁刺蛾成虫 宽城县 姚明辉
2009 年 7 月

扁刺蛾幼虫 宽城县 姚明辉
2013 年 8 月

2. 褐边绿刺蛾

中文名称：褐边绿刺蛾，*Parasa consocia*（Walker），鳞翅目，刺蛾科。别名：褐缘绿刺蛾、窄黄缘绿刺蛾、青刺蛾、梨青刺蛾、大绿刺蛾。

为害：幼虫取食梨、苹果、海棠、杏、桃、李、梅、樱桃、山楂、柑橘、枣、柿、栗、核桃等果树，以及榆、白杨、柳、梧桐、冬青等植物的叶片。

分布：河北、黑龙江、吉林、辽宁、内蒙古、北京、天津、山西、重庆、甘肃、宁夏、河南、西藏、青海、陕西、新疆、四川、上海、安徽、江苏、福建、江西、山东、浙江、湖北、湖南、云南、贵州、广西、广东、海南、香港、澳门、台湾。

生活史及习性：在北京和山东发生 1 年 1 代，8 月下旬至 9 月下旬老熟幼虫结茧越冬，翌年 6 月初成虫开始羽化。成虫产卵成块，卵块含卵数十粒，鱼鳞状排列。

成虫形态特征：体长 17～20 mm，翅展 28～40 mm。头、胸背绿色，胸背中央有一棕色纵线，腹部淡黄色。前翅绿色，翅基部有褐色或黄褐色斑，翅外缘具浅黄色宽带，带内翅脉及内缘褐色。后翅淡黄色，外缘稍带褐色。

成虫上灯时间：河北省 6—8 月。

| 褐边绿刺蛾成虫 宽城县 姚明辉 2009 年 7 月 | 褐边绿刺蛾成虫 香河县 崔海平 2018 年 6 月 | 褐边绿刺蛾幼虫 宽城县 姚明辉 2015 年 9 月 |

3. 黄刺蛾

中文名称：黄刺蛾，*Monema flavescens*（Walker）鳞翅目，刺蛾科。别名：茶树黄刺蛾。

为害：幼虫食性较广，取食多种果树、枫杨、杨、榆、梧桐、油桐、乌桕、楝、栎、紫荆、刺槐、桑、茶等。

分布：河北、黑龙江、吉林、辽宁、内蒙古、北京、天津、山西、重庆、甘肃、河南、青海、陕西、四川、上海、安徽、江苏、福建、江西、山东、浙江、湖北、湖南、云南、广西、广东、海南香港、澳门、台湾。

生活史及习性：东北、华北等地区 1 年发生 1 代。5 月中、下旬开始化蛹，6 月中旬至 7 月中旬出现成虫，6 月下旬至 8 月为幼虫发生期，8 月中旬后陆续老熟，在枝干等处结茧越冬。成虫昼伏夜出，有趋光性，卵产于叶背，卵期 7～10 d。7—8 月间高温干旱，黄刺蛾幼虫发生严重。

成虫形态特征：雌蛾体长 10～13 mm，翅展 29～36 mm。头、胸黄色，腹部黄褐色。前翅内半部黄色，外半部黄褐色；有两条暗褐色斜线，在翅尖前汇合于一点，呈倒 V 形，内面一条伸到中室下角，为两部分颜色的分界线，外面一条稍外曲，伸达臀角前方，但不达于后缘。后翅黄或黄褐色。

成虫上灯时间：河北省 6—8 月。

| 黄刺蛾成虫 宽城县
姚明辉 2018 年 9 月 | 黄刺蛾幼虫 宽城县
姚明辉 2008 年 9 月 | 黄刺蛾虫茧及蛹 宽城县
姚明辉 2019 年 3 月 | 黄刺蛾茧 宽城县
姚明辉 2008 年 6 月 |

4.梨娜刺蛾

中文名称: 梨娜刺蛾,*Narosoideus flavidorsalis*(Staudinger),鳞翅目,刺蛾科。别名:梨刺蛾。

为害: 幼虫取食梨、苹果、桃、李、杏、樱桃、柿、白桦、刺槐等。

分布: 河北、黑龙江、吉林、辽宁、内蒙古、北京、天津、山西、重庆、甘肃、宁夏、河南、西藏、青海、陕西、新疆、四川、上海、安徽、江苏、福建、江西、山东、浙江、湖北、湖南、云南、贵州、广西、广东、海南、香港、澳门、台湾。

生活史及习性: 1 年发生 1 代。翌春化蛹,7—8 月出现成虫;成虫昼伏夜出,有趋光性,产卵于叶片上。幼虫孵化后取食叶片,发生盛期在 8—9 月。幼虫老熟后从树上爬下,入土结茧越冬。

成虫形态特征: 体长 14 ~ 16 mm,翅展 29 ~ 36 mm,黄褐色。触角双栉齿状,分枝到末端;前翅外横线清晰,暗褐色,广弧形,横线内的前半部褐色较浓,后半部黄色较显,外缘明亮,无银色缘线。后翅褐色至棕褐色。缘毛黄褐色。

成虫上灯时间: 河北省 7—8 月。

梨娜刺蛾成虫 丰宁县 曹艳蕊
2018 年 7 月

5. 枣奕刺蛾

中文名称： 枣奕刺蛾，*Phlossa conjuncta*（Walker），鳞翅目，刺蛾科。别名：枣刺蛾。

为害： 幼虫取食苹果、梨、枣、桃、柿、樱桃、杏、核桃、刺槐、紫荆、臭椿等植物的叶片，低龄幼虫取食叶肉，稍大后即可取食全叶。

分布： 河北、黑龙江、吉林、辽宁、内蒙古、北京、天津、山西、重庆、甘肃、宁夏、河南、西藏、青海、陕西、新疆、四川、上海、安徽、江苏、福建、江西、山东、浙江、湖北、湖南、云南、贵州、广西、广东、海南、香港、澳门、台湾。

生活史及习性： 河北地区 1 年发生 1 代，以老熟幼虫在树干基部土内结茧越冬。翌年 6 月上旬化蛹，蛹期约 10 d。6 月下旬始见成虫，7 月为成虫羽化盛期。成虫有趋光性，将卵产在叶片背面，卵呈鱼鳞状，6 月下旬田间可见到卵，卵期约 8 d。初孵幼虫短时间栖息后分散为害，开始食叶肉，随虫龄增大，常把叶片吃光，只留粗叶脉和叶柄。7—8 月为幼虫为害期，以 8 月为害严重。9 月初幼虫陆续老熟，随着气温下降下树结茧越冬。

成虫形态特征： 体长 12 ~ 16 mm、翅展 24 ~ 33 mm，体红褐色或棕褐色，胸背鳞毛较长，腹背各节有似人字形红褐色鳞毛，胸部具橘黄色或橘红色毛，前翅基部褐色，外缘具一条同色光泽的横带，中部紧缩，两端外缘呈折角形。中央有一棱形黑点，近外缘有两块似亚铃形红褐色斑，外缘中部有一近三角形黄褐色斑、后翅黄褐色。

成虫上灯时间： 河北省 6—8 月。

枣奕刺蛾成虫 栾城区 焦素环　　　　枣奕刺蛾成虫 栾城区 焦素环
靳群英 2018 年 7 月　　　　　　　　靳群英 2018 年 7 月

6. 中国绿刺蛾

中文名称： 中国绿刺蛾，*Parasa sinica*（Moore），鳞翅目，绿刺蛾属，刺蛾科。

为害： 主要为害苹果、梨、枣、桃、杏、柿、核桃、柑橘、樱桃、榆、白蜡、海棠、紫叶李、日本晚樱、月季等多种果树、园林植物。低龄幼虫多群集叶背取食叶肉，3 龄后分散食叶成缺刻或孔洞，白天静伏于叶背，夜间和清晨活动取食，严重时常将叶片吃光。

分布： 黑龙江、吉林、辽宁、北京、天津、山西、+河北、内蒙古、上海、江苏、浙江、安徽、福建、江西、山东、台湾、河南、湖北、湖南、广东、广西、海南、香港、澳门。

生活史及习性：河北 1 年发生 1 代，以老熟幼虫在树干基部、树干伤疤处、粗皮裂缝或枝杈处结茧入冬，有时在一处有几头幼虫聚集结茧。越冬幼虫在翌年 6 月上旬化蛹，6 月下旬至 7 月上旬出现成虫。成虫昼伏夜出，有趋光性，对糖醋液无明显趋性。卵多产于叶背中部、主脉附近，块生，形状不规则，多为长圆形，每块有卵数 10 粒，单雌卵量百余粒。成虫寿命 10 d 左右。卵期 7～10 d。

成虫形态特征：成虫长约 12 mm，翅展 21～28 mm；头胸背面绿色，腹背灰褐色，末端灰黄色；触角雄羽状、雌丝状；前翅绿色，基斑和外缘带暗灰褐色；后翅灰褐色，臀角稍灰黄。

成虫上灯时间：河北省 6—8 月。

中国绿刺蛾成虫 栾城区 焦素环
靳群英 2018 年 6 月

中国绿刺蛾成虫 泊头市
吴春娟 2018 年 8 月

中国绿刺蛾幼虫 宽城县
姚明辉 2018 年 9 月

· 天蚕蛾科 ·

1. 樗蚕

中文名称：樗蚕，*Samia cynthia cynthia*（Drurvy），鳞翅目，天蚕蛾科。

为害：寄主有核桃、石榴、柑橘、蓖麻、花椒、臭椿（樗）、槐、柳等。幼虫食叶和嫩芽，轻者食叶成缺刻或孔洞，严重时把叶片吃光。

分布：黑龙江、吉林、辽宁、北京、天津、山西、河北、内蒙、上海、江苏、浙江、安徽、福建、江西、山东、台湾、四川、贵州、云南、重庆、西藏。

生活史及习性：北方年发生 1～2 代，南方年发生 2～3 代，以蛹越冬。在四川越冬蛹于 4 月下旬开始羽化为成虫，成虫有趋光性，并有远距离飞行能力，飞行可达 3 000 m 以上。羽化出的成虫当即进行交配。雌蛾性引诱力甚强，未交配过的雌蛾置于室内笼中连续引诱雄蛾，雌蛾剪去双翅后能促进交配，而室内饲养出的蛾子不易交配。成虫寿命 5～10 d。卵产在寄主的叶背和叶面，聚集成堆或成块状，每雌产卵 300 粒左右，卵历期 10～15 d。初孵幼虫有群集习性，3～4 龄后逐渐分散为害。在枝叶上由下而上，昼夜取食，并可迁移。第一代幼虫在 5 月为害，幼虫历期 30 d 左右。幼虫蜕皮后常将所蜕之皮食尽或仅留少许。幼虫老熟后即在树上缀叶结茧，树上无叶时，则下树在地被物上结褐色粗茧化蛹。第二代茧期约 50 多天，7 月底至 8 月初是第一代成虫羽化产卵时间。9—11月为第二代幼虫为害期，以后陆续作茧化蛹越冬，第二代越冬茧，长达5—6个月，蛹藏于厚茧中。

成虫形态特征：长约12 mm，翅展21～28 mm；头胸背面绿色，腹背灰褐色，末端灰黄色；触角雄羽状、雌丝状；前翅绿色，基斑和外缘带暗灰褐色；后翅灰褐色，臀角稍灰黄。

成虫上灯时间：河北5月、7—8月。

樗蚕蛾蛹 宽城县 姚明辉
2010年5月

樗蚕蛾山楂树上的越冬虫茧 宽城县 姚明辉
2010年5月

樗蚕成虫 宽城县 姚明辉
2009年9月

樗蚕幼虫 宽城县 姚明辉
2008年8月

樗蚕蛹及蛹壳 宽城县 姚明辉
2018年9月

·大蚕蛾科·

1. 绿尾大蚕蛾

中文名字：绿尾大蚕蛾，*Actias ningpoana*，鳞翅目，大蚕蛾科。

为害：柳、木槿、樱桃、苹果梨、杏、石榴、葡萄、喜树、赤杨、鸭脚木、海棠、月季、冬青、玉兰、银杏、杜仲等植物。

分布：北京、陕西、甘肃、吉林、辽宁、河北、河南、山东、江苏、浙江、江西、福建、台湾、湖北、湖南、广东、香港、海南、四川、云南、西藏。

生活史及习性：1年发生1～2代。第一代幼虫于5月下旬至6月上旬发生，7月中旬化蛹，蛹期10～15 d。7月下旬至8月为第一代成虫发生期。第二代幼虫8月中旬始发，为害至9月中下旬，陆续结茧化蛹越冬。

成虫昼伏夜出，有趋光性，日落后开始活动，21:00—23:00最活跃，虫体大笨拙，但飞翔力强。卵喜产在叶背或枝干上，有时雌蛾跌落树下，把卵产在土块或草上，常数粒或偶见数十粒产在一起，成堆或排开，每雌可产卵200～300粒。成虫寿命7～12 d。初孵幼虫群集取食，2龄、3龄后分散，取食时先把1叶吃完再为害邻叶，残留叶柄，幼虫行动迟缓，食量大，每头幼虫可食100多片叶子。幼虫老熟后于枝上贴叶吐丝结茧化蛹。第二代幼虫老熟后下树，附在树干或其他植物上吐丝结茧化蛹越冬。

成虫形态特征： 体长35～38 mm，翅展115～126 mm。头灰褐色，头部两侧及肩板基部前缘有暗紫色横切带，触角土黄色，雄、雌均为长双栉形；体披较密的白色长毛，有些个体略带淡黄色；翅粉绿色，基部有较长的白色茸毛。前翅前缘暗紫色，混杂有白色鳞毛，翅脉及两条与外缘平行的细线均为淡褐色，外缘黄褐色；中室端有1个眼形斑，斑的中央在横脉处呈一条透明横带，透明带的外侧黄褐色，内侧内方橙黄色，外方黑色，间杂有红色月牙形纹；后翅自M3脉以后延伸成尾形，长达40 mm，尾带末端常呈卷折状；中室端有与前翅相同的眼形纹，只是比前翅略小些；外线单行黄褐色，有的个体不明显。胸足褐色，腹足棕褐色，上部具黑横带。一般雌蛾色较浅，翅较宽，尾突亦较短。

成虫上灯时间： 河北省6—7月。

绿尾大蚕蛾幼虫 宽城县
姚明辉 2008年8月

绿尾大蚕蛾蛹和茧 宽城县
姚明辉 2018年9月

绿尾大蚕蛾成虫 大名县
崔延哲 2018年6月

· 灯蛾科 ·

1. 白雪灯蛾

中文名称： 白雪灯蛾，*Chionarctia niveus*（Ménétriès），鳞翅目，灯蛾科。别名：白灯蛾。

为害： 幼虫取食大豆、高粱、小麦、桑、车前、蒲公英等。

分布： 黑龙江、吉林、辽宁、北京、天津、山西、河北、内蒙古、上海、江苏、浙江、安徽、福建、江西、山东、台湾、河南、湖北、湖南、陕西、广西、四川、云南。

生活史及习性：1年1代，以6～8龄幼虫在土缝内，枯枝落叶下或枯草中越冬，春季4月中下旬开始出蛰活动，越冬幼虫先取食杂草、果树、农作物嫩芽、嫩叶，为害1个月左右，陆续于6月上中旬老熟后化蛹，蛹期30 d左右。7月上中旬羽化，羽化后1～2 d交尾产卵，成虫寿命雌蛾为10～12 d，雄蛾8～9 d，羽化后2～3 d产卵最多。卵期6～8 d，幼虫孵化后经过1个多月取食，到10月上中旬进入越冬状态。

成虫多于夜间羽化，昼伏夜出，趋光性较强，对黑光灯趋性更强。夜间交尾产卵，卵多产于叶背面，成块产下，每块卵有卵数十粒至数百粒。幼虫多在白天孵化，初孵幼虫先聚集在卵块附近，经过1天左右开始吐丝下垂，转移为害。1～2龄食量小，取食叶肉，残留表皮，似透明"天窗"，3龄后蚕食叶片呈孔洞和缺刻，5龄后食量显著增大，6龄后进入暴食期。由于高龄幼虫食量大，龄期长，寄主广泛，常导致毁灭性的灾害。幼虫多夜间取食为害，有假死性，爬行速度很快。在食物缺乏时有群聚迁移习性。

成虫形态特征：雌成虫体长22～26 mm，翅展62～75 mm；雄成虫体长20～24 mm，翅展60～72 mm。体白色，下唇须基部红色，第三节红色；触角白色，但栉齿黑色；各足腿节上方红色，前足基节红色具黑斑，腿节具黑纹；腹部除基部和端部外，侧面有6个红斑排成一列，红斑下方还有一列黑斑，背面中央有一列黑斑。

成虫上灯时间：河北省7—8月。

白雪灯蛾成虫 围场县 宣梅
2018 年 7 月

白雪灯蛾成虫腹面及足 宽城县 姚明辉
2018 年 7 月

2. 豹灯蛾

中文名称：豹灯蛾，*Arctia caja*（Linnaeus），鳞翅目，灯蛾科。

为害：主要为害甘蓝、桑、蚕豆、菊、醋栗、接骨木、大麻等。

分布：黑龙江、吉林、辽宁、内蒙古、河北、北京、天津、河南、山西、陕西、宁夏、新疆。

生活史及习性：1年发生1代，以幼虫于杂草落叶下越冬，翌年早春开始为害，6月中、下旬在落叶下化蛹，8月上旬羽化，9月下旬产卵，早春为害桑叶最严重。

成虫形态特征: 翅展58～86 mm，体色和花纹变异很大。头、胸褐色，腹部背面红色或橙黄色，腹面黑褐色。前翅红褐色或黑褐色，白色花纹或粗或细，或多或少，变异极大，亚基线白带在中脉处折角，前缘在内、中横线处有白斑，外横线在外方折角斜向后缘，亚端带从翅顶斜向外缘。后翅红或橙黄色，2脉起始处有一个蓝黑色圆斑，横脉纹有时存在，亚端点为3个蓝黑色大圆斑，最上面的1个有时延伸至前缘。

成虫上灯时间: 河北省8月。

豹灯蛾成虫 围场县 宣梅　　　　　　　　豹灯蛾成虫 围场县 宣梅
2018 年 8 月　　　　　　　　　　　　　2018 年 8 月

3. 东方美苔蛾

中文名称: 东方美苔蛾，*Miltochrista orientalis*（Daniel，1951），又名华丽美苔蛾，鳞翅目，灯蛾科，美苔蛾属。

分布: 河北、陕西、浙江、福建、湖北、江西、广东、广西、海南、四川、云南、台湾、西藏。

成虫形态特征: 展翅宽29～48 mm。上翅表面橙红色，具黑褐与橙黄色交错条纹；下翅表面淡橙色。个体差异大，但雌雄并无明显不同。近似种灰黑美苔蛾（*M. fuscozonata*），上翅表面橙红色条纹较小，底色米黄色较明显；下翅表面为淡桃红色。

成虫上灯时间: 河北省4—10月。

东方美苔蛾成虫 平山县 刘明霞
2018 年 5 月

4. 红星雪灯蛾

中文名称：红星雪灯蛾，*Spilosoma punctarium*（Stoll），鳞翅目，灯蛾科。

分布：北京、河北、黑龙江、吉林、辽宁、陕西、江苏、安徽、浙江、江西、湖北、湖南、四川、贵州、云南、台湾。

成虫形态特征：翅展 31～44 mm。体白色。下唇须、触角暗褐色；足具黑纹，腿节上方红色；腹部背面除基节和端节外红色，背面、侧面和亚侧面各有 1 列黑点，前翅黑点或多或少，黑点数目个体变异极大；前缘下方具有基点及亚基点；内横线点和中横线点在中脉处折角；中室上角 1 黑点，其上方 1 黑点位于前缘处；外横线点在中室外向外弯，从翅顶全 M2 脉有 1 斜列点。后翅通常有横脉纹黑点，有时具亚端点位于翅顶下方、M2 脉上方及 Cu2 脉下方。

成虫上灯时间：河北省 6 月。

红星雪灯蛾成虫　枣强县　彭俊英
2018 年 6 月

红星雪灯蛾成虫　大名县　崔延哲
2015 年 6 月

5. 红缘灯蛾

中文名称：红缘灯蛾，*Aloa lactinea*（Cramer），鳞翅目，灯蛾科。别名：红袖灯蛾，红边灯蛾。

为害：可为害玉米、棉花、高粱、大豆、向日葵、大葱、苹果、柿、柳树、槐树、菊花、木槿等多种植物。幼虫多食性，啃食寄主植物的叶、花、果实，严重时将叶、花等全部吃光，仅留叶脉、花柄。

分布：北京、河北、天津、内蒙古、辽宁、陕西、河南、山东、江苏、浙江、安徽、广东、广西、云南、贵州、四川、西藏、海南。

生活史和生活习性：河北 1 年发生 1 代，5—6 月开始羽化产卵，成虫寿命 5～7 d，卵期 6～8 d，幼虫期 27～28 d。初孵幼虫群集取食，遇惊扰时吐丝下垂扩散为害。3 龄以后蚕食叶片，使叶片残缺不全。老熟幼虫入浅土或于落叶等被覆物内结茧化蛹越冬。

成虫晚间活动，有趋光性，不需补充营养即可产卵，多于夜间成块产于上中部叶片背面，可达数百粒。

成虫形态特征：翅展 46～64 mm，体白色，头顶、颈板端缘及肩角带红色，腹部除基部和端部外黄黑相间；前翅前缘红色，中室上角通常有黑点；后翅中部具1黑斑，外缘具1～4个黑斑或无黑斑。

成虫上灯时间：河北省6—8月。

红缘灯蛾成虫 栾城区 焦素环 靳群英　　红缘灯蛾成虫 易县 郭泉龙　　红缘灯蛾幼虫 正定县 李智慧

2018年7月　　　　　　　　　2018年8月　　　　　　　　2012年8月

6. 黄星雪灯蛾

中文名称：黄星雪灯蛾，*Spilosoma lubricipedum*（Linnaeus），鳞翅目，灯蛾科。幼虫称毛毛虫、叶毛虫。

为害：主要为害甜菜、桑、薄荷、蒲公英、蓼等。

分布：北京、河北、黑龙江、吉林、山西、陕西、江苏、湖北、湖南、广西、四川、贵州、云南。

成虫形态特征：翅展33～46 mm，体白色。足上有黑色条纹，腿节上方黄色。腹部背面除基节和端节外黄色，背面、侧面和亚侧面各有1列黑点。前翅黑点或多或少，黑点数目个体变异极大。

成虫上灯时间：河北省4—9月。

黄星雪灯蛾成虫 宽城县 姚明辉　　黄星雪灯蛾成虫 宽城县 姚明辉　　黄星雪灯蛾幼虫 正定县 李智慧

2018年9月　　　　　　　　　2018年9月　　　　　　　　2010年8月

7. 黄痣苔蛾

中文名称：黄痣苔蛾，*Stigmatophora flava*（Bremer et Grey），鳞翅目，灯蛾科。

为害：主要为害玉米、桑、高粱、牛毛毡。

分布：北京、河北、黑龙江、吉林、辽宁、新疆、山西、陕西、山东、河南、江苏、浙江、福建、江西、湖北、湖南、广东、四川、贵州、云南。

生活史及习性：北京1年发生1代。成虫具较强趋光性。

成虫形态特征：翅展 26 ～ 34 mm。体黄色；头、颈板和翅基片色稍深；前翅前缘区橙黄色，前缘基部有黑边，亚基点黑色，内线处斜置 3 个黑点，外线处 6 ～ 7 个黑点，亚端线的黑点数目或多或少；前翅反面中央或多或少散布暗褐色，或无暗褐色。

成虫上灯时间：河北省 6 月。

黄痣苔蛾成虫 栾城区 焦素环 靳群英
2018 年 6 月

8. 美国白蛾

中文名称：美国白蛾，*Hyphantria cunea*（Drury），鳞翅目，灯蛾科。别名：美国灯蛾、秋幕毛虫、秋幕蛾。

为害：美国白蛾属典型的多食性害虫，可为害 200 多种林木、果树、农作物和野生植物，其中主要为害多种阔叶树，最嗜食的植物有桑、白蜡槭（糖槭），其次为胡桃、苹果、梧桐、李、樱桃、柿、榆和柳等。

分布：北京、河北、天津、辽宁、陕西、山东、上海。

生活史及习性：在河北省 1 年发生 3 代，以蛹在树皮下或地面枯枝落叶处越冬。每年的 4 月下旬至 5 月下旬，是越冬代成虫羽化期，并产卵。幼虫 5 月上旬开始为害，一直延续到 6 月下旬。7 月上旬，当年第一代成虫出现，成虫期延至 7 月下旬。第二代幼虫 7 月中旬开始发生，8 月中旬为其为害盛期，经常发生整株树叶被吃光的现象。8 月，出现世代重叠现象，可以同时发现卵、初龄幼虫、老龄幼虫、蛹及成虫。8 月中旬，当年第二代成虫开始羽化；第三代幼虫从 9 月上旬开始为害，直至 11 月中旬；10 月中旬，第三代幼虫陆续化蛹越冬；越冬蛹期一直持续到第二年 5 月。

成虫飞翔力和趋光性均不强。雌虫产卵，对寄主有明显的选择性，喜在槭树、桑树和果树的叶背产单层块状卵，每块有卵 300 ～ 500 粒，成虫产下的卵，粘着很牢，不易脱落；上覆毛，雨水和天敌较难侵入。卵的发育，最适温度为 23 ～ 25℃，相对湿度为 75% ～ 80%，只要温度和湿度适宜，孵化率可达 96% 以上，即使产卵的叶片干枯，也无影响。

幼虫吐丝结网幕群集为害。红头型幼虫在小网内取食，幼虫成熟后，白天栖息于网中不取食，晚间爬至枝端取食；黑头型幼虫蜕第五次皮以前在网内昼夜取食，当网内叶片被食尽后，幼虫移至枝杈和嫩枝的另一部分织一新网，六龄和七龄幼虫则不织网而自由分散到植株的各部分取食。

成虫形态特征：体白色，翅展 28 ～ 38 mm。前足基节橘黄色有黑斑，腿节上方橘黄色，胫节和跗节具黑带，腹部背面黄色或白色，背面、侧面有 1 列黑点。雄成虫触角双栉状；前翅由无斑点到具浓密的黑色斑点，或散布浅褐色，具有浓密黑点的个体则内横线、中横线、外横线、亚端线在中脉处向外折角再斜向后缘，中室端具黑点，外缘中部有 1 列黑点；后翅一般无斑点。雌成虫触角锯齿状；前、后翅纯白色，通常无斑点。

成虫上灯时间：河北省 4—8 月。

   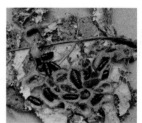

| 美国白蛾成虫（上方为雌虫 下方为雄虫）安新县 张小龙 2010 年 5 月 | 美国白蛾幼虫 宽城县 姚明辉 2009 年 8 月 | 美国白蛾网幕 容城县 王丽芹 2018 年 5 月 | 美国白蛾蛹 安新县 张小龙 2008 年 10 月 |

9. 明痣苔蛾

中文名称：明痣苔蛾，*Stigmatophora micans*（Bremer et Grey），鳞翅目，灯蛾科。

为害：幼虫取食禾本科植物。

分布：北京、河北、辽宁、吉林、黑龙江、内蒙古、河南、山西、陕西、江苏、甘肃、四川、湖北。

成虫形态特征：翅展 32～43 mm。体、翅白色；头、颈板、腹部染橙黄色。前翅前缘和端线区橙黄，前缘基部黑边，亚基点黑色，内横线斜置 3 个黑点，外横线 1 列黑点，亚端线 1 列黑点；前翅反面中央散布黑色斑点。后翅端线区橙黄色，翅顶下方有 2 黑色亚端点，有时 Cu2 脉下方具有 2 黑点。

成虫上灯时间：河北省 8 月。

明痣苔蛾成虫 武邑县 杨新振
2018 年 7 月

10. 排点灯蛾

中文名称：排点灯蛾，*Diacrisia sannio*（Linnaeus），鳞翅目，灯蛾科。别名：排点黄灯蛾。

为害：幼虫为害欧石楠属、山柳菊属、山萝卜属等植物。

分布：北京、河北、辽宁、吉林、黑龙江、内蒙古、山西、甘肃、新疆、四川。

成虫形态特征：翅展 37～43 mm。雄蛾黄色、头暗褐色，触角干上方红色，腹部浅黄色染暗褐色；前翅前缘暗褐色，向翅顶红色，后缘具红带，中室端具红和暗褐斑，缘毛红色；后翅浅黄色，基部通常染暗褐色，横脉纹暗褐色，亚端点为 1 排成弧形的暗褐色斑点，缘毛红色；前翅反面基半部染暗褐色，外带暗褐色。雌蛾橙褐黄色；下唇须、额、触角红色，翅脉红色，前翅中室端有或多或少的暗褐色斑，后翅基部半染黑色，中室端具黑斑，亚端线为 1 列黑斑，腹部背面和侧面各 1 列黑点。

成虫上灯时间：河北省 7 月。

排点灯蛾成虫 丰宁县 刘丽
2018 年 7 月

11. 砌石灯蛾

中文名称：砌石灯蛾，*Phragmatobia flavia*（Fuessly）。鳞翅目，灯蛾科。别名：砌石篱灯蛾。

为害：主要为害枸子属植物。

分布：河北、内蒙古、新疆。

成虫形态特征：雌成虫翅展 65～72 mm。头、胸黑色，颈板前方具黄带，翅基片外侧前方具黄色三角斑。腹部黄色、背面基部黑色、背面中央具黑色纵带、腹部末端及腹面黑色。前翅黑色；内线黄白色，在中室处有一黄白带与翅基部相连；内线至外线间的前缘为黄白色边，后缘在内线至臀角间有黄白色边；外线黄白色；缘毛黄白色。后翅黄色，横脉纹黑色，亚端线为一黑色宽带、其中间断裂。老熟幼虫黑色，具灰黄色毛，毛疣暗色，刚毛顶端白色。白天隐蔽，夜间取食。

砌石篱灯蛾成虫 康保县 康爱国

2018 年 7 月

12. 人纹污灯蛾

中文名称：人纹污灯蛾，*Spilarctia subcarnea*（Walker），鳞翅目，灯蛾科。别名：红腹灯蛾、红腹白灯蛾、人字纹灯蛾。

为害：主要为害桑、木槿及十字花科蔬菜、豆类、绿肥。

分布：北京、河北、天津、内蒙古、辽宁、吉林、黑龙江、陕西、山东、安徽、江苏、浙江、湖北、湖南、广东、海南、贵州、四川、云南、台湾。

生活史及习性：1 年生 2～6 代，河北省 1 年 2 代。老熟幼虫在地表落叶或浅土中吐丝黏合体毛做茧，以蛹越冬，翌春 5 月开始羽化，第一代幼虫出现在 6 月下旬至 7 月下旬，发生量不大，成虫于 7—8 月羽化；第二代幼虫期为 8—9 月，发生量较大，为害严重。成虫有趋光性，卵成块产于叶背，单层排列成行，每块数十粒至一二百粒。初孵幼虫群集叶背取食，3 龄后分散为害，受惊后落地假死，卷缩成环。幼虫爬行速度快，自 9 月即开始寻找适宜场所结茧化蛹越冬。

成虫形态特征：展翅雄成虫 40～46 mm，雌成虫 42～52 mm。雄蛾头、胸黄白色；触角锯齿形、黑色；足黄白色，前足基节侧面和腿节上方红色；腹部背面除基节与端节外红色，腹面黄白色，背面、侧面及亚侧面各有 1 列黑点，前翅黄白色染肉色，通常在 1 脉上方有 1 黑色内横线点，中室上角通常具一黑点，从 Cu1 脉到后缘有 1 斜列黑色外横线点，有时减少至 1 个黑点，位于 A 脉上方，翅顶 3 个黑点有时同时存在；后翅红色，缘毛白色，或后翅白色，后缘区染红色或无红色。雌蛾翅黄白色，无红色，前翅有时有黑点，后翅有时有黑色亚端点。有的雌雄两性前、后翅全为乳黄色，无任何斑点，尤以雌性为多。

成虫上灯时间：河北省 6—8 月。

人纹污灯蛾成虫 霸州市
潘小花 2018 年 8 月

人纹污灯蛾雌成虫 安新县
张小龙 2018 年 6 月

人纹污灯蛾老龄幼虫 宽城县
姚明辉 2008 年 8 月

13. 稀点雪灯蛾

中文名称：稀点雪灯蛾，*Spilosoma urticae*（Esper），鳞翅目，灯蛾科，雪灯蛾属。别名：黄毛虫。

为害：幼虫为害玉米、小麦、谷子、花生、棉花叶片，尤其为害套种的玉米苗，初孵幼虫取食叶肉，残留表皮和叶脉，3 龄后蚕食叶片，5 龄进入暴食期，可把玉米叶片吃光。幼虫食叶成缺刻或孔洞，严重的仅留叶脉。

分布：黑龙江、河北、辽宁、山东、江苏、浙江等。

生活史及习性：1 年 3 代，以蛹在土内越冬。4 月中旬至 5 月上旬始见成虫，第一代幼虫于 5 月上旬至 6 月中旬为害，幼虫共 6 龄，第一代成虫于 6 月中旬始见，第二代幼虫期在 6 月中旬至 8 月上旬，第二代成虫始发于 8 月下旬，第三代幼虫发生在 8 月中旬至 9 月中旬，9 月中旬后化蛹越冬。成虫寿命 3 ～ 14 d，卵期 d，幼虫期 27 ～ 31 d，蛹期 10 ～ 11 d，一代历期 48 ～ 52 d。成虫羽化后第二天傍晚即开始交尾、产卵，卵喜产在叶背或茎部，多成块产下，少则 6 粒，多的可达 160 粒，每雌产卵 150 ～ 750 粒，成虫趋光性强，用黑光灯可诱到，成虫白天喜欢栖息在植物丛中叶背面，晚上飞出活动，20:00—22:00 时活跃，初孵幼虫只啃食叶肉，3 龄后把叶片吃成缺刻或孔洞，4 ～ 6 龄进入暴食阶段，占总食量90%，食料缺乏时互相残杀；幼虫昼间上午也栖息在叶背面或土块及枯枝落叶下，下午开始取食，傍晚最盛，20:00 后又开始减少，末龄幼虫爬至地头、路旁石块或枯枝杂草丛中吐丝结薄茧化蛹越冬。

成虫形态特征：雌虫体长 14.1 ～ 14.9 mm，翅展 40 ～ 44 mm，体白色，下唇须上方黑色，下方白色；触角端部黑色，胸足有黑带，腿节上方黄色，腹部背面除基节、端节黄色外，腹面白色，腹背中央有黑点纹 7 个，侧面有 5 个黑点，个体差异比较大，前翅白色，内横线、外横线、亚缘线有或多或少的黑点，后翅无点纹。雄蛾外生殖器瓣基部内方具 1 几丁质小脊，瓣端部较星白雪灯蛾的短。卵淡黄色。幼虫黄褐色，4 龄后变为暗褐色。

成虫上灯时间：河北省 6—8 月。

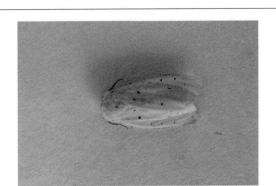

稀点雪灯蛾成虫 高阳县 李兰蕊
2018 年 7 月

14．血红雪苔蛾

中文名称：血红雪苔蛾，*Cyana sanguine*（Bremer et Grey），鳞翅目，灯蛾科。

分布：北京、河北、河南、山西、陕西、甘肃、湖北、台湾、四川、云南。

成虫形态特征：翅展 24 ～ 34 mm。体白色。雄蛾前翅亚基线短，红色，前缘基部有一条红带与红色内横线相接，内横线从前缘斜向中脉，在中室与一条短红带相接，然后垂直，中室上、下角各有 1 个黑点，外横线红色，从前缘斜向 M3 脉，然后直向臀角，端线红色，在翅顶成弧形，在前缘下方与外横线相接；后翅红色，基部白色，缘毛黄色；前翅反面暗褐，具红边。雌蛾前翅中室无红带，端线在翅顶不成弧形。

成虫上灯时间：河北省 8 月。

血红雪苔蛾成虫 大名县 崔延哲
2018 年 8 月

15．亚麻篱灯蛾

中文名称：亚麻篱灯蛾，*Phragmatobia fuliginosa*（Linnaeus），鳞翅目，灯蛾科。别名：亚麻灯蛾、红黑点小灯蛾。

为害：主要为害亚麻、蒲公英及酸模属植物等。

分布：北京、河北、黑龙江、吉林、辽宁、内蒙古、甘肃、青海、新疆。

成虫形态特征：展翅 30～40 mm。头、胸暗红褐色，触角干白色，腹部背面红色，背面和侧面各具 1 列黑点，腹面褐色。前翅红褐色，中室端两黑点。后翅红色，散布暗褐色，中室端 2 黑点，亚端带黑色，有的个体断裂成点状，缘毛红色。

成虫上灯时间：河北省 8 月。

亚麻篱灯蛾成虫 宽城县 姚明辉
2018 年 9 月

16．优美苔蛾

中文名称：优美苔蛾，*Miltochrista striata*（Bremer et Grey），鳞翅目，灯蛾科。

为害：主要为害地衣、大豆。

分布：北京、河北、陕西、甘肃、吉林、山东、江苏、浙江、江西、福建、湖北、湖南、广东、广西、海南、四川、云南、台湾。

成虫形态特征：翅展雄 28～45 mm，雌 36～52 mm。头、胸黄色，颈板及翅基片黄色红边；前翅底色黄或红色，雄蛾以红色、雌蛾以黄色占优势；后翅底色雄蛾淡红、雌蛾黄或红色，前翅亚基点、基点黑色，内横线由黑灰色点连成，中横线黑灰色点状，不相连，外横线黑灰色、较粗、在中室上角外方分叉至顶角；前、后翅缘毛黄色。

成虫上灯时间：河北省 5—7 月。

优美苔蛾成虫 卢龙县 董建华
2017 年 7 月

· 毒蛾科 ·

1. 盗毒蛾

中文名称：盗毒蛾，*Porthesia similis*（Fuessly），鳞翅目，毒蛾科。别名：黄尾毒蛾、桑斑褐毒蛾、纹白毒蛾、桑毒蛾、金毛虫等。

为害：可为害苹果、梨、桃、李、枣、杏、板栗、樱桃、榆、杨、柳、桦、栎、桑、榛等多种果树和林木植物。幼虫取食片、幼芽，其中以越冬幼虫剥食春芽最为严重，虫量较大时可将整树幼芽吃光；以后幼虫取食夏、秋树木叶片，食叶殆尽。幼虫体上毒毛触及人体或随风吹落到人体，可引起红肿疼痛、淋巴发炎。

分布：黑龙江、吉林、辽宁、北京、天津、山西、河北、内蒙古、上海、江苏、浙江、安徽、福建、江西、山东、台湾、四川、贵州、云南、重庆、西藏。

生活史及习性：在华北1年发生2代，以3龄幼虫作茧在枯枝落叶和树皮缝中越冬，翌年4月出蛰开始取食为害叶芽，5月下旬化蛹，6月出现成虫。成虫傍晚飞翔，有趋光性，夜间产卵，每雌产卵100～600粒。卵堆产，上覆有黄褐色绒毛，幼虫孵化后聚集在叶片上蚕食叶肉，2龄后开始分散为害。7—8月出现第2代成虫，9月出现幼虫，10月开始越冬，越冬幼虫有结网群居的习性。

成虫形态特征：体长10～15 mm，雄蛾翅展30～40 mm，雌蛾翅展35～45 mm，雄蛾触角羽毛状，雌蛾触角栉齿状，触角干白色，栉齿黄棕色。成虫前、后翅白色，复眼黑色。前翅后缘有2个黑褐色斑纹，有时不明显或消失。头、胸、腹部基半部和足白色微带黄色，腹部其余部分和脏毛簇黄色。雌蛾腹部粗大，尾端有黄色毛丛。雄蛾尾端黄色部分较少。

成虫上灯时间：河北省6—9月。

盗毒蛾雌成虫 栾城区 焦素环　　　　　盗毒蛾幼虫 辛集市 陈哲
2018年7月　　　　　　　　　　　　　　2016年9月

2. 合台毒蛾

中文名称：合台毒蛾，*Teia convergens*（Collenette），鳞翅目，毒蛾科。

分布：北京、陕西、内蒙古、云南、河北。

成虫形态特征：前翅长 15 mm；前翅红棕色至暗棕色，前翅明显可见 2 条横带，中部外突，两带在后缘靠近或有些距离，有时在外带前缘的内外侧分布白色鳞片。

成虫上灯时间：河北省 8 月。

合台毒蛾成虫 承德县 王松
2018 年 8 月

3. 戟盗毒蛾

中文名称：戟盗毒蛾，*Euproctis pulverea*（Leech，1889），鳞翅目，毒蛾科。别名：黑衣黄毒蛾。

为害：幼虫取苹果、桃、核桃、柑橘、茶、刺槐、榆等果树和林木叶片。

分布： 辽宁、北京、河北、山东、江苏、浙江、安徽、福建、台湾、湖北、湖南、重庆、广西、江西、四川。

成虫形态特征：雄蛾翅展 20～22 mm，雌蛾 30～33 mm。头部橙黄色，胸部灰棕色，触角淡橙黄色，栉齿褐色；下唇须橙黄色，体下面和足黄色；腹部灰棕色带黄色。前翅赤褐色布黑色鳞，前缘和外缘黄色，黄褐色部分布满黑褐色鳞片或减少，外缘部分鳞片带有银色反光，并在端部和中部（R5 脉与 M1 脉间和 M3 与 Cu1 脉间）向外凸出，或达外缘。后翅黄色，基半部棕色。

成虫上灯时间：河北省 4—9 月。

戟盗毒蛾成虫 栾城区 焦素环
2018 年 9 月

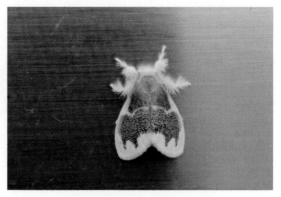

戟盗毒蛾成虫 玉田县 孙晓
计 2018 年 5 月

4. 舞毒蛾

中文名称：舞毒蛾，*Lymantria dispar*（Linnaeus），鳞翅目，毒蛾科。别名：秋千毛虫、苹果毒蛾、柿毛虫、松枝黄毒蛾。

为害：寄主植物有苹果、柿、梨、桃、杏、樱桃、板栗、橡、杨、柳、桑、榆、落叶松、樟子松、栎、李、桦、山楂、槭、柿树、椴、云杉、马尾松、云南松、油松、桦山松、红松等 500 多种植物。舞毒蛾幼虫主要为害叶片，该虫食量大，食性杂，严重时可将全树叶片吃光。

分布：黑龙江、吉林、辽宁、北京、天津、山西、河北、内蒙古、河南、湖北、湖南、陕西、甘肃、青海、宁夏、新疆。

生活史及习性：1 年发生 1 代，以卵在石块缝隙或树干背面洼裂处越冬，寄主发芽时开始孵化，初孵幼虫有群集为害习性，白天多群栖叶背面，夜间取食叶片成孔洞，受震动后吐丝下垂借风力传播，故又称秋千毛虫。2 龄后分散取食，白天栖息树权、树皮缝或树下石块下，傍晚上树取食，天亮时又爬到隐蔽场所。雄虫蜕皮 5 次，雌虫蜕皮 6 次，均夜间群集树上蜕皮。幼虫期约 60 d，5—6 月为害最重，6 月中下旬陆续老熟，爬到隐蔽处结茧化蛹。蛹期 10～15 d。成虫 7 月大量羽化。成虫有趋光性，雄虫活泼，白天飞舞于树冠间。雌虫很少飞舞，能释放性外线激素引诱雄蛾来交配，交尾后产卵，产卵 1～2 块，每块数百粒，上覆雌蛾腹末的黄褐鳞毛，多产在树枝、干阴面。

成虫形态特征：成虫雌雄异型。雄成虫：体长约 20 mm，体背褐色，前翅茶褐色，具褐色和黑褐色纹路，基部有黑褐色点，中室中央有 1 个黑点；横脉纹弯月，内横线、中横线波浪形折曲，外横线和亚端线锯齿形折曲，亚端线以外色较浓；后翅黄棕色，横脉纹和外缘色暗，缘毛棕黄色。雌成虫：体长 25～30 mm，体和翅黄白色，每两条脉纹间有一个黑褐色斑纹，纹路同雄蛾。后翅横脉纹和亚端线棕色，端线为 1 列棕色小点，腹末有黄褐色毛丛。

成虫上灯时间：河北省 7—8 月。

舞毒蛾雌成虫 康保县 康爱国
2019 年 7 月

舞毒蛾雄成虫 康保县 康爱国
2019 年 7 月

5. 杨雪毒蛾

中文名称：杨雪毒蛾，*Leuoma candida*（Staudinger），鳞翅目，毒蛾科。柳叶毒蛾、雪毒蛾。

为害：寄主有杨、柳、栎树、白桦、棉花、栗、樱桃、梨、梅、杏、桃、榛子、茶树等。低龄幼虫只啃食叶肉，留下表皮，长大后咬食叶片成缺刻或孔洞。幼虫为害时常常吐丝拉网隐蔽，多于嫩稍取食叶肉，留下叶脉。

分布： 河北、北京、内蒙古、黑龙江、吉林、辽宁、山东、山西、河南、湖北、湖南、江西、福建、四川、云南、西藏、青海、陕西。

生活史及习性： 河北1年发生2代，少数3代，以2～3龄幼虫在树皮缝中作薄茧越冬。翌年4月中下旬，杨、柳展叶期幼虫开始活动，5月上中旬为越冬代幼虫为害盛期，幼虫多在白天爬到树洞里或建筑物的缝隙及树下各种物体下面躲藏，夜间上树取食为害。6月下中旬幼虫老熟后化蛹羽化。卵产在树叶或枝干上，成块，上被一层雌蛾性腺分泌物，7月初卵开始孵化，8月下旬化蛹，9月初第二代成虫出现，10月中下旬进入越冬。杨柳干基萌芽条及覆盖物多，发生偏重。

成虫形态特征： 雄成虫翅展35～42 mm，雌成虫45～60 mm，体翅均白色，无斑纹，鳞片排列紧密，有光泽，不透明。触角干白色带黑棕色纹，栉齿黑褐色，下唇须黑色。足白色具黑环。

成虫上灯时间： 河北省6—9月。

杨雪毒蛾成虫 香河县
崔海平 2018年8月

杨雪毒蛾成虫（雄）安新县 张小龙
2018年5月

杨雪毒蛾成虫 香河县 崔海平
2018年8月

杨雪毒蛾幼虫 宽城县 姚明辉
2006年6月

杨雪毒蛾蛹 宽城县 姚明辉
2006年6月

6. 榆黄足毒蛾

中文名称： 榆黄足毒蛾，*Ivela ochropoda*（Eversmann），鳞翅目，毒蛾科。别名：榆毒蛾。

为害：幼虫主要以白榆、长序榆、常绿榆、垂枝榆、春榆、大果榆、椰榆、毛榆等榆科植物为食。初孵幼虫只食叶肉，以后吃成孔洞和缺刻，受害处呈灰白色透明网状，为害严重时可将叶片食光，它的为害与美国白蛾相差无几。

分布：河北、北京、天津、山西、内蒙古、黑龙江、吉林、辽宁、陕西、甘肃、青海、宁夏、新疆、江西、四川、山东、河南、陕西、湖北、甘肃。

生活史及习性：北京、山西1年发生2代，以低龄幼虫在树皮缝或附近建筑物的缝隙处越冬。翌年4月中旬榆钱刚开时开始活动，6月中旬就地吐丝作茧化蛹，蛹期15～20 d，7月初成虫羽化。7月中、下旬进入1代幼虫孵化盛期，8月下旬化蛹。9月初1代成虫羽化，多把卵产在叶背或枝条上，排列成串。9月中、下旬2代幼虫孵化、为害。10月上旬幼虫钻进树皮缝处越冬。成虫有趋光性。

成虫形态特征：翅展雄25～30 mm，雌32～40 mm，触角齿状，黑色触角白色。下唇须鲜黄色，体和翅白色，前足腿节半部，胫节和跗节鲜黄色，中足后足胫节端部和腹部黄色。

成虫上灯时间：河北省7—9月。

榆黄足毒蛾成虫 康保县 康爱国	榆黄足毒蛾成虫 平泉市 李晓丽
2017年8月	2018年8月

7. 云星黄毒蛾

中文名称：云星黄毒蛾，*Euproctis niphonis*（Butler，1881），鳞翅目，毒蛾科。别名：黑纹毒蛾。

为害：寄主植物有平榛、醋栗、赤杨、白桦、蔷薇、锥栗、刺槐等。主要为害寄主植物叶片。

分布：河北、山西、内蒙古、辽宁、吉林、黑龙江、浙江、江西、山东、河南、湖北、湖南、四川、陕西。

生活史及习性：该虫在辽宁省朝阳市每年发生1代，以蛹在土壤内越夏和越冬。越冬蛹于翌年5下旬至6月上旬羽化成虫。6月下旬至7月初幼虫开始孵化，初孵幼虫啃食卵壳，待将卵壳啃食大部或全部后，食尽卵壳的幼虫寻找适宜的叶片，寄居在叶片边缘或叶面静止不动，如遇降雨立即爬到叶背。群集寻找嫩芽，在幼虫始为害初萌芽的叶片，常将初萌发的叶芽食尽。7月下旬为害盛期，8月老熟幼虫化蛹，以蛹越夏和越冬。

成虫形态特征：雄蛾体长14～16 mm，翅展32～36 mm；雌蛾体长18～20 mm，翅展

36～47 mm。雄蛾头部黄色带黑色，胸部黄色，腹部暗灰色，腹部下面和足黄色，跗节有黑色纵纹。前翅底黄色，黑褐色，中室后方和外方密布黑色斑，形成一个近三角形大斑点，横脉纹为一黑褐色圆斑。后翅黑褐色，前缘基部黄色，横脉纹为一黑褐色圆斑，缘毛黄色。雌蛾触角短栉齿状，腹部金黄色。前翅三角形黑褐色斑较雄虫小，其外缘中部内陷。后翅黄色，后缘黑褐色。

成虫上灯时间：河北省 8 月。

云星黄毒蛾成虫　平泉市　李晓丽
2018 年 8 月

8. 折带黄毒蛾

中文名称：折带黄毒蛾，*Euproctis flava*（Bremer，1861），鳞翅目，毒蛾科。别名：漆腹黄毒蛾。

为害：桑、梨、桃、葡萄、茶、柑橘、马铃薯、茄、月季、蔷薇、盐肤木、海棠、梅花、苹果、石榴、山楂、金丝桃、柿和松柏等。幼虫有群集取食叶片和吐丝结网的习性。造成缺刻或孔洞，发生严重时，叶片被食光，枝条嫩皮被啃，影响花木正常生长。

分布：河北，山西，内蒙古，辽宁，吉林，黑龙江，江苏，浙江，安徽，福建，江西，山东，河南，湖北，湖南，广东，广西，四川，贵州，云南，陕西，甘肃。

生活史及习性：华北地区 1 年发生 1～2 代。以幼虫在树洞、落叶层中和粗皮缝中吐丝结薄茧越冬。翌年春季幼虫为害，白天群栖于隐蔽处，傍晚分散取食。6 月间化蛹，蛹期约为 10 d。6 月下旬可见成虫，成虫日伏夜出，产卵多产在叶背面，卵粒排列整齐，每块卵粒不等，卵块上面有黄色绒毛，卵期约为 10 d。幼虫共 12 龄。幼虫体毛有毒，有人对此毛过敏反应，如刺痒或皮肤红肿，类似对刺蛾反应。第二代幼虫孵化不久，随气温下降，于 10 月中下旬寻找越冬场所，以 3～4 龄幼虫越冬。

成虫形态特征：雌体长 15～18 mm，翅展 35～42 mm，雄略小，体黄色或浅橙黄色。触角栉齿状，雄较雌发达；复眼黑色；下唇须橙黄色。前翅黄色，中部具棕褐色宽横带 1 条，从前缘外斜至中室后缘折角内斜止于后缘，形成折带，故称折带黄毒蛾。带两侧为浅黄色线镶边，翅顶区具棕褐色圆点 2 个，位于近外缘顶角处及中部偏前。后翅无斑纹，基部色浅，外缘淡色深。缘毛浅黄色。

成虫上灯时间：河北省 6—9 月。

折带黄毒蛾成虫 丰宁县 曹艳蕊
2017 年 7 月

折带黄毒蛾幼虫 宽城县 姚明辉
2008 年 4 月

· 蝠蛾科 ·

1. 角纹蝠蛾

中文名称：角纹蝠蛾，*Hepialus macilentus*（Eversmann），鳞翅目，蝠蛾科。

分布：河北、内蒙古、黑龙江。

生活史及习性：成虫常在傍晚近地面飞行，颇似蝙蝠。

成虫形态特征：体中至大形，较粗壮。头小，无单眼，触角短，雄蛾羽状，雌蛾念珠状。口器退化，上唇、上颚与下颚只存遗迹，无喙管。翅狭长，前、后翅脉序相同，中室内 M 主干完整，分 2 叉，将中室分为 3 室。前翅有一角形斑纹和许多零星斑纹，粉白色，雌蛾体色较雄蛾略红。

成虫上灯时间：河北省 7 月。

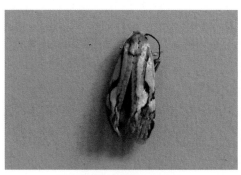

角纹蝠蛾 玉田县 孙晓计
2018 年 7 月

· 举肢蛾科 ·

1. 核桃举肢蛾

中文名称：核桃举肢蛾，*Atrijuglans hetauhei*（Yang），鳞翅目，举肢蛾科。

为害：幼虫蛀食核桃、核桃楸的青果。

分布：河北、北京、河南、山西、陕西、四川、贵州。

生活史及习性：核桃举肢蛾在西南核桃产区 1 年发生 2 代，在山西、河北年发生 1 代，河南 2 代，均以成熟幼虫在树冠下 1 ~ 2 cm 的土壤中、石块下及树干基部粗皮裂缝内结茧越冬。在河北省，越冬幼虫在 6—7 月下旬化蛹，盛期在 6 月上旬，蛹期 7 d 左右。成虫发生期在 6 月上旬至 8 月上旬，盛期在 6 月下旬至 7 月上旬。幼虫 6 月中旬开始为害，有的年份发生早些，6 月上旬即开始为害，老熟幼虫 7 月中旬开始脱果，盛期在 8 月上旬，9 月末还有个别幼虫脱果。在四川绵阳，越冬幼虫于 4 月上旬开始化蛹，5 月中、下旬为化蛹盛期，蛹期 7 ~ 10 d；越冬代成虫最早出现于 4 月下旬果径 6 ~ 8 mm 时，5 月中、下旬为盛期，6 月上、中旬为末期；5 月上、中旬出现幼虫为害。6 月出现第一代成虫；6 月下旬开始出现第二代幼虫为害。

成虫略有趋光性，多在树冠下部叶部背活动和交配，产卵多在下午 6:00 ~ 8:00，卵大部分产在两果相接的缝隙内，其次是产在梗洼或叶柄上。一般每 1 果上产 1 ~ 4 粒，后期数量较多，每 1 果上可产 7 ~ 8 粒。每 1 雌雄可产卵 35 ~ 40 粒。成虫寿命约 7 d。卵期 4 ~ 6 d。幼虫孵化后在果面爬行 1 ~ 3 h，然后蛀入果实内，纵横食害，形成蛀道，粪便排于其中。蛀孔外流出透明或琥珀色水珠，此时果实外表无明显被害状，后则青果皮皱缩变黑腐烂，引起大量落果。1 个果内有幼虫 5 ~ 7 头，最多 30 余头，在果内为害 30 ~ 45 d 成熟，咬破果皮脱果入土结茧化蛹。第二代幼虫发生期间，正值果实发育期，内果皮已经硬化，幼虫只能蛀食中果皮，果面变黑凹陷皱缩。至核桃采收时有 80% 左右的幼虫脱果结茧越冬，少数幼虫直至采收被带入晒场。

成虫形态特征：体长 5 ~ 7 mm，翅展 13 ~ 15 mm。头部褐色，被银灰色大鳞片；唇须银白色，细长，向上曲，超过头顶，末端尖；触角淡褐色，密被白毛；复眼红色。体黑色，有金属光泽。前翅黑褐色，基部 1/3 处有椭圆形白斑，2/3 处有月牙形白斑。后翅披针形，褐色，有金属光泽。前翅黑褐色，基部 1/3 为灰白色，缘毛褐色，很长。后足粗壮，胫节、跗节具有环状毛刺，静止时，胫、跗节向侧后方上举。

成虫上灯时间：河北省 6—8 月。

   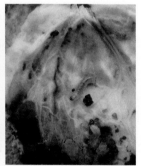

核桃举肢蛾幼虫 宽城县 姚明辉 2014 年 8 月　核桃举肢蛾为害状 宽城县 姚明辉 2014 年 8 月　核桃举肢蛾为害状 宽城县 姚明辉 2014 年 8 月　核桃举肢蛾幼虫 宽城县 姚明辉 2014 年 8 月

核桃举肢蛾 成虫
王勤英

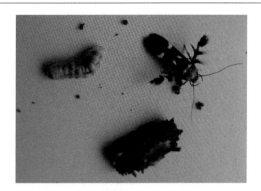

核桃举肢蛾成虫、幼虫和蛹茧
王勤英

· 卷蛾科 ·

1. 顶梢卷叶蛾

中文名称：顶梢卷叶蛾，*Spilonota lechriaspis*（Meyrick），鳞翅目，卷蛾科，别名：顶芽卷叶蛾、芽白小卷蛾。

为害：主要为害苹果、海棠、梨、桃等。以幼虫主要为害嫩梢，吐丝将顶梢数片嫩叶缠缀成虫苞，并啃下叶背绒毛作成筒巢，潜藏入内，仅在取食时身体露出巢外。

分布：河北、北京、天津、陕西、辽宁、青海、山西、河南、山东、江苏、安徽、福建等。

生活史及习性：顶梢卷叶蛾在河北省一年发生 2 ～ 3 代。以二、三龄幼虫在枝梢顶端卷叶团中越冬。早春苹果花芽展开时，越冬幼虫开始出蛰，早出蛰的主要为害顶芽，晚出蛰的向下为害侧芽，展叶后吐丝将嫩叶卷成叶苞，幼虫藏匿其中取食为害。幼虫老熟后在卷叶团中作茧化蛹。在一年发生 3 代的地区，越冬代成虫出现在 5 月中旬至 6 月末，第一代在 6 月下旬至 7 月下旬，第二代在 7 月下旬至 8 月末。每雌蛾产卵 6 ～ 196 粒。多产在当年生枝条中部的叶片背面多绒毛处。第一代幼虫主要为害春梢，第二、三代幼虫主要为害秋梢，10 月上旬以后幼虫越冬。

成虫形态特征：体长 6 ～ 8 mm，全体银灰褐色。前翅前缘有数组褐色短纹，基部 1/3 处和中部各有 1 暗褐色弓形横带，后缘近臀角处有 1 近似三角形褐色斑，此斑在两翅合拢时并成 1 菱形斑纹；近外缘处从前缘至臀角间有 8 条黑褐色平行短纹。

成虫上灯时间：河北省 5—8 月。

顶梢卷叶蛾幼虫 王勤英　　　　顶梢卷叶蛾蛹 王勤英　　　　顶梢卷叶蛾成虫 王勤英

2. 黄斑卷叶蛾

中文名称: 黄斑卷叶蛾,*Acleris fimbriana*(Thunberg),鳞翅目,卷蛾科,别名:黄斑长翅卷蛾。

为害: 主要为害苹果、桃、杏、李、山楂、樱桃等果树,以苹果幼树、桃及山荆子等受害较重,在苗圃及苹果与桃、李等果树混栽的幼龄果园发生较多。初孵幼虫首先钻入芽内食害花芽,待展叶后取食嫩叶。幼虫吐丝缀连数张叶片卷成团,或将叶片沿主脉间正面纵折,藏于其间为害。

分布: 河北、北京、天津、陕西、辽宁、山西、河南、山东等地。

生活史及习性: 黄斑卷叶蛾在河北省一年发生 3 ～ 4 代。以冬型成虫在杂草、落叶中越冬。春季 3 月下旬苹果花芽萌动时越冬成虫即出蛰活动,天气晴朗温暖时,成虫活动交尾,于 4 月上旬开始产卵。越冬代成虫的卵主要产在枝条上,少数产在芽的两侧和基部。其他各代卵主要产在叶片上,以老叶叶背为主,卵散产。第一代卵孵化后,幼龄幼虫先为害花芽,果树展叶后即为害技梢嫩叶,吐丝卷叶,取食叶肉及叶片,有果时啃食果实。幼虫行动较迟缓,有转叶为害习性,每脱一次皮则转移一次。

成虫形态特征: 体长 7 ～ 9 mm。夏型成虫翅展 15 ～ 20 mm,体橘黄色,前翅金黄色,上有银白色鳞片丛,后翅灰白色,复眼灰色。冬型成虫翅展 17 ～ 22 mm,体深褐色,前翅暗褐色或暗灰色,复眼黑色。

成虫上灯时间: 河北省 3—10 月。

黄斑卷叶蛾成虫 王勤英　　　黄斑卷叶蛾幼虫 王勤英　　　黄斑卷叶蛾为害状 王勤英

3. 梨小食心虫

中文名称: 梨小食心虫,*Grapholitha molesta*(Busck),卷蛾科,别名:东方蛀果蛾、梨小蛀果蛾、桃折梢虫,俗称"梨小"。

为害: 主要为害梨、桃、苹果、海棠、李、杏、扁桃、樱桃、梅、山楂、榲桲、木瓜、枇杷等多种果树。幼虫蛀食核桃、核桃楸的青果。前期果树嫩梢,后期钻蛀果实,为害果实多从梗洼、萼洼及两果贴邻处蛀入,前期为害较浅,蛀孔周围显出凹陷,后期蛀孔周围绿色,并附有虫粪。虫道可直达果心,取食果肉及种子。

分布: 河北、北京、天津、山西、河南、山东、陕西、辽宁、吉林、新疆、青海、江苏、湖南、湖北、安徽、福建、广西、云南等。

生活史及习性：梨小食心虫在河北省一年发生 3～4 代，以老熟幼虫结茧在老树翘皮下、枝叉缝隙、根颈部土壤中越冬。成虫昼伏夜出，有较强的趋光性。卵单粒散产，每雌虫可产 50～100 余粒。在苹果、梨与桃混在的果园，第一代卵主要产在果树嫩梢第 3～7 片叶背面，幼虫大都在 5 月份为害，初孵幼虫从嫩梢端部 2～3 片叶子的基部蛀入嫩梢中。第二代卵主要在 6 月至 7 月上旬，大部分还是产在桃树上，少数产在梨或苹果树上，幼虫继续为害新梢，并开始为害桃果和早熟品种的梨、苹果。第三代和第四代幼虫主要为害梨、桃、苹果的果实。

成虫形态特征：体长 6～7 mm，翅展 13～14 mm，体灰褐色；前翅前缘有 8～10 条白色斜纹，翅面上有许多白色鳞片，翅中央偏外缘处有 1 明显小白点，近外缘处有 10 个小黑点；后翅暗褐色，基部颜色稍浅。

成虫上灯时间：河北省 4—9 月。

为害梨果的症状　王勤英

梨小食心虫卵　王勤英

梨小食心虫蛀食嫩梢　王勤英

梨小食心虫成虫　王勤英

4. 棉双斜卷蛾

中文名称：棉双斜卷蛾，*Clepsis pallidana*（Fabricius），鳞翅目，卷蛾科。

为害：寄主植物包括棉花、绣线菊、苜蓿、草莓、大豆、洋麻、大麻、韭花等，以幼虫取食顶芽和叶片为害。

分布：河北、黑龙江、吉林、辽宁、北京、天津、山西、内蒙古、四川、贵州、云南、重庆、西藏。

生活史及习性：江苏1年发生4代，翌年3月下旬成虫出现，4月中旬幼虫盛发，5月中旬至6月中旬2代幼虫盛发，以后各代重叠。在吉林蛟河一带幼虫于6月上旬至7月上旬为害，6月中旬是为害盛期，6月中下旬幼虫进入末龄，并开始化蛹，6月底至8月初成虫羽化，幼虫有转株为害特点。在河北省6月即可见成虫，以幼虫和蛹越冬。

成虫形态特征：成虫体长7 mm，翅展15～21 mm，下唇须前伸，末节下垂。前翅浅黄色至金黄色，具金属光泽。雄蛾具前缘褶，翅面上有2条红褐色斜斑，一条不明显，从前缘1/4处通向后缘的1/2处；另一条明显，从前缘的1/2通向臀角，顶角的端纹延伸至外缘。雄蛾后翅浅褐色，雌蛾黄白色。

成虫上灯时间：河北省6月。

棉双斜卷蛾成虫 枣强县 彭俊英
2018年6月

5.苹果小卷叶蛾

中文名称：苹果小卷叶蛾，*Adoxophyes orana*（Fisher von Roslerstamm），鳞翅目，卷蛾科。别名：苹卷蛾、黄小卷叶蛾、溜皮虫。

为害：幼虫为害果树的芽、叶、花、果实，小幼虫常将嫩叶边缘卷曲，以后吐丝缀合嫩叶；大幼虫常将2～3张叶片平贴，或将叶片食成孔洞或缺刻，将果实啃成许多不规则的小坑洼。

分布：河北、黑龙江、吉林、辽宁、北京、天津、山西、内蒙古、山东、河南、江苏、安徽、浙江、湖北、湖南、陕西、宁夏、甘肃、青海、新疆、四川、云南、贵州、重庆。

生活史及习性：河北每年发生2～3代。以2～3龄幼虫潜伏在剪口、锯口、树丫的缝隙中、老皮下以及枯叶与枝条贴合处等场所作白色薄茧越冬。春季果树萌芽时出蛰，为害新芽、嫩叶、花蕾，坐果后在两果靠近处啃食果皮，形成疤果、凹痕。

成虫形态特征：体长6～8 mm。体黄褐色。前翅的前缘向后缘和外缘角有两条浓褐色斜纹，其中一条自前缘向后缘达到翅中央部分时明显加宽。前翅后缘肩角处，及前缘近顶角处各有一小的褐色纹黄褐色，触角丝状，前翅略成长方形，翅面上常有数条暗褐色细横纹；后翅淡黄褐色微灰。腹部淡黄褐色，背面色暗。

成虫上灯时间：河北省 7 月。

苹果小卷叶蛾 宽城县 姚明辉
2007 年 6 月

苹果小卷叶蛾 王勤英
2014 年 7 月

苹果小卷叶蛾 宽城县 姚明辉
2008 年 6 月

6. 大豆食心虫

中文名称： 大豆食心虫，*Leguminivora glycinivorella*（Matsumura），鳞翅目，小卷蛾科。别名：大豆蛀荚虫、小红虫。

为害： 幼虫爬行于豆荚上，从豆荚合缝处蛀入豆荚，咬食豆粒，造成大豆粒缺刻，重者可吃掉豆粒大半，被害粒变形，荚内充满粪便，品质变劣。

分布： 河北、北京、天津、黑龙江、吉林、辽宁、内蒙古、山西、甘肃、宁夏、青海、新疆、西藏、陕西、四川、重庆、河南、山东、江苏、上海、安徽、浙江、福建、江西、湖北、湖南、云南、贵州、广西、广东、海南、香港、澳门、台湾。

生活史及习性： 河北省 1 年发生 1 代，以幼虫在地下结茧越冬。翌年 7 月中下旬化蛹，8 月上中旬为羽化盛期。成虫出土后由越冬场所飞往豆田，有趋光性。一般豆荚上产卵 1 ～ 3 粒不等。幼虫孵化后多从豆荚边缘合缝处蛀入，8 月下旬为入荚盛期，9 月中、下旬脱荚入土越冬。在适温条件下，如化蛹期雨量较多，土壤湿度较大，有利于化蛹和成虫出土。

成虫形态特征： 体长 5 ～ 6 mm，翅展 12 ～ 14 mm，黄褐至暗褐色。前翅前缘有 10 条左右黑紫色短斜纹，外缘内侧中央银灰色，有 3 个纵列紫斑点。雄蛾前翅色较淡，有翅缰 1 根，腹部末端较钝。雌蛾前翅色较深，翅缰 3 根，腹部末端较尖。卵扁椭圆形，长约 0.5 mm，橘黄色。幼虫体长 8 ～ 10 mm，初孵时乳黄色，老熟时变为橙红色。蛹长约 6 mm，红褐色。腹末有 8 ～ 10 根锯齿状尾刺。

成虫上灯时间： 河北省 8—9 月。

大豆食心虫成虫 宽城县
姚明辉 2013 年 8 月

大豆食心虫幼虫 宽城县
姚明辉 2015 年 10 月

大豆食心虫幼虫 宽城县
姚明辉 2015 年 10 月

·枯叶蛾科·

1. 李枯叶蛾

中文名称：李枯叶蛾，*Gastropacha quercifolia*（Linnaeus），鳞翅目，枯叶蛾科。

为害：幼虫取食李、苹果、桃、梨、柳等树叶。

分布：北京、陕西、青海、甘肃、内蒙古、辽宁、吉林、黑龙江、河北、河南、山东、安徽、江苏、浙江、江西、福建、台湾、湖南、广西。

生活习性生活史：东北、华北1年发生1代，以低龄幼虫伏在枝上和树皮缝中越冬。翌春寄主发芽后出蛰食害嫩芽和叶片，常将叶片吃光仅残留叶柄；白天静伏枝上，夜晚活动为害；8月中旬至9月发生。成虫昼伏夜出，有趋光性，羽化后不久即可交配、产卵。卵多产于枝条上，常数粒不规则的产在一起，亦有散产者，偶有产在叶上者。幼虫孵化后食叶，发生1代者幼虫达2～3龄（体长20～30 mm）便伏于枝上或皮缝中越冬；发生2代者幼虫为害至老熟结茧化蛹，羽化，第二代幼虫达2～3龄便进入越冬状态。幼虫体扁、体色与树皮色相似故不易发现。

成虫体长30～45 mm，翅展60～90 mm，雄虫较雌虫略小，全体黄褐色、褐色或赤褐色。头部色略淡，中央有1条黑色纵纹；复眼球形黑褐色；触角双栉状，带有蓝褐色，雄栉齿较长；下唇须发达前伸，蓝黑色。前翅外缘和后缘略呈锯齿状；前缘色较深；翅上有3条波状黑褐色带蓝色萤光的横线，相当于内线、外线、亚端线；近中室端有1黑褐色斑点；缘毛蓝褐色。后翅短宽、外缘呈锯齿状；前缘部分橙黄色；翅上有2条蓝褐色波状横线，翅展时略与前翅外线、亚端线相接；缘毛蓝褐色。

成虫上灯时间：河北省8—9月。

李枯叶蛾成虫 卢龙县 董建华　　李枯叶蛾雌成虫 卢龙县 董建华　　李枯叶蛾雄成虫 卢龙县 董建华
2018年9月　　　　　　　　　　2018年9月　　　　　　　　　　2018年8月

2. 落叶松毛虫

中文名称：落叶松毛虫，*Dendrolimus superans*（Butler），鳞翅目，枯叶蛾科。

为害：主要为害落叶松、红松、油松、樟子松、云杉、冷杉等针叶树种。

分布：河北、北京、天津、山西、内蒙古、黑龙江、吉林、辽宁、新疆。

生活史及习性： 北京1年1代，少数2年1代。以3～6龄幼虫在树干基部枯枝落叶丛中卷曲过冬，次年4—5月上树为害。6—7月老熟幼虫结茧化蛹，7—8月羽化为成虫，数天后产卵，经过10～12 d孵化成幼虫，8—10月新生幼虫为害。11月下树越冬。

成虫羽化后1 d即可交尾，通常在黄昏及晴朗的夜晚交尾，交尾后多飞向针叶茂盛的松树上，产卵于树冠中、下部外缘的小枝梢及针叶上，成虫寿命4～15 d。卵呈块状，排列不整齐。每头雌蛾可产卵128～515粒，经12～15 d孵化。幼虫昼伏夜出，白天下树躲藏，晚间上树为害。

成虫形态特征： 成虫体色变化较大，灰白、棕、赤褐、黑褐色等。体长25～45 mm，翅展69～110 mm。前翅较宽，外缘波状，倾斜度较小，中横线与外横线深褐色的间隔距离较外横线与亚外缘线的间隔距离为阔；外横线呈锯齿状；中室白斑大而明显，斑纹变化较大。

成虫上灯时间： 河北省6—7月。

落叶松毛虫成虫 丰宁县 杨保峰　　落叶松毛虫成虫 康保县 康爱国　　落叶松毛虫成虫 围场县 宣梅
2018年6月　　　　　　　　2018年7月　　　　　　　　2018年7月

3. 苹果枯叶蛾

中文名称： 苹枯叶蛾，*Odonestis pruni*（Linnaeus），鳞翅目，枯叶蛾科。别名：苹毛虫。

为害： 主要为害苹果、李、梅、樱桃等树木。幼虫为害嫩芽和叶片，食叶成孔洞和缺刻，严重时将叶片吃光仅留叶柄。

分布： 河北、内蒙古、北京、天津、山西、河南、山东、江苏、江西、浙江、安徽、上海、湖北、湖南、四川、福建、台湾。

生活史及习性： 在北京地区1年发生1代。以低龄幼虫在树皮缝隙、枯叶内越冬，成虫7月发生，趋光性强。产卵于枝干和叶，3～4粒产在一起。幼虫夜间取食，白天静止于枝干上。

成虫形态特征： 雌成虫体长25～30 mm，翅展52～70 mm；雄成虫体长23～28 mm，翅展45～56 mm。全身赤褐色，复眼球形黑褐色，触角双栉齿状，雄虫栉齿较长。前翅外缘略呈锯齿状，内、外横线黑褐色，呈弧形，两线间有1明显的白斑点，亚缘线呈细波纹状。后翅色较淡，有两条不太明显的深褐色横带。

成虫上灯时间： 河北省8—9月。

苹枯叶蛾成虫 平泉市 李晓丽
2018 年 8 月

苹枯叶蛾成虫 卢龙县 董建华
2018 年 8 月

4. 天幕毛虫

中文名称：天幕毛虫，*Malacosoma neustria*（Linnaeus），鳞翅目，枯叶蛾科。别名：天幕枯叶蛾、黄褐天幕毛虫、戒指虫、顶针虫。

为害：天幕毛虫具有分布广、食性杂、繁殖力强等特点，是东北地区杨树主要食叶害虫，为害严重时，全部叶片被吃光，影响树木的正常生长，甚至造成树木枯死，给林业生产和经济造成严重的损失。

分布：主要分布于黑龙江、吉林、辽宁、北京、内蒙古、宁夏、甘肃、青海、新疆、陕西、河北、河南、山东、山西、湖北、江苏、浙江、湖南、广东、贵州、云南等地。

生活史及习性：天幕毛虫通常 1 年发生 1 代。以完成胚胎发育的幼虫在卵壳内或者以卵在小枝上越冬，卵呈顶针状，又称"顶针虫"。每年 4 月末树木展叶时，幼虫破壳而出吐丝作巢，先群集在卵块附近的小枝上为害嫩芽、幼叶，后到枝杈处吐丝结成网幕，稍长大在枝杈间结丝网群集一起，似天幕，由此得名天幕毛虫。幼虫白天潜伏于幕巢内，夜间出巢取食，于 5 月下旬开始严重为害。3 龄前喜群居，3 龄后则脱离网幕，分散到全树暴食。近老熟时吐丝卷叶或到树干缝隙及杂草丛中隐蔽处结茧化蛹，幼虫期 45 d 左右，蛹期 10 ～ 15 d。6 月下旬羽化，羽化后即交尾产卵，卵多产于被害树的当年生小枝条梢端，卵完成胚胎发育后，以幼虫在卵壳内越冬。

成虫形态特征：雌雄形态差异很大。雄蛾较小，体长 16 ～ 17 mm，翅展 30 ～ 32 mm；雄蛾体色较淡，黄褐色，复眼黑色，触角呈双栉齿状，前翅中部有深褐色横纹两条，其间色泽稍深，形成宽带，宽带两侧有淡色斑纹；后翅有褐色横线 1 条，翅缘黄白色和褐色缘毛相间。雌蛾体长约 20 mm，翅展 30 ～ 40 mm，黄褐色，触角呈锯齿状，复眼黑褐色，前翅红褐色，翅中央有镶有米黄色细边的赤褐色宽横带 1 条。

成虫上灯时间：河北省 8 月。

天幕毛虫成虫 平泉市 李晓丽
2018 年 8 月

5. 杨枯叶蛾

中文名称：杨枯叶蛾，*Gastropacha populifolia*（Esper），鳞翅目，枯叶蛾科。别名：杨树枯叶蛾、杨褐枯叶蛾、柳星枯叶蛾、白杨毛虫、杨柳枯叶蛾、白杨枯叶蛾。

为害：幼虫主要寄生在杨、柳、栎、苹果、梨、杏、桃、李、樱花、梅花等。幼虫食嫩芽或叶片，将叶片吃成缺刻或孔洞，严重时致寄主叶片食尽，使树木枯萎。

分布：河北、黑龙江、吉林、辽宁、北京、天津、山西、内蒙古、上海、江苏、浙江、安徽、福建、江西、山东、台湾、河南、湖北、湖南。

生活史及习性：北京 1 年发生 1 代，以幼龄幼虫在树皮缝、枯叶中越冬。翌年 3 月下旬开始取食叶片为害，4 月中旬至 5 月中旬结茧化蛹。各代幼虫分别于 5 月中、下旬至 6 月中旬，7 月中旬至 8 月中旬，9 月中旬至 10 月上、中旬孵化为害。各代成虫分别于 5 月上旬至 6 月上旬，7 月上旬至 8 月上旬，9 月上、中旬至 10 月上旬羽化。

1～2 龄幼虫群集取食，3 龄以后分散为害，幼虫白天静止，夜晚取食，幼虫老熟后吐丝缀叶于内结茧化蛹。成虫昼伏夜出，有趋光性，静止时状似枯叶，羽化后不久交配，把卵产在枝干或叶上，多几粒或几十粒产在一起，单层或双层，每次可产卵 400 ～ 700 粒。

成虫形态特征：雄虫翅展 40 ～ 60 mm；雌虫翅展 57 ～ 77 mm；体翅黄褐色，前翅顶角特长，外缘呈弧形波状纹，后缘极短，从翅基出发有 5 条黑色断续的波状纹，中室呈黑褐色斑纹；后翅有 3 条明显的黑色斑纹，前缘橙黄色，后缘浅黄色。前翅散布有少数黑色鳞毛。以上基色和斑纹常有变化，或明显或模糊状，静止时从侧面看形似枯叶，故名为枯叶蛾。

成虫上灯时间：河北省 5—9 月。

杨枯叶蛾雄成虫 卢龙县 董建华
2018 年 8 月

杨枯叶蛾幼虫 容城县 王丽芹
2018 年 5 月

· 鹿蛾科 ·

1. 广鹿蛾

中文名称：广鹿蛾，*Amata emma*（Butler，1876），鳞翅目，鹿蛾科。

分布：河北、陕西、山东、江苏、浙江、福建、江西、湖北、湖南、广东、广西、四川、贵州、云南、台湾。

成虫形态特征：成虫：体长 9 ～ 12 mm，翅展 24 ～ 36 mm。触角线状，黑色，顶端白色。头、胸、腹部黑褐色，颈板黄色，腹部背侧面各节具黄带，腹面黑褐色。翅黑褐色，前翅 m1 斑近方形或稍长，m2 斑为梯形，m3 斑圆形或菱形，m4、m5、m6 斑狭长形。后翅后缘基部黄色，前缘区下方具有一较大的透明斑、在 Cu2 脉处呈齿状凹陷，翅顶的黑边较宽。

成虫上灯时间：河北省 8 月。

广鹿蛾成虫 平山县 刘明霞
2018 年 8 月

·麦蛾科·

1. 甘薯麦蛾

中文名称：甘薯麦蛾，*Brachmia macroscopa*（Meyrick），鳞翅目，麦蛾科，别名：甘薯卷叶虫。

为害：以幼虫吐丝卷叶为害，幼虫啃食叶片、幼芽、嫩茎、嫩稍，或把叶卷起咬成孔洞，发生严重时仅残留叶脉。主要为害甘薯、蕹菜、牵牛花等旋花科植物。

分布：国内除新疆、宁夏、青海、西藏等地未见报道外，其余各省、自治区都有发生。

成虫形态特征：体长约 8 mm，翅展约 18 mm，翅宽 2.5 mm，黑褐色。头顶与颜面紧贴深褐色鳞片，唇须镰刀形；前翅狭长，锈褐色，具暗褐色混有灰黄色的鳞粉；翅和翅脉绿色，近中央有白色条纹；中室内有 2 个眼状纹，其外部灰白色，内部黑褐色，翅外缘具 5 个横列的小黑点；后翅宽，暗灰白色，缘毛甚长。

生活习性：甘薯麦蛾在华北地区年发生 3～4 代，以蛹在田边杂草或残枯叶内越冬。越冬代成虫在 6 月上旬羽化，7 月份发生第一代幼虫，8 月份发生第二代幼虫，9 月份发生第三代幼虫，田间发生世代重叠，老熟幼虫 10 月底左右开始在卷叶内或土缝内化蛹越冬。成虫昼伏夜出，有趋光性，羽化后即交尾产卵产卵。卵散产于嫩叶背面的叶脉交叉处，也产于新芽、嫩茎上。每头雌蛾平均产卵量在 80 粒左右。幼虫孵化后即取食为害叶片，2～3 龄幼虫开始吐丝卷叶，在卷叶内取食叶肉，留下表皮，造成点片卷叶发白，严重时仅剩网状叶脉，一生可转移为害多张叶片。

成虫上灯时间：河北省 6—8 月。

甘薯麦蛾成虫 正定县 李智慧	甘薯麦蛾幼虫 卢龙县 董建华	甘薯麦蛾 正定县 李智慧
2018 年 8 月	2018 年 7 月	2018 年 8 月

2. 黑星麦蛾

中文名称：黑星麦蛾，*Telphusa chloroderces* Meyrich，鳞翅目，麦蛾科，别名：黑星卷叶麦蛾。

为害：主要为害桃、李、杏、苹果、梨、沙果、海棠、樱桃等果树。初孵幼虫多潜伏在尚未展叶的嫩叶上为害，稍大后开始卷叶，有时数头幼虫一起将枝条顶端的几张叶片卷曲成团，幼虫在团内取食，将叶片上表皮和叶肉吃掉，残留下表皮，日久干枯。

分布：河北、北京、天津、吉林、辽宁、山西、山东、河南、陕西、江苏等地。

生活史及习性：黑星麦蛾在河北省一年发生 3 代，以蛹在杂草、落叶和土块下越冬。翌年 4

月中下旬羽化为成虫。成虫将卵产在叶丛或新梢顶端未舒展开的嫩叶基部，卵单产或数粒成堆。第 1 代幼虫于 5 月上中旬开始在嫩叶上为害，稍大后卷叶为害，严重时数头将枝端叶片缀连一起，居中为害。幼虫较活泼，受触动吐丝下垂。5 月底在卷叶内结茧化蛹，蛹期约 10 d。6 月上旬开始羽化，以后世代重叠。秋末老熟幼虫在杂草、落叶等处结茧化蛹越冬。成虫昼伏夜出，黄昏飞翔于枝间交尾、产卵。幼虫活泼，受惊有吐丝下垂习性。

成虫形态特征：成虫体长 5 ～ 6 mm，翅展 16 mm，全体灰褐色；胸部背面及前翅黑褐色，有光泽，前翅中央有 2 个明显黑色斑点，后翅灰褐色。

成虫上灯时间：河北 6 月可见。

黑星麦娥为害状 王勤英　　黑星麦蛾成虫 王勤英　　黑星麦蛾幼虫 王勤英

· 螟蛾科 ·

1. 白斑黑野螟

中文名称：白斑黑野螟，*Phlyctaenia tyres*（Cramer），鳞翅目，螟蛾科。

分布：河北、广东、海南、云南、贵州等地。

成虫形态特征：成虫翅展 40 ～ 45 mm，黑色带紫色光泽。头部黑色，两侧白色；触角黑褐色，后方有黑白相间的鳞毛；下唇须下侧白色，其余黑褐色；胸腹部背面有 4 条黑白纵纹，雄蛾腹部末端有成丛黑褐色鳞毛；前翅有 2 条斜亚基线，内横线分 3 个白斑，中室内有 1 个白斑，中室外有 1 个带双齿的白斑，外侧又有另 1 个带双齿的白斑，沿翅外缘有 1 对白斑和 3 个亚外缘白斑；后翅中室内和中室下侧各有 1 个珍珠般闪亮的白斑，中室外有 1 个白斑，翅外缘有 6 个小白斑。

成虫上灯时间：河北省 7 月。

白斑黑野螟 大名县 崔延哲
2018 年 7 月

2.草地螟

中文名称：草地螟，*Loxostege sticticalis L.*，鳞翅目，螟蛾科。别名：黄绿条螟、甜菜网螟等。

为害：草地螟幼虫是一种重要的迁飞性、间歇性、暴发性害虫，以幼虫蚕食叶片，严重时可将叶片吃光。该幼虫食性杂，寄主植物有48科300余种，主要为害甜菜、大豆、向日葵、马铃薯、麻类、蔬菜、药材等多种作物。大发生时禾谷类作物、林木等均受其害。但它最喜取食的植物市灰菜、甜菜和大豆等。

分布：河北、吉林、内蒙古、黑龙江、宁夏、甘肃、青海、山西、陕西等地。

生活史及习性：草地螟在河北省一年发生2代，以老熟幼虫在土内吐丝作茧越冬。越冬代成虫始见于5月中、下旬，6月为盛发期。以第1代幼虫为害最为严重，发生期6月下旬至7月上旬。一代成虫七月中旬始见，八月上、中旬为盛发期，第2代幼虫发生于8月中旬至九月下旬，一般为害不大，老熟幼虫陆续入土结茧滞育越冬。成虫昼伏夜出，趋光性强，有成群迁飞的习性。成虫羽化后有取食补充营养的习性，吸食蜜源和水分。卵多产于灰菜、猪毛菜、菊科杂草及一些杂草和大田作物的叶背、叶柄下部、茎、枯枝或土表细枯根上，散产或数粒呈覆瓦状排列，每头雌蛾产卵200～600粒。初孵幼虫群聚叶背取食杂草，活动甚微，2～3龄幼虫多在叶片吐丝结网，网中取食为害，1～3龄幼虫食量小，占5%～10%，3龄后食量大增，出网咬食叶片，严重时将植株叶片和植株表皮、嫩茎吃光，仅留粗大叶脉和叶柄。

成虫形态特征：体长8～12 mm，翅展12～26 mm。身体暗褐色。前翅灰褐至暗褐色，翅中央稍近前方有一近方形淡黄或浅褐色斑，翅外缘黄有一连串淡黄色小点连成条纹；后翅黄褐或灰色，近外缘有两条平行波状纹。

成虫上灯时间：越冬代5月上旬至7月上旬。一代7月中、下旬至9月下旬。

草地螟成虫 宽城县 姚明辉
2008 年 8 月

草地螟成虫 康保县 康爱国
2018 年 6 月

草地螟幼虫 丰宁县 尚玉儒
2008 年 8 月

草地螟幼虫和虫茧 康保县 康爱国　　草地螟幼虫为害羊儿棵　　草地螟虫蛹 丰宁县 尚玉儒
2018 年 6 月　　　　　　　　康保县 2008 年 8 月　　　　　　2006 年 9 月

3. 赤巢螟

中文名称： 赤巢螟，*Herculia pelasgalis*（Walker），鳞翅目，螟蛾科。别名：赤双纹螟。

为害： 寄主为茶树、栎树。

分布： 河北、北京、陕西、河南、山东、台湾、湖北、湖南、江苏、浙江、福建、广东、广西、海南、四川、贵州、西藏。

成虫形态特征： 成虫翅展 18～29 mm，头圆形混杂黄色及赤色鳞片，触角淡红色及黄色，下唇须向上倾斜，淡红色及黄色相间，胸腹部背面淡赤色，雌蛾腹部有黑色鳞，胸腹部腹面淡褐色，前翅及后翅皆深红色，各有 2 条黄色横线。体背及前翅红褐色，稍带紫色。前翅散布黑色鳞片，内横线淡黄色，前缘中部具 1 列黄斑点，外横线淡黄色，前缘扩展为 1 枚三角形斑点，中室处具 1 褐斑，有时不明显；缘毛黄色，但基部紫红色。

成虫上灯时间： 河北省 7 月。

赤巢螟成虫（雄）栾城区 焦素环　　赤巢螟成虫（雄）栾城区 焦素环
2018 年 7 月　　　　　　　　　　2018 年 7 月

4. 纯白草螟

中文名称： 纯白草螟，*Pseudocatharylla simplex*（Zeller，1877）鳞翅目，螟蛾科。

分布： 河北、北京、陕西、甘肃、黑龙江、辽宁、天津、河南、山东、江苏、浙江、福建、台湾、湖北、湖南、香港、广西、四川、贵州、西藏。

形态特征： 翅展 16～28 mm，体翅白色。下唇须白色细长伸出头长的 2 倍，基节及第二节下侧黄褐色。下颚须白色，下颚须外侧和腹面淡褐色，长约为复眼直径的 3 倍；触角外侧深褐色，内侧白色；前足褐色或深褐色；中后足外侧褐色，内侧黄白色；胸、腹部白色；前翅后翅雪白色，前翅宽阔，翅前缘有 1 条黄褐色细线，前翅腹面及后翅腹面前缘暗褐色。

成虫上灯时间：河北省 7 月。

纯白草螟 玉田县 孙晓计
2018 年 7 月

5. 稻纵卷叶螟

中文名称：稻纵卷叶螟，*Cnaphalocrocis medinalis*，鳞翅目，螟蛾科，别名：为苞叶虫等。

为害：主要为害水稻，还可取食稗、马唐、狗尾草、蟋蟀草、茅草、芦苇等杂草。以幼虫为害水稻，缀叶成纵苞，躲藏其中取食上表皮及叶肉，仅留白色下表皮。苗期受害影响水稻正常生长，甚至枯死；分蘖期至拔节期受害，分蘖减少，植株缩短，生育期推迟；孕穗后特别是抽穗到齐穗期剑叶被害，影响开花结实，空壳率提高，千粒重下降。

分布：河北、黑龙江、吉林、辽宁、内蒙古、北京、天津、山西、重庆、甘肃、宁夏、河南、青海、陕西、新疆、四川、西藏、上海、安徽、江苏、福建、江西、山东、浙江、湖北、湖南、云南、贵州、广西、广东、海南、香港、澳门、台湾。稻纵卷叶螟属"两迁"害虫，本地虫源来自南方稻区，河北省稻区属偶发地区。

生活史及习性：在河北一年发生 1～3 代，当地不能越冬。每年春季，成虫随季风由南向北而来，随气流下沉和雨水拖带降落下来，成为非越冬地区的初始虫源。秋季，成虫随季风回迁到南方进行繁殖，以幼虫和蛹越冬。成虫昼伏夜出，有明显的趋光性和取食花蜜的习性。雌蛾有趋嫩绿选择产卵的特性，卵散产于稻叶面和嫩叶鞘上，水稻分蘖期至孕穗期多产于上部 1～3 片叶上，孕穗至抽抽穗期多产于剑叶上。成虫有趋光性和趋向嫩绿稻田产卵的习性，喜欢吸食蚜虫分泌的蜜露和花蜜。卵期 3～6 d，幼虫期 15～26 d，共 5 龄，一龄幼虫不结苞；二龄时爬至叶尖处，吐丝缀卷叶尖或近叶尖的叶缘，三龄幼虫纵卷叶片，形成明显的束腰状虫苞；3 龄后食量增加，虫苞膨大，进入 4～5 龄频繁转苞为害，被害虫苞呈枯白色。幼虫活泼，剥开虫苞查虫时，迅速向后退缩或翻落地面。老熟幼虫多爬至稻丛基部，在无效分蘖的小叶或枯黄叶片上吐丝结成紧密的小苞，在苞内化蛹，蛹多在叶鞘处或位于株间或地表枯叶薄茧中。

成虫形态特征：成虫体长 7～9 mm，翅展 12～18 mm。体、翅黄褐色。复眼黑色，触角丝状，黄白色。前翅近三角形，前缘暗褐色，翅面上有内、中、外 3 条暗褐色横线，内、外横线从翅的前缘延至后缘，中横线短而略粗，外缘有一条暗褐色宽带，外缘线黑褐色。后翅有内、外横线 2 条，内横线短，不达后缘，外横线及外缘宽带与前翅相同，直达后缘。

成虫上灯时间：河北省 5—9 月。

稻纵卷叶螟 大名县 崔延哲
2018 年 8 月

6. 杠柳原野螟

中文名称：杠柳原野螟，*Proteuclasta stotzeneri*（Caradja），鳞翅目，螟蛾科。别名：旱柳原野螟。

为害：主要寄主植物为杠柳，大发生年分还为害枣树、酸枣等。

分布：河北、天津、北京、陕西、甘肃、宁夏、内蒙古、吉林、黑龙江、山西、河南、山东、福建、湖北、四川、西藏。

生活史及习性：旱柳原野螟在冀南 1 年发生 3～4 代，以蛹于薄茧中在杠柳附近的石块下或其他缝隙中越冬。翌年 3 月下旬至 4 月上旬越冬蛹开始羽化，4 月中旬为羽化高峰。第一代幼虫为害期 4 月下旬至 5 月上中旬，5 月下旬第一代幼虫陆续化蛹。第一代成虫始见于 6 月上旬，6 月中旬为羽化高峰。此时也是卵高峰期，卵期 4～7 d；6 月下旬为第二代卵的孵化盛期，幼虫为害期在 6 月下旬至 7 月中旬，2 代幼虫龄期缩短，个体较小。7 月中旬初即可见到少数幼虫化蛹，中旬末大部分幼虫化蛹。第二代成虫始见于 7 月中旬，7 月下旬至 8 月初为成虫盛发期；第三代幼虫发生为害期在 7 月下旬末至 8 月中旬，进入 9 月后老熟幼虫陆续寻找越冬场所化蛹越冬。

成虫夜间羽化，白天躲在杂草中不甚活动。有趋光性，对黑光灯趋性强。成虫产卵场所与其他螟蛾不同，不产在寄主叶片或其他部位，而将卵产在干枯的杂草茎上或细而光滑的干树枝上。以数粒卵顺枯草茎或细树枝直行排列成条状卵块，每个卵块有卵 10～100 粒，多为 80 粒左右。

幼虫 5～6 个龄期。初孵化幼虫不取食卵壳，孵化后即开始分散，活泼，爬行迅速，寻找寄主，沿寄主茎基部向上爬行，在爬行中可吐丝下垂，借风力扩散。幼虫 3 龄前取食叶肉，4 龄后开始取食叶片，并有缀叶为害的习性。幼虫老熟后寻找适宜场所结茧化蛹，化蛹场所各代有所不同，第一代幼虫化蛹于为害时缀成的叶苞内，并有集中化蛹的习性，常 3～5 头幼虫化蛹于同一个叶苞内。第二代幼虫化蛹场所较分散，在寄主上很少见，多化蛹于石块下或土壤缝隙中。第三代幼虫化蛹基本同于第二代。

成虫形态特征：雌蛾体长 15～18 mm，翅展 31～34 mm。雄蛾体长 12～15 mm，翅展

27 ～ 32 mm。头部褐色，额区两复眼间有 3 条白线纹，两侧的两条白线纹直通向触角背面。触角背面白色，腹面褐色；但有时雄蛾触角背面白色不明显。下唇须基部白色，其余部分褐色。胸部背面褐色或灰白色，肩片褐色。腹部背面灰褐色或灰白色，腹面灰褐色。前翅灰褐色，中室下部白色，形成宽白色纵带，纵带前方近前缘处色较深暗，纵带后方向后缘处色淡，近后缘灰白色；沿翅脉褐色，两侧灰白色，形成多条纵纹；缘毛中间黄褐色，两端白色。后翅灰白色，向外缘渐成褐色，在外缘形成一条较宽的横带。

成虫上灯时间：河北省 4—7 月。

杠柳原野螟成虫 定州市 苏翠芬

2018 年 8 月

杠柳原野螟成虫 永年区 高东霞

2018 年 8 月

7. 高粱条螟

中文名称：高粱条螟，*Chilo sacchariphagus*（Bojer），鳞翅目，螟蛾科。别名：高粱钻心虫、蔗茎禾草螟、甘蔗条螟等。

为害：主要为害高粱和玉米，还为害粟、甘蔗、薏米、麻等作物。以幼虫钻蛀作物的茎秆为害，被蛀茎秆内可见幼虫数头或十余头群集，被害株遭风易倒折成秕穗而影响产量和品质。受害植株苗小时形成枯心苗，心叶受害展开时有不规则的半透明斑点或虫孔，附近有细粒虫粪。

分布：河北、北京、天津、黑龙江、吉林、辽宁、内蒙古、山西、重庆、新疆、青海、甘肃、宁夏、河南、陕西、四川、上海、安徽、江苏、福建、江西、山东、浙江、湖北、湖南、云南、贵州、广西、广东、海南、香港、澳门、台湾。

生活史及习性：高粱条螟在河北省一年发生 2 代，以老熟幼虫在玉米及高粱秆中越冬。翌年越冬幼虫 5 月中下旬化蛹，5 月下旬至 6 月上旬羽化，7 月中下旬化蛹。成虫昼伏夜出，卵多产在叶背的基部和中部，也有的产在叶面和茎秆上。每头雌虫可产卵 200 ～ 300 余粒，卵期 5 ～ 7 d。第一代幼虫于 6 月中下旬出现，为害春玉米和春高粱。初孵幼虫极为活泼，迅速爬至叶腋，再向上钻入心叶内，群集为害。3 龄后在原咬食的叶腋间蛀入茎内，也有的在叶腋间继续为害。蛀茎早的咬食生长点，受害高粱出现枯心。高粱条螟蛀茎部位多在节间的中部，多为几头至十余头群集为害，蛀茎处可见较多的排泄物和虫孔。蛀茎后幼虫环状取食茎的髓部，受害株遇风易折断。幼虫期 30 ～ 50 d，老熟幼虫在 7 月中旬开始化蛹，7 月下旬至 8 月上旬羽化为成虫。高粱条螟在越冬基数较大、自然死亡率低、春季降水较多的年份，第一代发生严重。第二代成虫盛期为 8 月中旬，第二代幼虫多数在夏高粱、夏玉米心叶期为害，少数在夏高粱穗部为害，直到收获。老熟幼虫在越冬前蜕一次皮，变为冬型幼虫越冬。

成虫形态特征：体长 10 ～ 14 mm，翅展 24 ～ 34 mm，雄蛾略小。头、胸部背面淡黄色，复眼暗黑色。下唇须较长，向前方伸出。前翅灰黄色，顶角尖锐，其下部略向内凹，外缘略成直线，有 7 个小黑点；翅面有 20 多条暗色纵纹，中央有 1 个小黑点，雄蛾此小黑点较雌蛾明显。后翅颜色较淡，雄蛾淡黄色，雌蛾银白色。腹部及足黄白色。

成虫上灯时间：河北省 5—8 月。

高粱条螟成虫 卢龙县 董建华　　高粱条螟成虫 卢龙 董建华　　高粱条螟成虫 河北农业大学
2019 年 5 月　　　　　　　　2019 年 5 月　　　　　　　王勤英 2019 年 5 月

高粱条螟越冬型幼虫 卢龙县　　　高粱条螟成虫 卢龙县 董建华
董建华 2019 年 2 月　　　　　　2019 年 5 月 18 日

8. 瓜绢螟

中文名称：瓜绢螟，*Diaphania indica*（Saunders），鳞翅目，螟蛾科。别名：瓜螟、瓜野螟、瓜绢野螟、棉螟蛾、印度瓜野螟。

为害：黄瓜、丝瓜、苦瓜、甜瓜、西瓜、番茄、桑、棉花等农作物。幼龄幼虫在叶背啃食叶肉，呈灰白斑；3 龄后开始吐丝将叶片或嫩梢缀合，居中取食，造成叶片穿孔或缺刻，重者仅剩叶脉；幼虫常蛀入果实和茎蔓为害，严重影响产量和质量。其中，以瓜类蔬菜受害最重，在条件适宜时虫量增殖快，易暴发成灾，几天内瓜园可遭受毁灭性的为害。

分布：全国各地均有分布。

生活史及习性：河北省 1 年发生 3 ～ 5 代，以老熟幼虫或蛹在枯卷叶片中越冬，翌春 5 月成虫羽化。该虫世代不整齐，7—9月为盛发期，世代重叠，为害严重。卵期为5～7 d，幼虫期为9～16 d，共4龄；蛹期成虫寿命6～14 d。温度对该虫的历期有较强的影响。在每年7—9月，成虫、卵、幼虫和蛹同时存在。10月以后吐丝结茧越冬。

成虫白天不活动，多栖息在叶丛、杂草间，夜间活动，有较强的趋光性；卵产于被害植物叶片上，卵粒多产在叶片背面，分散或几粒堆在一起。

成虫形态特征：成虫最明显的特征是翅面白色，带丝绢般闪光。成虫体长11 mm，翅展22～25 mm，头胸黑褐色，腹部背面第一至第四节白色，第五至第六节黑褐色，末端具黄色毛丛，前翅白色透明，略带紫色，前翅沿前缘、外缘及后翅外缘有一条黑褐色宽色带，翅面其余部分为白色略透明，丝绢般闪光。

成虫上灯时间：河北省6—9月。

| 瓜绢螟幼虫为害黄瓜 卢龙县 董建华 2017年9月 | 瓜绢螟幼虫为害叶片 卢龙县 董建华 2017年9月 | 瓜绢螟雄成虫 栾城区 焦素环 靳群英 2018年7月 |

9. 黄纹野螟

中文名称：黄纹野螟，*Pyrausta aurata*，鳞翅目，螟蛾科。

分布：黑龙江，新疆，河北，江苏，湖北，湖南，福建，四川。

成虫形态特征：翅展16 mm。头、下唇须黄褐色。触角黑褐色。胸背有黑褐、橘黄鳞片混杂，腹部黑褐色，各节后缘黄色。足淡黄色，前足黑褐色。前翅黑褐色，翅基橙黄色，内横线及外横线橘黄色，中室内及中室外侧及翅前缘各有1个橙黄色斑纹，翅后缘外横线内侧有1个橘黄色斑纹。后翅黑褐色，有1条橘黄色弯曲横带，横带前端宽阔，后端狭窄。双翅缘毛黑褐色。

成虫上灯时间：河北省7月。

黄纹野螟 栾城区 焦素环 靳群英
2018年7月

10. 灰直纹螟

中文名称：灰直纹螟，*Orthopygia glaucinalis*（Linnaeus），鳞翅目，夜蛾科。别名：灰双纹螟、黄条谷螟、谷粗喙螟、黄边褐缟螟、干果螟。

为害：幼虫取食枯叶、谷物、干草等。

分布：河北、北京、天津、山西、陕西、河南、山东、江苏、浙江、江西、福建、湖北、湖南、江西、福建、四川、贵州、云南。

成虫形态特征：雌虫体长 11～14 mm，翅展 21～28 mm；雄虫体长 9～14 mm，翅展 18～27 mm。额圆形披鳞毛，触角丝状，下唇须斜伸，末节短小平伸，喙发达，喙基部有鳞片。足黄褐色至紫红褐色，中、后足胫节有长毛缨。肩板鳞片略长于胸部。头、触角、下唇须橄榄灰色。胸背、腹背赭黄色，腹部黄褐色。前翅灰褐色至赤褐色，前缘红褐色，有 1 排黄色刻点，翅基及前缘有紫褐色鳞片；内、外横线淡黄色，内横线略外弯或向外倾斜，外横线近直，向内倾斜，前缘有黄斑，中室端有 1 暗色斑。后翅灰褐色，内横线和外横线淡灰色，在翅后缘相互靠近。前、后翅缘毛淡灰褐色，基部有黑色暗带。

成虫上灯时间：河北省 6—7 月。

灰直纹螟成虫 安新县 张小龙
2018 年 7 月

11. 尖锥额野螟

中文名称：尖锥额野螟，*Sitochroa verticalis*（Linnaeus），属鳞翅目，螟蛾科，又名黄草地螟。

为害：糖萝卜、苜蓿、十字花科、豆科、菊科。

分布：河北省各地。

生活史及习性：6—7 月幼虫出现，一直延续至 8—9 月，有的年份虫口数量大，成虫在大豆、亚麻、苜蓿田栖息或觅食花蜜。幼虫有跳跃及后退习性，爬过之处留有丝网，并以丝缀叶作卷，幼虫藏在其中，取食叶片，大发生时有成群为害的特点并有迁移习性。老熟后在土内用丝粘结土粒作椭圆形茧，在其中化蛹。成虫有趋光性。

成虫形态特征：成虫体长 8.5～10.0 mm，翅展 26～28 mm，体黄色有褐色横纹，头、胸和腹部褐色，颜面具锥形突起。两翅反面色浅，斑纹明显。成虫有趋光性，在大豆、亚麻、苜蓿田栖息或觅食花蜜。

成虫上灯时间：河北省 8 月。

尖锥额野螟 承德县 王松
2018 年 8 月

12. 豇豆荚螟

中文名称：豇豆荚螟，*Maruca testulalis*（Geyer），鳞翅目，螟蛾科。别名豇豆螟、豇豆绢螟、豇豆蛀野螟、豆荚野螟、豆野螟、豆荚螟、豆螟蛾、豆卷叶螟、大豆卷叶螟、大豆螟蛾。

为害：主要为害豇豆、大豆、菜豆、扁豆、四季豆、豌豆、蚕豆等，以幼虫为害豆叶、花及豆荚，常卷叶为害或蛀入荚内取食幼嫩的种粒，荚内及蛀孔外堆积粪粒。

分布：北京、河北、山东、河南、山西、湖南、浙江、江苏、陕西、四川、云南、广西、广东、福建、台湾。

生活史及习性：在华北地区一年生 3～4 代，以蛹在土中越冬。越冬代成虫出现于 6 月中、下旬，基本是 1 个月 1 代，第 1、2、3 代分别在 7 月、8 月和 9 月上旬出现。成虫昼伏夜出，有趋光性，最喜欢产卵在花蕾及花上，也有产于嫩荚或叶背，卵散产，在 28～29℃时卵期 2～3 d。幼虫孵出后即蛀入花蕾或嫩荚内取食，造成蕾、花、荚脱落。2～3 龄幼虫能转株为害，亦可以随落地花再转株为害，幼虫亦常吐丝缀叶为害。老熟幼虫在叶背主脉两侧做茧化蛹，亦可吐丝下落土表或落叶中结茧化蛹。

　　成虫形态特征：体长 10 ～ 13 mm，翅展 24 ～ 26 mm，头部褐色，中央及触角基部白色。下唇须向前伸，下面白色，其余褐色，末节稍尖。胸、腹部背面淡褐色，腹面近白色。前翅黄褐色而有闪光，在中室端部至前缘有一半透明的带状斑，中室内及中室下还各有一半透明斑。后翅外缘上部 2/3 为黄褐色，其内缘呈波状的宽带，而其顶角部分发黄，翅的其余部分均白色透明。

　　成虫上灯时间：河北省 5—9 月。

豇豆荚螟雌成虫　栾城区　焦素环	豇豆荚螟成虫　安新县　张小龙
2017 年 9 月	2018 年 9 月

13. 库氏歧角螟

　　中文名称：库氏歧角螟，*Endotricha kuznetzovi*（Whalley），1963，属鳞翅目，螟蛾科。

　　分布：北京、黑龙江、河北、福建。

　　成虫形态特征：翅展 18 ～ 22 mm，头橘黄色。胸部橘黄色，杂有白色鳞片。体背及翅砖红色，前翅前缘黑褐色，具许多小白斑；翅中具黄白色宽带，不达前缘，外角处另有 1 黄白斑；亚外缘线黑色较直，明显；外缘具间断的黑色缘线，缘毛基部暗红色，端半黄白色；后翅与前翅相似，但无亚外缘线。

　　成虫上灯时间：河北省 7—9 月。

库氏歧角螟成虫　玉田县　孙晓计

2018 年 7 月

14.榄绿歧角螟

中文名称：榄绿歧角螟，*Endotricha olivacealis*（Bremer，1864），鳞翅目、螟蛾科、歧角螟属，又名橄绿歧角螟。

分布：河北、北京、天津、甘肃、陕西、河南、山东、安徽、浙江、福建、江西、台湾、湖北、湖南、广东、广西、海南、四川、贵州、云南、西藏。

生活史及习性：翅展 17 ～ 23 mm。胸部背面橄榄黄，腹部红色，足黄褐色。前翅基域及外缘红褐色，翅前缘有黄、黑相间的斑列，中域具黄色宽带（或不显），伸达前缘，散布有红色鳞片，中室端斑黑褐色月牙形，具亚外缘线和外缘线；外缘线黑色，缘毛黄色，但顶角处及中部黑褐色带茄红色。后翅斑型近似前翅，外缘毛前后端黄色。腹部末端有黄色毛丛。

成虫上灯时间：河北省 5—9 月。

榄绿歧角螟 正定县 李智慧
2012 年 8 月

15.梨大食心虫

中文名称：梨大食心虫，*Cydia pyrivora*。属鳞翅目，螟蛾科。又名梨大、梨斑螟蛾，俗名吊死鬼。

为害：主要为害梨、苹果、沙果、桃等。幼虫蛀食梨的果实和花芽，从芽基部蛀入，直达芽心，芽鳞包被不紧，蛀入孔里有黑褐色粉状粪便及丝堵塞；出蛰幼虫蛀食新芽，芽基间堆积有棕黄色末状物，有丝缀连，此芽暂不死，至花序分离期芽鳞片仍不落，开花后花朵全部凋萎。果实被害，受害果孔有虫粪堆积，最后一个被害果，果柄基部有丝与果台相缠，被害果变黑，枯干至冬不落。

分布：全国各梨区普遍发生，其中吉林、辽宁、河北、山西、山东、河南等省受害较重。

生活史及习性：梨大食心虫在中国主要梨产区为害十分严重，是梨树最主要的害虫。该虫在河北大部分地区 1 年发生 2 代。各地均以小幼虫在被害芽内结茧越冬。花芽前后，开始从越冬芽中爬出，转移到新芽上蛀食，称"出蛰转芽"。被害新芽大多数暂时不死，继续生长发育，至开花前后，幼虫已蛀入果台中央，输导组织遭到严重破坏，花序开始萎蔫，不久又转移到幼果上蛀食，称"转果期"。幼虫可为害 2 ~ 3 个果，老熟后在最后那个被害果内化蛹。成虫羽化后，幼虫蛀入芽内为害（多数是花芽），芽干枯后又转移到新芽。一头幼虫可以为害 3 个芽，在最后那个被害芽内越冬，此芽称"越冬虫芽"。部分幼虫为害 1 个芽后，转移到果上，也有的孵化直接蛀入果中。取食梨果的幼虫发育快，在果内老熟化蛹，羽化出蛾，产卵（第二代卵），孵化后，幼虫为害 2 ~ 3 个花芽做茧越冬。成虫对黑光灯有较强的趋性。

成虫形态特征：体长 10 ~ 15 mm，全体暗灰色，稍带紫色光泽。距翅基 2/5 处和距端 1/5 处，各有一条灰白色横带，嵌有紫褐色的边，两横带之间，靠前处有 1 灰色肾形条纹。

成虫上灯时间：1 代 6 月中下旬至 7 月上中旬；2 代 7 月下旬至 8 月中下旬。

梨大食心虫被害果变黑枯干 宽城县 姚明辉 2009 年 9 月　梨大食心虫被害果 宽城县 姚明辉 2010 年 6 月　梨新梢内梨大食心虫幼虫 宽城县 姚明辉 2010 年 5 月　梨大食心虫被害果蛀孔 宽城县 姚明辉 2010 年 6 月

16. 棉大卷叶螟

中文名称：棉大卷叶螟，*Sylepta derogata*（Fabricius），鳞翅目，螟蛾科。别名棉卷叶螟、棉大卷叶虫、包叶虫、棉野螟蛾、棉卷叶野螟。

为害：除为害棉花外，还为害苋菜、蜀葵、黄蜀葵、苘麻、芙蓉、木棉等。幼虫卷叶成圆筒状，藏身其中食叶成缺刻或孔洞，严重的吃光全部棉叶。

分布：河北、北京、天津、黑龙江、吉林、辽宁、内蒙古、山西、重庆、甘肃、河南、陕西、四川、西藏、上海、安徽、江苏、福建、江西、山东、浙江、湖北、湖南、云南、贵州、广西、广东、海南、香港、澳门、台湾。

生活史及习性：在河北省一年发生 4 代，以老熟幼虫在落叶、杂草根际处越冬。次年 4 月化蛹，5 月上中旬羽化，以后各代成虫发生期大致为 6 月中旬、7 月下旬和 8 月下旬。初孵化幼虫聚集在叶背面食害，仅吃叶肉，留下表皮，并且不卷叶。三龄开始分散，吐丝卷叶，躲在卷叶里取食。虫口多时，在同一卷叶里可以有几头幼虫。幼虫有转移习性，一个卷叶尚未吃完，常又迁至其他叶上继续卷叶为害。老熟幼虫以丝将尾端粘于叶上，在老叶内化蛹。蛹期约 7 d。靠近村庄和苘麻地旁的棉地、枝叶茂盛的棉株，受害严重。秋雨多的年份为害也重。成虫白天隐蔽在棉叶背面或杂草从中，夜晚活动，有趋光性。卵散产在棉花背面，以棉株上部叶片产卵最多。每头雌蛾一生能产卵 70 ~ 200 粒。卵期 3 ~ 4 d。

成虫形态特征：体长 10 ~ 14 mm，翅展 22 ~ 30 mm，淡黄色，头、胸部背面有 12 个棕黑色小点排列成 4 行；腹部各节前缘有黄褐色带，触角丝状。前、后翅外横线、内横线褐色，呈波纹状，前翅中室前缘具 "OR" 形褐斑，在 "R" 斑下具一黑线，缘毛淡黄；后翅中室端有细长褐色环，外横线曲折，外缘线和亚外缘线波纹状，缘毛淡黄色。

成虫上灯时间：河北省 6—8 月。

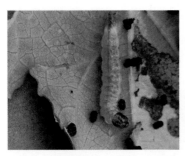  

| 棉大卷叶螟幼虫 卢龙县 董建华 2018 年 8 月 | 棉大卷叶螟成虫 定州市 苏翠芬 2018 年 8 月 | 棉大卷叶螟成虫 栾城区 焦素环 靳群英 2018 年 7 月 |

17. 棉水螟

中文名称：棉水螟，*Nymphula interruptalis*（Pryer），鳞翅目，螟蛾科。别名：棉褐斑螟。

为害：寄主植物有棉花、睡莲等。幼虫吐丝缀叶形成一保护鞘，在鞘内取食寄主植物的叶，取食后叶只剩网状叶脉，造成叶片枯黄。严重时寄主植物的叶常被吃光

分布：河北省各地。

生活史及习性：年发生 2 代，以幼虫在杂草从间越冬。翌年 5—6 月化蛹，7 月上旬成虫羽化交尾产卵，7 月中旬幼虫孵化。幼虫将寄主植物的叶咬成大小相同的两片，然后吐丝把叶重叠在一起，做成一个保护鞘，幼虫隐藏在鞘内取食植物叶肉，同时躲避天敌，待保护鞘干燥后，再另行更换新鞘。幼虫多在夜间活动，取食荷叶。8 月老熟幼虫吐丝结成白色椭圆形茧，化蛹。8 月下旬至 9 月上旬成虫羽化。成虫白天不活动，黄昏到夜晚飞翔活动。

成虫形态特征：成虫体长 14 ~ 16 mm，翅展 28 ~ 35 mm，头部及触角上部白色，下唇须淡褐色。触角丝状，暗黄色，长度约为体长的一半。胸部黄褐色，胸部背面有黑褐色及黄褐色与白色相混的鳞片，胸部腹面白色。前翅橙黄色，翅基部有 2 条白色宽波纹状线，中室中央有 1 褐色边缘的圆纹，前翅前缘有 1 褐色边缘的三角形纹，其下侧有 1 白色圆纹，翅前缘向下有 1 长形白色大斑，前翅外缘有 1 条白色亚外缘带，其内侧白色外侧褐色，前翅缘毛灰褐色。后翅橙黄色，基部白色，中央有宽阔的白色带，其上方有 2 条褐色波纹状横带，中室端有褐色边缘的橙黄色点，亚外缘带白色，由翅前缘伸向后缘，后翅缘毛白色，但接近翅基部为灰褐色。

成虫上灯时间：越冬代 7 月上旬。1 代 8 月下旬至 9 月上旬。

棉水螟 安新县 张小龙
2018 年 5 月

18. 楸蠹野螟

中文名称：楸蠹野螟，*Omphisa plagialis*（Wileman），属鳞翅目，螟蛾科。

为害：为害楸树、梓树、香樟等。幼虫钻蛀嫩梢、枝条和幼树干，被害部位呈瘤状虫瘿，造成枯梢、风折枝及干形弯曲。

分布：河北、北京、天津、辽宁、山西、陕西、内蒙古、河南、山东、江苏、浙江、上海、安徽、福建、江西、湖北、湖南、贵州、云南、广东、广西、海南、香港、澳门。

生活史及习性：1 年发生 2 代，以老熟幼虫在枝梢内越冬。翌年 3 月下旬开始活动，4 月上旬开始化蛹，5 月上旬出现成虫。雌雄交尾后产卵于嫩枝上端叶芽或叶柄基部，少数产卵于叶片上，卵期 6 ～ 9 d，幼虫孵化由嫩梢叶柄基部蛀入直至髓部，并排出黄白色虫粪和木屑，受害部位形成长圆形虫瘿，幼虫钻蛀虫道长 15 ～ 20 cm。幼虫于 6 月下旬老熟，开始化蛹，7 月中旬始见 1 代成虫，2 代幼虫 7 月下旬出现，幼虫一直为害到 10 月中旬，10 月下旬老熟幼虫越冬。

形态特征：蠹野螟属的一种昆虫。体灰白色，头胸、腹各节边缘略带褐色；翅白色，前翅基有黑褐色锯齿状二重线，内横线黑褐色，中室及外缘端各有黑斑 1 个，下方有近于方行的黑色大斑 1 个，外缘有黑波纹 2 条；后翅有黑横线。成虫体长约 15 mm，翅展约 36 mm。卵椭圆形、长约 1 mm，初乳白色，后红色，透明，表面密布小刻纹。幼虫老熟时长约 22 mm，灰白色，前胸背板黑褐色，2 分块，体节上毛片褐色。蛹纺锤形，长约 15 mm，黄褐色。

成虫上灯时间：河北省 4—8 月。

楸蠹野螟　玉田县　孙晓计
2018 年 7 月

19. 水稻二化螟

中文名称： 水稻二化螟，*Chilo suppressalis*（Walker）。鳞翅目，螟蛾科。别名：钻心虫、截虫。

为害： 二化螟是重要的水稻等禾本科作物钻蛀性害虫，具有越冬场所多、转株为害等特点。二化螟食性杂，寄主植物有水稻、高粱、玉米、小麦、粟、稗、慈姑、蚕豆等。二化螟幼虫通过蛀害水稻叶鞘、心叶、稻茎，造成枯鞘、枯心苗、白穗，成熟期造成半枯穗状虫伤株，导致严重减产。

分布： 河北、北京、天津、黑龙江、吉林、辽宁、内蒙古、山西、重庆、甘肃、宁夏、河南、陕西、四川、上海、安徽、江苏、福建、江西、山东、浙江、湖北、湖南、云南、贵州、广西、广东、海南、香港、澳门、台湾。

生活史及习性： 河北省稻区一年发生 2 代，多以 4～6 龄幼虫于稻桩、稻草及茭、田边杂草中滞育越冬。由于越冬环境复杂，所以越冬幼虫化蛹、羽化时间极不整齐。二化螟成虫具有明显的趋光性，一代二化螟最早在 4 月末可在灯上诱见，高峰期在 5 月下旬到 6 月上旬，6 月下旬为一代成虫发生末期，二代二化螟最早在 7 月中旬始见成虫，8 月上中旬为成虫高峰期，8 月下旬进入末期，最晚 9 月上旬零星见虫。成虫产卵为块产，主要产在靠近叶鞘的叶片叶背基部，也有很多产在叶片正面近叶尖处。产卵时对植株具有选择性，喜在叶色浓绿、生长粗壮、高大、茂盛的稻株上产卵。幼虫耐水淹且有转株为害的习性。幼螟孵化后，先群集于叶鞘内取食，2 龄后开始蛀食稻茎，造成枯鞘、枯心、虫伤株和白穗。幼虫老熟后，在茎秆内或叶鞘与茎秆间化蛹。

成虫形态特征： 成虫翅展雄约 20 mm，雌 25～28 mm。头部淡灰褐色，额白色至烟色，圆形，顶端尖。胸部和翅基片白色至灰白，并带褐色。前翅黄褐至暗褐色，中室先端有紫黑斑点，中室下方有 3 个斑排成斜线。前翅外缘有 7 个黑点。后翅白色，靠近翅外缘稍带褐色。雌虫体色比雄虫稍淡，前翅黄褐色，后翅白色。

成虫上灯时间： 河北省 4—9 月。

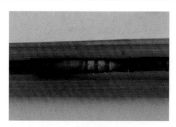

水稻二化螟成虫 丰南区
2015 年 2 月

水稻二化螟蛹 丰南区
2015 年 2 月

水稻二化螟幼虫 丰南区
2015 年 2 月

20．四斑绢野螟

中文名称：四斑绢野螟，*Glyphodes quadrimaculalis*（Bremer et Grey），鳞翅目，螟蛾科，绢野螟属。别名：四斑绢螟。

为害：柳树、萝藦、隔山消等。

分布：河北、北京、天津、黑龙江、吉林、辽宁、陕西、宁夏、甘肃、河南、山东、浙江、福建、湖北、广东、四川、云南、贵州。

生活史及习性：河北省 1 年发生 1 代，幼虫把萝藦、隔山消等的叶片卷成筒状，取食叶片。

成虫形态特征：翅展 33～37 mm。头部淡黑褐色，两侧有细白条，触角黑褐色，下唇须向上伸，下侧白色，其余部分黑褐色。胸部及腹部黑色，两侧白色，前翅黑色有 4 个白斑，最外侧 1 个延伸成 4 个小白点，后翅底色白有闪光，沿外缘有 1 黑色宽缘。

成虫上灯时间：河北省 6—8 月。

四斑绢野螟成虫 枣强县 彭俊英
2018 年 6 月

四斑绢野螟成虫 香河县 程丽
2018 年 6 月

21．粟灰螟

中文名称：粟灰螟，*Chilo infuscatellus*（Snellen），鳞翅目，螟蛾科，又称甘蔗二点螟、二点螟、谷子钻心虫。

为害：粟灰螟食性较简单，在北方主要为害谷子，有时也为害糜黍和狗尾草、谷莠子等禾本科作物和杂草。在南方主要为害甘蔗，被称为甘蔗二点螟。

分布：河北、北京、天津、黑龙江、吉林、辽宁、内蒙古、甘肃、山西、陕西、河南、山东、安徽、福建、湖北、湖南、四川、云南、广西、广东、海南、台湾。

生活史及习性：粟灰螟在我国北方谷子产区一年可以发生 1 ～ 3 代，一般以 2、3 代发生区为害较重。粟灰螟以老熟幼虫在谷茬内，少数在谷草内越冬。在 2 代区，第一代幼虫集中为害春谷苗期，造成枯心，第二代主要为害春谷穗期和夏谷苗期。

粟灰螟以幼虫在谷子、糜、黍根茬里越冬。成虫昼伏夜出，有趋光性。第一代成虫卵多产于春谷苗中及下部叶背的中部至叶尖近部中脉处。第二代成虫卵在夏谷上的分布情况与第一代卵相似，而在已抽穗的春谷上多产于基部小叶或中部叶背。初孵幼虫行动活泼，大部分幼虫于卵株上沿茎爬至下部叶鞘或靠近地面新生根处取食为害。幼虫孵出后 3 d，大多转至谷株基部，并自近地面处或第二、三叶鞘处蛀茎为害，发育至 3 龄后表现转株为害习性，一般幼虫可能转害 2 ～ 3 株。

成虫形态特征：体长 8 ～ 10 mm，翅展 18 ～ 25 mm，雄蛾体淡黄褐色，额圆形不突向前方，无单眼，下唇须浅褐色，胸部暗黄色；前翅浅黄褐色杂有黑褐色鳞片，中室顶端及中室里各具小黑斑 1 个，有时只见 1 个，外缘生 7 个小黑点成 1 列；后翅灰白色，外缘浅褐色。雌蛾色较浅，前翅无小黑点。

成虫上灯时间：河北省 7—9 月。

 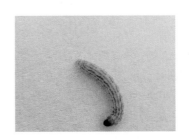

粟灰螟成虫 河北农业大学 王勤英   粟灰螟幼虫 丰宁县 曹艳蕊

2019 年 5 月   2018 年 8 月

22. 桃蛀螟

中文名称：桃蛀螟，*Conogethes punctiferalis*（Guenée），异名 *Dichocrocis punctiferalis*（Guenée），鳞翅目，草螟科。别名：桃多斑野螟、豹纹斑螟、桃蠹螟、桃实螟蛾、桃斑螟、桃蛀野螟、桃斑蛀螟、豹纹蛾，幼虫俗称桃蛀心虫。

为害：已知的寄主植物有 100 余种，幼虫除蛀食玉米、高粱、向日葵、大豆、棉花、扁豆、甘蔗、蓖麻、姜科植物等作物外，还为害桃、李、杏、梨、苹果、无花果、梅、樱桃、石榴、葡萄、山楂、柿、核桃、板栗、柑橘、荔枝、龙眼、枇杷、银杏等果树，是一种食性极杂的害虫。

分布：河北、北京、天津、辽宁、陕西、山西、河南、山东、安徽、江苏、江西、浙江、湖北、湖南、福建、广东、广西、云南、西藏、海南、台湾。

生活史及习性：在河北省一年发生 2 ～ 3 代，以 3 代为多，以老熟幼虫在玉米茎秆或穗轴中越冬。翌年 4 月底至 5 月越冬代成虫羽化，5 月底至 6 月下旬为第 1 代卵、幼虫发生期，主要为害桃果，同时还为害春玉米、春高粱、向日葵等；7 月中下旬为第 2 代卵、幼虫盛期，主要为害夏玉米；第 3 代卵、幼虫为害盛期在 8 月中下旬，主要为害夏玉米穗及蛀茎；9 月下旬至 10 月上中旬一些老熟幼虫开始在玉米茎秆或穗轴中越冬。桃蛀螟世代重叠严重，越冬前一直有成虫羽化，在 10 月仍有成虫产卵。

成虫昼伏夜出，有趋光性。卵散产，主要产在玉米的雄穗、花丝和中上部叶鞘顶端茸毛多处。尤以雌穗上卵量最大。桃蛀螟在抽穗前的玉米上是不产卵的，抽穗至黄熟期均可产卵，以花丝萎蔫阶段为主。

桃蛀螟幼虫可在玉米植株不同部位转移为害，在夏玉米抽雄期开始，雌穗花丝顶端开始萎蔫时，30% 左右的幼虫转向玉米雌穗顶端取食花丝，其余幼虫仍在叶鞘内为害。到灌浆初期雌穗虫量达高峰，占 50% 以上群集雌穗顶端为害幼嫩籽粒和穗轴，此时有 15% 以上的三龄幼虫开始蛀茎为害，大部分幼虫继续为害玉米雌穗。四至五龄幼虫食量最大，造成玉米籽粒减少。直到五龄末期化蛹前，才转移到玉米叶腋处、花丝顶端及虫粪中结薄茧化蛹。

成虫形态特征： 成虫体长 11 ～ 13 mm，翅展 22 ～ 26 mm。黄至橙黄色，触角丝状，胸腹部及翅面具黑斑。复眼发达，黑色，近圆球状。其中前翅 28 个，后翅 15 ～ 16 个，胸部中央 1 个，背板 2 个；腹背第一和第三至第六各有 3 个横列，第七节只有 1 个，第二、第八节无黑点；雄虫第九节末端黑色，雌虫不明显。雄虫第八节末端有黑色毛丛甚为明显，雌蛾腹末圆锥形，黑色不明显。

成虫上灯时间： 河北省 4—10 月。

桃蛀螟成虫雌雄　卢龙县　董建华
2018 年 9 月

桃蛀螟成虫　邢台县　张须堂
2012 年 8 月

桃蛀螟幼虫在玉米茎秆内　刘莉
2018 年 11 月

桃蛀螟幼虫为害核桃　宽城县　姚明辉
2006 年 9 月

桃蛀螟幼虫　河北省植保植检总站
张振波 2014 年 2 月

桃蛀螟蛹　正定县　张志英
2015 年 4 月

23. 甜菜白带野螟

中文名称： 甜菜白带野螟，*Hymenia recurvalis*（Fabricius），鳞翅目，螟蛾科，白带野螟属。

为害： 寄主植物有甜菜、大豆、玉米、甘薯、甘蔗、茶、向日葵等。幼龄幼虫在叶背啃食叶肉，留下上表皮呈天窗状，蜕皮时拉一薄网。3 龄后将叶片食成网状缺刻，严重时只剩叶脉。

分布：黑龙江、吉林、辽宁、内蒙古、宁夏、青海、陕西、山西、北京、河北、山东、安徽、江苏、上海、浙江、江西、福建、台湾、湖南、湖北、广东、广西、贵州、重庆、四川、云南、西藏。

生活史及习性：甜菜白带野螟在河北省一年发生 2～3 代，以老熟幼虫吐丝做土茧或化蛹在杂草、落叶及表土层越冬。越冬代成虫、一代成虫、二代成虫出现的时间分别是 7 月中旬、8 月末和 10 月上旬，存在世代重叠。

甜菜白带野螟成虫飞翔力弱，昼伏夜出，有趋光性，但不甚强烈。成虫羽化后立即交配，产卵于叶脉接近处，卵粒排列整齐。每雌产卵 80～100 粒左右。幼虫孵化后昼夜取食。幼虫有吐丝、卷曲叶片匿身的习性，受惊后向后退缩或坠落到地面上伪装死亡。幼虫有迁移习性，往往吃完一片叶后转移至其它叶片继续为害。老熟幼虫入土 3～5 cm，在土壤内吐丝结茧后化蛹。

成虫形态特征：成虫翅展 24～26 mm。棕褐色。头部白色，额有黑斑，触角黑褐色，下唇须黑褐色向上弯曲，胸部背面黑褐色，腹部环节白色，翅暗棕褐色，前翅中室有一条斜走波纹状的黑缘宽白带。外缘有一排细白斑点，后翅也有一条黑缘白带，缘毛黑褐色与白色间隔。

老熟幼虫体长约 17 mm，宽约 2 mm，淡绿色，光亮透明，两头细中间粗，近似纺锤形，趾钩双序缺环。

成虫上灯时间：河北省 6—10 月。

甜菜白带野螟 邯郸市 毕章宝   甜菜白带野螟成虫（雌）灵寿县 周树梅

2013 年 10 月   2017 年 9 月

24. 夏枯草线须野螟

中文名称：夏枯草线须野螟，*Eurrhypara hortulata*（Linnaeus）。

为害：幼虫为害夏枯草，吐丝缀叶取食。

分布：北京、吉林、山西、江苏、广东、云南。

生活史及习性：以幼虫越冬。

成虫形态特征：成虫翅展 12～14 mm。头、胸褐黄色，翅白色。前翅前缘黑色，中室有 2 个卵圆形褐色斑，翅基部中室以下有 1 褐色圆斑及 1 褐色弓形斑，中室外缘有 2 排褐色圆形斑。后翅沿外缘有 2 行褐色椭圆斑。

成虫上灯时间：河北省 8 月。

夏枯草线须野螟 平泉市 李晓丽

2018 年 8 月

25. 亚洲玉米螟

中文名称： 亚洲玉米螟，*Ostrinia furnacalis*（Guenée），鳞翅目，螟蛾科。别名：玉米螟、钻心虫。

为害： 为害玉米植株地上的各个部位，使受害部分丧失功能，降低子粒产量。

分布： 河北、北京、天津、黑龙江、吉林、辽宁、内蒙古、山西、重庆、甘肃、宁夏、河南、青海、陕西、新疆、四川、西藏、上海、安徽、江苏、福建、江西、山东、浙江、湖北、湖南、云南、贵州、广西、广东、海南、香港、澳门、台湾，从黑龙江到海南各玉米产区均有发生。

生活史及习性： 玉米螟在河北省中南部地区一年发生 3 代，北部地区一年发生 2 代。以最末代的幼虫在玉米、高粱等茎秆内和玉米轴越冬。成虫羽化后，喜在高茂田内产卵，多产于植物叶背面中脉处。初孵幼虫为害玉米、高粱心叶，随虫体成长渐蛀入茎内；受害心叶展开后呈排孔状；玉米抽雄授粉时受害，易造成风折、早枯、缺粒、瘦秕现象；蛀食雌穗，导致雌穗发育不良且引起霉变，降低籽粒产量和品质。

成虫形态特征： 黄褐色，雄蛾体长 10～13 mm，翅展 24～35 mm，体背黄褐色，腹末较瘦尖，触角丝状，灰褐色，前翅黄褐色，有两条褐色波状横纹，两纹之间有两条黄褐色短纹，后翅灰褐色；雌蛾形态与雄蛾相似，色较浅，前翅鲜黄，线纹浅褐色，后翅淡黄褐色，腹部较肥胖。

成虫上灯时间： 河北省 4—10 月。

成虫从左至右为玉米螟虫、大螟、桃蛀螟 馆陶县 马建英 2017 年 6 月

亚洲玉米螟成虫 泊头市 吴春娟 2018 年 7 月

亚洲玉米螟成虫（雄）遵化市 王文娜 2018 年 5 月

玉米螟卵块 霸州市 潘小花
2008 年 8 月

玉米螟卵 卢龙县 董建华
2018 年 8 月

玉米螟幼虫 宽城县 姚明辉
2018 年 10 月

玉米螟越冬幼虫 丰宁县 尚玉儒
2018 年 2 月

玉米螟初孵幼虫 临西县 李保俊
2013 年 6 月

一代玉米螟蛹（剥开丝）宽
城县 姚明辉 2009 年 7 月

·木蠹蛾科·

1. 小线角木蠹蛾

中文名称：小线角木蠹蛾，*Holcocerus insularis*（Staudinger），鳞翅目，木蠹蛾科。别名：小木蠹蛾、小褐木蠹蛾。

为害：寄主有白蜡、构树、丁香、白榆、槐树、银杏、柳树、麻栎、白玉兰、悬铃木、元宝枫、海棠、楮、冬青卫矛、柽柳、香椿、山楂、苹果、梨、山楂等多种园林和果树。幼虫蛀食花木枝干木质部，沿髓部向上蛀食，数量多时群集在蛀道内为害，造成千疮百孔，受害枝上部变黄枯萎，遇风易折断。小线角木蠹蛾与天牛为害状有明显不同（天牛 1 蛀道 1 虫），木蠹蛾蛀道相通，蛀孔外面有用丝连接球形虫粪。

分布：河北、北京、天津、山西、内蒙古、黑龙江、吉林、辽宁、甘肃、宁夏、青海、陕西、河南、山东、浙江、安徽、江苏、江西、上海、湖北、湖南、福建、重庆、四川、广东、广西、云南、贵州、海南、香港、澳门、新疆、西藏。

生活史及习性：此虫 2 年发生 1 代（跨 3 个年度）。以幼虫在枝干蛀道内越冬。翌年 3 月幼虫开始复苏活动。幼虫化蛹时间很不整齐，5 月下旬至 8 月上旬为化蛹期，蛹期约 20 d 左右。6—8 月为成虫发生期，成虫羽化时，蛹壳半露在羽化孔外，成虫有趋光性，日伏夜出。将卵产在树皮裂缝或各种伤疤处，卵呈块状，粒数不等，卵期约 15 d。幼虫喜群栖为害，每年 3—11 月幼虫为害期，小龄幼虫与老龄幼虫均在树内蛀道内越冬。老龄幼虫在第 3 年头于 5 月下旬化蛹。成虫羽化时，蛹壳半露在羽化孔外。

成虫形态特征：体长 14～28 mm，翅展 35～45 mm。体翅灰褐色，触角线状。胸背部暗红褐色，腹部较长。前翅密布细碎条纹，亚外缘线黑色波纹状，在近前缘处呈"y"字形。缘毛灰色，有明显的暗格纹。后翅色较深，有不明显的细褐纹。

成虫上灯时间：河北省 5—9 月。

小木蠹蛾成虫 固安县 杨宇

2018 年 5 月

2. 榆木蠹蛾

中文名称：榆木蠹蛾，*Holcocerus vicarius*（Walker，1865），鳞翅目，木蠹蛾科。别称：榆线角木蠹蛾、柳木蠹蛾、大褐木蠹蛾。

为害：寄主有榆树、刺槐、杨、柳、麻栎、栎、丁香、银杏、香椿、稠李、苹果、梨、核桃、山楂、板栗、花椒、金银花等多种园林和果树，为榆树最常见的钻蛀性害虫。幼虫在根颈、根及枝干的皮层和木质部内蛀食，形成不规则的隧道，削弱树势，重者枯死。

分布：河北、北京、天津、山西、内蒙古、黑龙江、吉林、辽宁、甘肃、宁夏、青海、陕西、新疆、河南、山东、安徽、上海、江苏、浙江、江西、湖北、湖南、云南、贵州、重庆、四川、福建、广东、广西、海南、香港、澳门、台湾。

生活史及习性：该虫两年发生 1 代，以幼虫在蛀道内越冬。4 月下旬初开始化蛹，成虫羽化高峰为 5 月中旬至 6 月上旬。成虫羽化后，蛹壳遗留在土表。成虫昼伏夜出，羽化后即交尾产卵。卵多产于枝干伤疤及树皮裂缝处，成块或堆。每头雌蛾产卵 134～940 粒。6 月中、下旬为幼虫孵化盛期。初孵幼虫多群集取食卵壳及树皮，2～3 龄时分散寻觅伤口及树皮裂缝侵入，在韧皮部及边材为害，发育到 5 龄时，沿树干爬行到根颈部钻入为害。幼虫在虫道内数头或数十头聚居一虫道内。末龄幼虫于 10 月份由虫道中爬出寻觅松软土壤，在土壤内 3 ～ 11 cm 处作茧越冬。

成虫形态特征：体粗壮，灰褐色，雌虫翅展 68 ～ 87 mm；雄虫翅展 55 ～ 68 mm。雌、雄触角均为线状。头顶毛丛，领片和肩片暗褐灰色，中胸背板前缘及后半部毛丛均为鲜明白色，小盾片毛丛灰褐色，其前缘为 1 条黑色横带。前翅灰褐色，翅面密布许多黑褐色条纹，亚外缘线黑色、明显，外横线以内中室至前缘处呈黑褐色大斑，是为该种明显特征。后翅浅灰色，中部褐色圆斑明显。

成虫上灯时间：河北省 5—8 月。

榆木蠹蛾成虫 定州市 苏翠芬
2018 年 8 月

榆木蠹蛾成虫 栾城区 焦素环
2018 年 8 月

· 潜叶蛾科 ·

1. 桃潜叶蛾

中文名称：桃潜叶蛾，*Lyonetia clerkella* L，鳞翅目，潜叶蛾科。

为害：主要为害桃、杏、李、樱桃、苹果、梨等。以幼虫潜入桃叶为害，在叶组织内串食叶肉，造成弯曲的隧道，并将粪粒充塞其中，造成早期落叶。

分布：河北、河南、安徽、山东等地。

生活史及习性：该虫每年发生 5 ～ 7 代，以成虫在桃园附近的梨树、杨树等树皮内，以及杂草、落叶、石块下越冬。第 2 年桃树展叶后成虫羽化，产卵于叶表皮内。老熟幼虫在叶内吐丝结白色薄茧化蛹。5 月上旬发生第一代成虫，以后每月发生 1 次，最后一代发生在 11 月上旬。

成虫形态特征：体长 3 mm，翅展 6 mm，体及前翅银白色。前翅狭长，先端尖，附生 3 条黄白色斜纹，翅先端有黑色斑纹。前后翅都具有灰色长缘毛。

成虫上灯时间：河北省 5—9 月。

桃潜叶蛾成虫 宽城县 姚明辉
2009 年 7 月

桃潜叶蛾茧 宽城县 姚明辉
2009 年 7 月

·天蛾科·

1. 八字白眉天蛾

中文名称：八字白眉天蛾，*Hyles livornica*（Esper，1780），鳞翅目，天蛾科，白眉天蛾属。别名：白条赛天蛾，棉天蛾。

为害：八字白眉天蛾以幼虫为害叶片，造成沙棘或沙枣不能正常生长，严重影响结果量与冠幅生长。同时，八字白眉天蛾具有繁殖速度快，隐蔽性强，幼虫不易被发现等特点，给防治带来极大的困难。

分布：北京、新疆、黑龙江、河北、宁夏、湖南、浙江、江西、甘肃、内蒙古、陕西、台湾。

生活史及习性：在库尔勒东山绿化基地一年发生 2 代，以蛹在土壤内越冬。于翌年 5 月中旬羽化成虫，5 月下旬产卵，每只雌虫产卵约 500 粒，卵期 3～4 d，幼虫共有 5 龄，虫期 20～30 d。6 月上旬为幼虫盛发期，6 月下旬幼虫入土化蛹。第 2 代幼虫 7 月中、下旬盛发，8 月间入土化蛹越冬。越冬代蛹期长达 250 d。成虫有趋光性。

成虫形态特征：成虫：体长 31～39 mm，翅展 70～75 mm，前胸背部密披灰褐色鳞毛，并经触角之间向前延伸至头顶两端，两侧镶以白色鳞片带。腹部较胸部色淡，腹部 1～2 节侧面有黑、白色斑。前翅前缘茶褐色，翅后缘及外缘白色，后翅基部黑色，臀角处有 1 大白斑，前翅、后翅反面灰黄色，前翅端黑条斑可见。

成虫上灯时间：河北省 5 月。

八字白眉天蛾成虫 巨鹿县 张聪 2018 年 5 月

2. 深色白眉天蛾

中文名称：深色白眉天蛾，*Hyles galli*（Rottemburg）。

分布：河北、北京、黑龙江、陕西、甘肃、云南等地。

生活史及习性：1年发生1代。以蛹越冬。为害茜草、大戟、柳、棉花、猫儿眼等。

成虫形态特征：成虫翅展70～85 mm。体翅浓绿色，胸部背面绿色，腹部背面两侧有黑、白色斑，腹面墨绿色，节间白色。前翅前缘墨绿色，翅基有白色麟毛，自顶角至后缘基部有污黄色横带，外缘线至外缘呈灰褐色带。后翅基部黑色，中部有污黄色横带，横带外侧黑色，外缘线黄缘线黄褐色，后角内有白斑，斑的内侧有暗红色斑。前、后翅反面灰色，前翅中室及后翅中部的横线及后角黑色，中部有污黄色近长三角形大斑。

成虫上灯时间：河北省5—8月。

深色白眉天蛾 卢龙县 董建华
2018年6月

3. 豆天蛾

中文名称：豆天蛾，*Clanis bilineata*（Tsingtauica Mell），属鳞翅目，天蛾科，天蛾属。俗名：豆虫、豆丹。

为害：主要寄主植物有大豆、绿豆和豇豆，还为害刺槐、爬山虎、地锦、藤萝、泡桐、女贞、柳、榆等。豆天蛾幼虫食害大豆叶片，轻则吃成网孔、缺刻，重则将豆株吃成光秆，以致不能结实而颗粒无收。

分布：全国各省，以河北、山东、河南、安徽、江苏、湖北、四川、陕西等省发生较重。

生活史及习性：在河北省1年发生1代，以老熟幼虫在9～12 cm深的土层中越冬。翌春移动至表土层化蛹。1代发生区，一般在6月中旬化蛹，7月上旬为羽化盛期，7月中、下旬至8月上旬为成虫产卵盛期，7月下旬至8月下旬为幼虫发生盛期，9月上旬幼虫老熟入土越冬。当表土温度达24℃左右时越冬后的老熟幼虫化蛹，蛹期10～15 d。幼虫4龄前白天多藏于叶背，夜间取食；4～5龄幼虫白天多在豆秆枝茎上为害，并常转株为害。

成虫昼伏夜出，白天隐藏在豆田和其他作物田内，傍晚开始活动，20:00 活动逐渐下降，22:00 时后又恢复活动，直至黎明。飞翔力强，能在几十米的高空急飞，可远距离飞行。有喜食花蜜的习性，对黑光灯有较强的趋性。卵多散产于豆株叶背面，少数产在叶正面和茎秆上。每叶上可产 1 ～ 2 粒卵。雌蛾一生可产卵 250 ～ 450 粒。成虫寿命 9 ～ 10 d，雌蛾寿命比雄蛾长，产卵期 2 ～ 5 d，前 3 d 产卵量占总产卵量的 95% 以上。卵期 4 ～ 7 d。幼虫孵出后先取食卵壳。1 ～ 2 龄幼虫多在叶缘取食，3 ～ 4 龄幼虫食量增加，5 龄为暴食期，约占幼虫期食量的 90%，9 月幼虫入土越冬。

初孵幼虫有背光性，白天潜伏于叶背，1 ～ 2 龄幼虫一般不转株为害，3 ～ 4 龄幼虫因食量增大而有转株为害习性。

成虫形态特征：体长 40 ～ 45 mm，翅展 100 ～ 120 mm。体和翅黄褐色，多绒毛。头、胸部背中线暗褐色。腹部背面各节后缘具棕黑色横纹。前翅狭长，前缘近中央有较大的半圆形淡白色斑，翅面上可见 6 条波状横纹，顶角有 1 条暗褐色斜纹。后翅小，暗褐色，基部上方有色斑，臀角附近黄褐色。

成虫上灯时间：河北省 6—8 月。

豆天蛾成虫 泊头市 吴春娟
2018 年 7 月

豆天蛾成虫 霸州市
刘莹 2018 年 7 月

豆天蛾卵粒 霸州市
潘小花 2005 年 7 月

豆天蛾幼虫 大名县
崔延哲 2017 年 9 月

豆天蛾幼虫 宽城县
姚明辉 2007 年 9 月

豆天蛾幼虫 安新县
张小龙 2011 年 8 月

4. 盾天蛾

中文名称：盾天蛾，*Phyllosphingia dissimilis*（Bremer），鳞翅目，天蛾科。

为害：以幼虫蚕食核桃、山核桃叶片。

分布：河北、陕西、甘肃、黑龙江、山东、北京、浙江、湖南，海南。

成虫形态特征：展翅93～130 mm。体翅棕褐色；下唇须红褐色；胸部背线棕黑色；腹部背线紫黑色；前翅前缘中央有较大紫色盾形斑1块，翅表面与体背为黄褐色至黑褐色相间的特殊斑纹；最大特征是停栖时后翅局部外露在前翅前方。雌雄差异不大。无近似种。

成虫上灯时间：河北省6—8月。

盾天蛾 宽城县 姚明辉
2018 年 7 月

盾天蛾 宽城县 姚明辉
2018 年 7 月

5. 甘薯天蛾

中文名称：甘薯天蛾，*Agrius convolvuli*（(Linnaeus)），鳞翅目、天蛾科，又名旋花天蛾、白薯天蛾、甘薯叶天蛾。

为害：主要为害的作物有蕹菜、扁豆、赤豆、甘薯。以幼虫蚕食叶片成缺刻或孔洞。影响作物生长发育。

分布：遍及全世界，在国内也很普遍，凡有甘薯栽培的地区均可能发生，在华北、华东等地区为害趋严重。

生活史及习性：1年发生1代或2代，以老熟幼虫在土中5～10 cm深处作室化蛹越冬。成虫于5月或10月上旬出现，有趋光性，卵散产于叶背。在华南于5月底见幼虫为害，以9—10月发生数量较多，幼虫取食蕹菜叶片和嫩茎，高龄幼虫食量大，严重时可把叶食光，仅留老茎。在华南的发育，卵期5～6 d，幼虫期7～11 d，蛹期14 d。

成虫形态特征：成虫体长50 mm，翅展90～120 mm；体翅暗灰色；肩板有黑色纵线；腹部背面灰色，两侧各节有白、红、黑3条横线；前翅内横线、中横线及外横线各为2条深棕色的尖锯齿状带，顶角有黑色斜纹；后翅有条暗褐色横带、缘毛白色及暗褐色相杂。

成虫上灯时间：河北省5—10月。

甘薯天蛾成虫（雌）卢龙县
董建华 2018 年 8 月

甘薯天蛾成虫（雌）涿州市
张新瑜 2018 年 5 月

甘薯天蛾成虫 宽城县 姚明辉
2018 年 7 月

6. 构月天蛾

中文名称： 构月天蛾，*Parum colligata*（Walker），鳞翅目，天蛾科，月天蛾属。又名构星天蛾、构天蛾、绿褐银星天蛾。

为害： 幼虫为害构树和褚树的叶片。

分布： 北京、河北、河南、吉林、辽宁、山东、四川、台湾。

生活史及习性： 在河北 1 年 1 代，以蛹在土中越冬，成虫 5—7 月出现。幼虫主要为害构树叶片，偶见为害褚树叶片，一株树上常有数十条幼虫，幼虫长达 60 mm 左右，深绿色，腹侧有白斜纹 7 条，气门淡兰色密布白色小粒突。

成虫形态特征： 体长 34 ～ 36 mm，翅展 66 ～ 81 mm。体灰黄至灰绿色，肩片褐色，腹背各节有八字形黄白色纹而显出背中有一列三角形斑：翅灰绿至褐绿色，外缘有由弧形白线划分的宽带，臀角有褐纹；前翅则顶角处有带白边的半圆形褐斑，中室端有白斑、其内外连有褐纹或延伸成褐色纵条，内横线和翅基均有黄白色纹。

成虫上灯时间： 河北省 5—7 月。

构月天蛾成虫 正定县 李智慧
2018 年 7 月

构月天蛾 大名县 崔延哲
2018 年 6 月

7. 芝麻鬼脸天蛾

中文名称：芝麻鬼脸天蛾，*Acherontia styx* Westwood，鳞翅目，天蛾科。别名：芝麻天蛾、人面天蛾、鬼面天蛾。

为害：主要为害芝麻、茄子等作物，以茄科、豆科、木犀科、紫葳科、唇形科为寄主。

分布：河北、河南、山东、山西、浙江、江苏、湖南、江西、海南、广东、广西、云南、福建等地。

生活史及习性：河北省一年发生2代，以蛹越冬。成虫六月、九月出现，飞翔力不强，常隐避在寄主叶背，趋光性强，成虫受惊，腹部环节间摩擦可吱吱发生。成虫把卵产在寄主叶背的主脉附近，卵散产，幼虫于夜间活动。

成虫形态特征：翅展 100 ～ 120 mm。头胸部灰黑色，胸背部有黑色条纹、斑点及黄色斑组成的骷髅状斑纹，腹部黄色，有蓝色中背线及黑色环状横带；前翅黑色，混杂有微细白色及黄褐色鳞片，横线及外横线由数条黑色波状线组成，横脉上有黄色斑一个，近外缘有橙黄色丛条；后翅黄色，有两条横切的黑带。

成虫上灯时间：河北省 7—9 月。

鬼脸天蛾成虫 永年区 李利平
2018 年 8 月

8. 核桃鹰翅天蛾

中文名称：核桃鹰翅天蛾，*Oxyambulyx schauffelbergeri*（Bremer et Grey），鳞翅目，天蛾科。

为害：寄主为核桃、栎、枫杨、橄榄、乌榄等果树及林木植物。

分布：河北、北京、天津、黑龙江、吉林、辽宁、内蒙古、山西、重庆、甘肃、宁夏、河南、青海、陕西、新疆、四川、西藏、上海、安徽、江苏、福建、江西、山东、浙江、湖北、湖南、云南、贵州、广西、广东、海南、香港、澳门、台湾。

成虫形态特征：翅展 98 ～ 105 mm。头顶及颜面灰白色，与头顶交界处绿褐色；胸部两侧绿褐色；腹部中线不明显，第六节两侧及第八节背面有褐色斑；前翅基部附近；前缘和第一脉室有绿褐色圆形纹，中线及外线微暗褐不明显，外线内侧有波状细纹，亚外缘线棕褐色，顶角弓形向后角弯曲，中翅横脉上有一棕黑色斑；后翅茶褐色，布满暗褐色斑纹；前、后翅反面橙褐色，散布暗色斑点。

成虫上灯时间：河北省 6—8 月。

核桃鹰翅天蛾　丰宁县　杨保峰　　　　核桃鹰翅天蛾　卢龙县　董建华
2018 年 6 月　　　　　　　　　　　　　　2017 年 8 月

9. 鹰翅天蛾

中文名称：鹰翅天蛾，*Oxyambulyx ochracea*（Butler，1885），鳞翅目，天蛾科。

为害：幼虫为害核桃及槭科植物。

分布：河北、辽宁、山西、陕西、山东、河南、湖北、湖南、江苏、浙江、福建、云南、贵州、广东、广西、海南、香港、澳门、台湾。

生活史及习性：河北 1 年发生 1 代，以蛹在土内的茧内越冬。6—8 月为成虫盛发期。成虫趋光性强。

成虫形态特征：成虫翅长 48 ～ 50 mm，体长 45 ～ 48 mm，翅展 85 ～ 110 mm。体翅橙褐色，胸部背面黄褐色，两侧浓绿至褐绿，第 6 腹节后的各节两侧有褐黑色斑，胸及腹部的腹面为橙黄色。前翅暗黄，内线不明显，中线及外线绿褐色并呈波状纹，顶角尖向外下方弯曲而形似鹰翅，前缘及后缘处有褐绿色圆斑 2 个，后角内上方有褐绿色及黑色斑。后翅黄色，有较明显的棕褐色中带及外缘带，后角上方有褐绿色斑。前、后翅反面橙黄色。腹部末段有 3 个黑点。

成虫上灯时间：河北省 5—8 月。

鹰翅天蛾成虫　抚宁区　汪志和
2018 年 6 月

10. 红节天蛾

中文名称：红节天蛾，*Sphinx ligustri*（Butler），鳞翅目，天蛾科。

为害：幼虫为害水蜡、丁香、桦、山梅等。

分布：河北、北京、天津、黑龙江、吉林、辽宁、河南、湖北、湖南、陕西、甘肃、宁夏、青海、新疆等地。

生活史及习性：1 年发生 1 代。老熟幼虫在寄主附近的浅土层、石块下或枯枝落叶层下结半丝半土的虫茧，并在茧内化蛹过冬，次年 7 月羽化为成虫，产卵于寄主叶片上，卵分散单产，幼虫为害水蜡树、丁香、桦、山梅等。

成虫形态特征：成虫翅展 80 ～ 88 mm。头部灰褐色，胸部背面棕黑色，肩板及其两侧灰粉色，后胸后缘有丛状的白梢毛。腹部背线黑色，各体节两侧前半部粉红色，后半部有较窄的黑色环形带；腹面白褐色。前翅内线及中线不明显；外横线呈棕黑色的波浪形纹；中室有较细的纵横交错的黑纹。后翅烟黑色，基部粉褐色，中央有 1 条前、后翅近似连接的黑色斜带，带的下方粉褐色。

成虫上灯时间：河北省 7 月。

红节天蛾成虫 宽城县 姚明辉
2018 年 7 月

11. 红天蛾

中文名称：红天蛾，*Deilephila elpenor*（Linnaeus），鳞翅目，天蛾科。别名：红夕天蛾、暗红天蛾、葡萄小天蛾、累氏红天蛾。

为害：幼虫主要为害凤仙花、柳兰、忍冬、秋兰、茜草科、柳叶菜科、草花类、葡萄等。幼虫啃食叶片，严重者叶被吃光。

分布：北京、河北、黑龙江、吉林、辽宁、四川、重庆、新疆、山东、陕西、山西、江苏、安徽、上海、浙江、湖北、云南、贵州、湖南、江西、福建。

生活史及习性：1 年发生 2 代。以蛹在浅土层中越冬。成虫有趋光性，白天躲在树冠阴处和建筑物等处，傍晚出来活动，交尾、产卵。卵产在寄主花卉的嫩梢及叶片端部。卵期约 8 d。幼虫昼伏夜出，以清晨为害严重。6—9 月均有幼虫为害。幼虫啃食叶片，食量很大，常造成叶片残缺不全，严重者叶片和花被蚕食一光，影响花卉正常生长和观赏。该幼虫有避光性，白天躲在花卉的枝叉阴凉处。10 月老熟幼虫入土，用丝与土粒粘成粗茧，在其内化蛹越冬。

成虫形态特征：成虫体长 33～40 mm，翅展 55～70 mm。体、翅以红色为主，有红绿色闪光，头部两侧及背部有两条纵行的红色带；腹部背线红色，两侧黄绿色，外侧红色；腹部第一节两侧有黑斑。前翅基部黑色，前缘及外横线、亚外缘线、外缘及缘毛都为暗红色，外横线近顶角处较细，愈向后缘愈粗；中室有一白色小点；后翅红色，靠近基半部黑色；翅反面色较鲜艳，前缘黄色。

成虫上灯时间：河北 5—9 月。

红天蛾成虫 卢龙县 董建华　　　红天蛾幼虫 大名县 崔延哲　　红天蛾幼虫 大名县 崔延哲
2018 年 8 月　　　　　　　　　2016 年 8 月　　　　　　　2016 月 8 月

12. 黄脉天蛾

中文名称：黄脉天蛾，*Amorpha amurensis*（Staudinger），鳞翅目，天蛾科。

为害：主要为害杨、柳、桦、椴的叶部。

分布：河北、北京、天津、黑龙江、吉林、辽宁、内蒙古、四川、重庆、新疆。

成虫形态特征：雌蛾体长 33～44 mm，翅展 89～95 mm，雄蛾体长 32～46 mm，翅展 88～92 mm。触角棕灰色，主干背面白色，长 12～13 mm，共 40 节。雌蛾触角细栉齿状，雄蛾较粗，双栉齿状。前翅外缘波状，M2 处凹入，臀角圆凸；后翅宽而略圆，外缘在 Rs 与 M1 处凸出。体、翅棕灰色，翅脉黄色而明显。前翅内、外横线模糊，中横线较明显，翅中部有较宽的褐色横带，停息时后翅前半部露出前翅前缘外。侧背片发达。胸背及翅基部被毛，蓬松且较长。雌蛾腹末锐尖，雄蛾腹末盾圆。

成虫上灯时间：河北省 8 月。

黄脉天蛾成虫 平泉市 李晓丽
2018 年 8 月

13. 蓝目天蛾

中文名称： 蓝目天蛾，*Smerithus planus*（Walker），鳞翅目，天蛾科。别名：柳天蛾，蓝目灰天蛾。

为害： 寄主有杨、柳、梅花、桃花、樱花等多种绿地植物。低龄幼虫食叶成缺刻或孔洞，稍大常将叶片吃光，残留叶柄。

分布： 河北、黑龙江、吉林、辽宁、内蒙古、河南、山东、江苏、上海、浙江、安徽、江西、陕西、宁夏、甘肃等。

生活史及习性： 在河北一年发生 2 代，以蛹在根际土壤中越冬。翌年 5—6 月份羽化为成虫，成虫昼伏夜出，有趋光性。卵多散产在叶背枝条上，每雌蛾可产卵 200 ～ 400 粒，卵经 7 ～ 14 d 孵化为幼虫。初孵幼虫先吃去大半卵壳，后爬向较嫩的叶片，将叶子吃成缺刻，到 5 龄后食量大而为害严重。常将叶子吃尽，仅留光枝。老熟幼虫在化蛹前 2 ～ d 天，体背呈暗红色，从树上爬下，钻入土中 55 ～ 115 mm 处做成土室后即脱皮化蛹越冬。

成虫上灯时间： 河北省 5—8 月。

蓝目天蛾成虫 宽城县 姚明辉
2018 年 7 月

14. 栗六点天蛾

中文名称： 栗六点天蛾，*Marumba sperchius*（Menentries），鳞翅目，天蛾科。

为害： 寄主有栗、栎、槠树、核桃、枇杷等树种。

分布： 河北、北京、黑龙江、吉林、辽宁、山东、湖北、湖南、江西、广东、广西、江苏、浙江、福建、台湾等地。

生活史及习性： 1 年发生 2 代，以蛹在浅土层由丝和土粒混合结成的茧中越冬。成虫发生期为 6—8 月。成虫昼伏夜出，夜间在花丛间飞舞并吸食花蜜，有趋光性。交尾时间大多在午夜。成虫寿命平均 22 d。卵产于枝干上，以枝杈下部较多，散产或数粒产在一起。幼虫孵化后取食叶肉，食量随龄期增加而增大。

成虫形态特征： 成虫体长 40 ～ 46 mm，翅展 90 ～ 125 mm。体翅淡褐色。从头顶至尾端有一条暗褐色背线。前翅基部色稍深，呈棕褐色。翅中部有一条淡色宽带，宽带两侧各有 4 条褐至暗褐色横线。近中室有一不明显的新月形暗色纹；后缘近臀角处色较浓，其前方有一块褐色圆斑。后翅暗褐色，臀角处有两个褐色圆斑。

成虫上灯时间：河北省 6—8 月。

栗六点天蛾 宽城县 姚明辉
2018 年 7 月

15. 葡萄天蛾

中文名称：葡萄天蛾，*Ampelophaga rubiginosa*（Bremer et Grey）。鳞翅目，天蛾科。

为害：主要为害葡萄、爬山虎、黄荆、乌敛莓等。幼虫食叶成缺刻与孔洞，高龄仅残留叶柄。受害葡萄架下常有大粒虫粪。

分布：河北、北京、天津、黑龙江、吉林、辽宁、河南、山西、山东、陕西、青海、甘肃、新疆、宁夏、湖北、湖南、云南、贵州、四川、重庆、江西、广东、广西、海南。

生活史及习性：河北每年发生 1 代，以蛹于表土层内越冬。翌年 6 月中、下旬为羽化盛期，成虫昼伏夜出，有趋光性。卵多产于叶背或嫩梢上，单粒散产，每雌一般可产卵 400～500 粒。成虫寿命 7～10 d 左右。6 月中旬田间始见幼虫，幼虫活动迟缓，一枝叶片食光后再转移邻近枝。幼虫期 40～50 d。7 月下旬开始陆续老熟入土化蛹，蛹期 10 余天。8 月上旬开始羽化。8 月中旬田间见第二代幼虫为害至 9 月下旬老熟入土化蛹冬。

成虫形态特征：体长 45 mm 左右、翅展 90 mm 左右，体肥大呈纺锤形，体翅茶褐色，背面色暗，腹面色淡，近土黄色。体背中央自前胸到腹端有 1 条灰白色纵线，复眼后至前翅基部有 1 条灰白色较宽的纵线。复眼球形较大，暗褐色。触角短栉齿状，背侧灰白色。前翅各横线均为暗茶褐色，中横线较宽，内横线次之，外横线较细呈波纹状，前缘近顶角处有 1 暗色三角形斑，斑下接亚外缘线，亚外缘线呈波状，较外横线宽。后翅周缘棕褐色，中间大部分为黑褐色，缘毛色稍红。翅中部和外部各有 1 条暗茶褐色横线，翅展时前、后翅两线相接，外侧略呈波纹状。

成虫上灯时间：河北省 6—8 月。

葡萄天蛾 栾城区 焦素环 靳群英
2018 年 6 月

葡萄天蛾 围场县 宣梅
2018 年 8 月

葡萄天蛾 围场县 宣梅 钟金旭
2018 年 8 月

16. 雀纹天蛾

中文名称： 雀纹天蛾，*Theretra japonica*（Orza），属鳞翅目，天蛾科。别名：爬山虎天蛾。

为害： 主要为害爬山虎、常春藤、麻叶绣球、大绣球等花木。

分布： 河北、北京、天津、黑龙江、吉林、辽宁、内蒙古、河南、山东、江苏、上海、浙江、安徽、湖北、湖南、江西、陕西、山西、四川、重庆、甘肃、宁夏、青海、新疆、西藏、贵州、福建、云南省、广西、广东、海南、香港、澳门、台湾。

生活史及习性： 华北地区 1 年发生 1～2 代，以蛹越冬，翌年 6—7 月出现成虫，7—8 月幼虫陆续发生为害。初孵幼虫有背光性，白天静伏在叶背面，夜间取食。随着虫龄增长，其食量猛增，常将叶片食光。10 月幼虫老熟，入土化蛹越冬。成蛾趋光性和飞翔力强，喜食糖蜜汁液，夜间交配与产卵，卵产在叶片背面，卵期为 7 d 左右。

成虫形态特征： 体长 27～38 mm，翅展 59～80 mm，体绿褐色，体背略成棕褐色。头、胸部两侧及背部中央有灰白色绒毛，背线两侧有橙黄色纵线；腹部两侧橙黄色，背中线及两侧有数条不甚明显的灰褐至暗褐色平行的纵线。触角短栉状，淡灰褐色；复眼赤褐色。前翅黄褐色或灰褐色微带绿，后缘中部白色；中室上有 1 个小黑点；翅顶至后缘有 6～7 条暗褐色斜线，上面 1 条最显著，第 2 与第 4 条线之间色较淡；外缘有微紫色的带。后翅黑褐色，臀角附近有橙黄色的三角形斑；外缘灰褐色，有不明显的黑色横线；缘毛暗黄色。

成虫上灯时间： 河北省 6—8 月。

雀纹天蛾成虫 抚宁区 汪志和
2018 年 6 月

雀纹天蛾成虫 宽城县 姚明辉
2018 年 7 月

雀纹天蛾成虫 安新县 张小龙
2018 年 8 月

17. 霜天蛾

中文名称：霜天蛾，*Psilogramma menephron*，鳞翅目，天蛾科。别名：泡桐灰天蛾、梧桐天蛾、灰翅天蛾。

为害：主要为害白蜡、金叶女贞和泡桐，同时也为害丁香、悬铃木、柳、梧桐等多种园林植物。幼虫取食植物叶片表皮，使受害叶片出现缺刻、孔洞，甚至将全叶吃光。

分布：河北、北京、天津、山西、内蒙古、河南、山东、江苏、安徽、湖北、湖南、江西、浙江、上海市、福建、四川、重庆、云南、贵州、西藏、广东、广西、海南、香港、澳门、台湾。

生活史及习性：在河北省一年发生1代，以蛹在土中越冬。成虫6—7月间出现，昼伏夜出。成虫的飞翔能力强，并具有较强的趋光性。卵多散产于叶背面，卵期10 d。幼虫孵出后，多在清晨取食，白天潜伏在阴处，先啃食叶表皮，随后蚕食叶片，咬成大的缺刻和孔洞，甚至将全叶吃光，以六七月间为害严重，地面和叶片可见大量虫粪。10月后，老熟幼虫入土化蛹越冬。

成虫形态特征：翅长45～65 mm；胸部背板两侧及后缘有黑色纵条及黑斑一对；腹部背线棕黑色，其两侧有棕色纵带；前翅灰褐色，中线棕黑色，呈双行波状；后翅棕色。

成虫上灯时间：河北省6月上旬至7月下旬。

霜天蛾成虫 栾城区 焦素环
靳群英 2018年6月

霜天蛾成虫 巨鹿县 朱敬霞
2018年6月

霜天蛾成虫 辛集市 陈哲
2018年7月

18. 枣桃六点天蛾

中文名称：枣桃六点天蛾，*Marumba gaschkewitschii*，鳞翅目，天蛾科。别名：桃六点天蛾、枣天蛾、枣豆虫、桃雀蛾。

为害：主要为害桃、杏、枣、苹果、海棠、梨、葡萄等果树作物。以幼虫啃食叶片，发生严重时，常逐枝吃光叶片，甚至全树叶片被食殆尽，严重影响产量和树势。

分布：河北、北京、天津、黑龙江、吉林、辽宁、内蒙古、山西、重庆、甘肃、宁夏、河南、青海、陕西、新疆、四川、西藏、上海、安徽、江苏、福建、江西、山东、浙江、湖北、湖南、云南、贵州、广西、广东、海南、香港、澳门、台湾。

生活史及习性：河北省1年发生2代，以蛹在地下5～10 cm深处的蛹室中越冬，越冬代成虫于5月中下旬出现，白天静伏不动，傍晚活动，有一定趋光性。卵产于树枝阴暗处、树干裂缝内或叶片上，散产。每雌蛾产卵量为170～500粒。卵期约7 d。第一代幼虫在5月下旬至6月发生为害。6月下旬幼虫老熟后，入地作穴化蛹，7月上旬出现第一代成虫，7月下旬至8月上旬第二代幼虫开始为害，9 月上旬幼虫老熟，入地 4 ～ 7 cm 作茧化蛹越冬。

成虫形态特征：体长 36 ～ 46 mm，翅展 82 ～ 120 mm，体肥大，深褐色至灰紫色。头细小。触角栉齿状，米黄色，复眼紫黑色。前翅狭长，灰褐色，有数条较宽的深浅不同的褐色横带，外缘有一深褐色宽带，后缘臀角处有一块黑斑，前翅反面具紫红色长鳞毛。后翅近三角形，上有红色长毛，翅脉褐色，后缘臀角有 1 灰黑色大斑，后翅反面灰褐色。

成虫上灯时间：河北省 5—9 月。

| 枣桃六点天蛾成虫 大城县
吴雅娟 2018 年 5 月 | 枣桃六点天蛾成虫 围场县
宣梅 2018 年 7 月 | 枣桃六点天蛾成虫 卢龙县
董建华 2018 年 7 月 |

19. 小豆长喙天蛾

中文名称：小豆长喙天蛾，*Macroglossum stellatarum*（Linnaeus），鳞翅目，天蛾科。

为害：幼虫取食为害豆科植物及土三七、篷子菜等茜草科植物。

分布：主要分布在北京、河北、河南、山东、山西、四川、广东。

生活史及习性：小豆长喙天蛾在河北省每年发生一代，以成虫在阳面沟壑缝隙及建筑物内越冬。翌年 5 月始见成虫，即访花，取食花蜜补充营养。7—8 月寻寄主产卵。幼虫 30 ～ 35 d 完成取食茜草，有结茧习性，成虫越冬；它盘旋飞翔时既能前进也能后退。

成虫形态特征：体长 28 ～ 36 mm，翅展 42 ～ 46 mm。体翅暗灰褐色，胸部灰褐色，复眼棕色，触角棒状、黑褐色。腹面白色，腹部暗灰色，两侧有白色和黑色斑，尾毛棕色扩散呈刷状；前翅内、中两条横线弯曲棕黑色，外横线不甚明显，中室上有 1 黑色小点，缘毛棕黄色。后翅橙黄色，基部及外缘有暗褐色带，翅的反面暗褐色并有橙色带，基部及后翅后缘黄色。

成虫上灯时间：河北省 5—8 月。

| 小豆长喙天蛾雌成虫 遵化市 王立颖
2017 年 8 月 | 小豆长喙天蛾成虫 栾城区 焦素环 靳群英
2018 年 7 月 |

20．绒星天蛾

中文名称：绒星天蛾，*Dolbina tancrei*（Staudinger），鳞翅目，天蛾科。别名星绒天蛾。

为害：幼虫取食女贞、榛、白蜡树等，初龄幼虫沿叶缘吃成缺刻。3龄后食量增大，可食尽全叶。吃完一片叶后再转食其他叶片，不取食时多隐伏于叶背面。

分布：河北、北京、天津、黑龙江、吉林、辽宁、江苏、浙江、湖北、湖南、四川、海南。

生活史及习性：此虫在四川年发生4代，以蛹于土中越冬。第二年4月上、中旬羽化为成虫。第一、第二、第三代成虫分别出现于6月上旬至中旬、7月下旬、8月上旬和9月上旬至中旬，有世代重叠现象。各世代及各虫期发育所需天数不尽一致，除越冬代蛹期长达160余天外，其余均以幼虫期最长，20～30 d；其次为蛹期，12～15 d；预蛹期最短，仅2～3 d；卵期一般为6 d。成虫羽化、交尾、产卵多于夜间进行，有趋光性。一般刚羽化的次晚开始产卵，分3～8晚产完。1头雌虫可产卵100～300粒。卵多分散产于叶背面。每叶1粒，个别2粒。幼虫共5龄，孵化后有吃卵壳，脱皮后有吃蜕皮的习性。

成虫形态特征：翅展50～80 mm。体灰黄色，有白色鳞毛混杂，腹部背线由1较大的黑点组成，尾端黑点成斑，两侧有向内倾斜的黑纹，胸、腹部的腹面黄白色，中央有几个较大的黑点，前翅中、内、外线均由深色的波状纹组成，中室有一显著白星，后翅棕褐色，缘毛灰白色。

成虫上灯时间：河北省5—8月。

星绒天蛾 卢龙县 董建华
2018年7月

21．榆绿天蛾（云纹天蛾）

中文名称：榆绿天蛾，*Callambulyx tatarinovi*（Bremer et Crey），鳞翅目，天蛾科。别名：云纹天蛾。

为害：幼虫蛀食榆树、柳树、杨树、槐树、构树、桑树等园林植物的叶片。

分布：黑龙江、吉林、辽宁、北京、内蒙古、河北、山西、河南、山东、陕西、甘肃、宁夏、新疆、上海、浙江、湖南、湖北、四川、福建、西藏。

生活史及习性： 在河北省1年2代，以蛹在土壤中越冬。翌年5月出现成虫，6～7月为羽化高峰。成虫日伏夜出，趋光性较强，卵散产在叶片背面。6月上、中旬见卵及幼虫，6～9月间为幼虫为害期，9-10月老熟幼虫入土化蛹越冬。

成虫形态特征： 翅面深绿，胸背黑绿色，翅展70～80 mm。前翅前缘顶角有一块较大的三角形深绿色斑，内横线外侧连成一块深绿色斑，外横线呈两条弯曲波状纹，前翅反面近基部后缘淡红色，后翅红色，近后面墨绿色；后翅反面黄绿色；腹部北面粉绿色，每节后缘有棕黄色横纹1条。有时虫体失绿。

成虫上灯时间： 河北省4—8月。

榆绿天蛾成虫 卢龙县 董建华	榆绿天蛾成虫 围场县 宣梅
2018年9月	2018年6月

22. 芋双线天蛾

中文名称： 芋双线天蛾，*Theretra oldenlandiae*(Fabricius)，鳞翅目，天蛾科。

为害： 以幼虫为害牡丹、凤仙花、水芋、葡萄、长春花、地锦、鸡冠花、三色堇、大丽花、芍药、牡丹和核桃等多种花卉和果树。幼虫取食叶片，害虫发生数量多时，可将叶片吃光，仅剩主脉和枝条，甚至可使枝条枯死。

分布： 河北、北京、黑龙江、长春、河南、山西、江苏、浙江、江西、四川、湖北、广西、广东等。

生活史和习性： 1年发生2代。以蛹在土中越冬。来年6—7月出现成虫。成虫趋光性很强，昼伏夜出。成虫交尾后，将卵产在嫩叶上，卵期约10 d左右，幼虫发生与害期在6—10月。该幼虫有避光性，白天躲在花卉的枝叉阴处，其食量很大，常造成叶片残缺不全，严重时叶片、花被蚕食一光，影响花卉正常生长和观赏。9月中旬出现第二代幼虫，为害至10月份。入土筑粗茧，在其中化蛹并过冬。

成虫形态特征： 体长28 mm左右，翅展65～75 mm，灰褐色。头及胸部两侧有灰白色缘毛，腹部有两条银白色背线，两侧有深棕色及淡黄色纵条。前翅由顶角到后缘有一条较宽浅黄褐色斜带，带两侧有两条一宽一细的黑褐色斜纹，中室端各有一枚黑色斑点。

成虫上灯时间： 河北省6月。

芋双线天蛾 正定县 李智慧
2019 年 6 月

芋双线天蛾 正定县 李智慧
2019 年 6 月 1 日

· 夜蛾科 ·

1. 八字地老虎

中文名称：八字地老虎，*Xestia c-nigrum*（Linnaeus），鳞翅目，夜蛾科。别名：八字切根虫。

为害：幼虫为多食性，为害棉花、麦类、甜菜、豆类、马铃薯、甘蓝、烟草、葡萄等多种作物，常与黄地老虎、甘蓝夜蛾等混合发生，对甜菜、甘蓝、豆类等经济作物为害尤重。低龄幼虫在地面上为害，高龄幼虫潜入土中。

分布：河北、黑龙江、吉林、辽宁、内蒙古、北京、天津、山西、重庆、甘肃、宁夏、河南、青海、陕西、新疆、四川、西藏、上海、安徽、江苏、福建、江西、山东、浙江、湖北、湖南、云南、贵州、广西、广东、海南、香港、澳门、台湾。

生活史及习性：在中国北方 1 年发生 2 代，以老熟幼虫在土中越冬。老熟幼虫在翌年 2 月上旬开始活动，3 月下旬幼虫开始化蛹，4 月上中旬进入化蛹高峰期。越冬代蛾在 5 月上中旬盛发。第一代盛卵期在 5 月中旬。6 月下旬进入田间幼虫为害盛期，至 7 月下旬与 8 月上旬为止。7 月上旬幼虫开始化蛹，8 月中下旬为化蛹盛期。第一代成虫在 8 月中旬始见，9 月中下旬有两个高峰，10 月下旬终见。第二代卵在 8 月下旬始见，幼虫在 9 月中旬到 10 月下旬为害，11 月中旬以后陆续越冬。卵期在 11.4℃时 8 ～ 12 d；非越冬代幼虫期 53 d；蛹期 28 ～ 31 d；成虫寿命 7 ～ 18 d。

成虫形态特征：成虫体长 11 ～ 13 mm，翅展 29 ～ 36 mm。头、胸灰褐色。前翅灰褐色略带紫色；基线双线黑色，外缘翅褶处黑褐色；内横线双线黑色，微波形；环纹具淡褐色黑边；肾纹褐色，外缘黑色；前方有 2 黑点；中室黑色，前缘起有 1 淡褐色三角形斑，顶角直达中室后缘中部；外横线双线锯齿形外弯，各脉有小黑点；亚缘线灰色，前端有 1 黑斑；端区各脉间有中黑点。后翅淡黄色，外缘淡灰褐色。

成虫上灯时间：河北省越冬代蛾在 5 月上中旬盛发，第一代成虫在 8 月中旬始见，9 月中下旬有两个高峰，10 月下旬终见。

八字地老虎成虫 灵寿县 周树梅
2017 年 9 月

八字地老虎成虫 香河县 张双
2018 年 5 月

八字地老虎成虫 正定县 李智慧
2017 年 9 月

2. 大地老虎

中文名称： 大地老虎，*Agrotis tokionis*（Butler），鳞翅目，夜蛾科。

为害： 幼虫为害林木、果树幼苗、烟草、棉花、玉米、高粱等。

分布： 河北、黑龙江、吉林、辽宁、上海、江苏、浙江、安徽、福建、江西、山东、北京、天津、山西、内蒙古、河南、湖北、湖南、广东、广西、海南、四川、贵州、云南、重庆、西藏、陕西、甘肃、青海、宁夏、新疆等。

生活史及习性： 大地老虎在河北每年发生 1 代，以 3 ～ 6 龄幼虫在土表或草丛潜伏越冬，越冬幼虫在 4 月开始活动为害，6 月中下旬老熟幼虫在土壤 3 ～ 5 cm 深处筑土室越夏，越夏幼虫对高温有较高的抵抗力，但由于土壤湿度过干或过湿，或土壤结构受耕作等生产活动田间操作所破坏，越夏幼虫死亡率很高；越夏幼虫至 8 月下旬化蛹，9 月中下旬羽化为成虫，每雌产卵量 648 ～ 1 486 粒，卵散产于土表或生长幼嫩的杂草茎叶上，孵化后，常在草丛间取食叶片，如气温上升到 6℃ 以上时，越冬幼虫仍活动取食，抗低温能力较强，在 -14℃ 情况下越冬幼虫很少死亡。

成虫形态特征： 体长 20 ～ 22 mm，翅展 45 ～ 48 mm。头、胸部褐色，颈板中部有一黑横线。前翅灰褐色，外线之内的前缘区及中室黑褐色，基线黑色双线止于亚中褶，内线黑色双线波浪形；剑纹小有黑边，环纹褐色黑边，圆形，肾纹大褐色黑边，其外侧有黑斑与外线相连；中线褐色，外线褐色双线锯齿形；亚端线淡褐色锯齿形，外侧呈褐色，端线为 1 列黑点。后翅污白色略带淡黄色，端区较暗。腹部灰褐色。

成虫上灯时间： 河北省 5—8 月。

大地老虎成虫 宽城县 姚明辉
2015 年 9 月

大地老虎幼虫 宽城县 姚明辉
2009 年 5 月

3. 黄地老虎

中文名称：黄地老虎，*Agrotis segetum*（Denis et Schiffermüller），鳞翅目，夜蛾科。

为害：黄地老虎为多食性害虫，为害各种农作物、牧草及草坪草。各种地老虎为害时期不同，多以第一代幼虫为害春播作物的幼苗最严重，常切断幼苗近地面的茎部，使整株死亡，造成缺苗断垄，甚至毁种。

分布：黄地老虎分布相当普遍，分布于河北、陕西、甘肃、青海、宁夏、新疆、北京、天津、山西、内蒙古、黑龙江、吉林、辽宁、四川、贵州、云南、重庆、西藏、河南、湖北、湖南广东、广西、海南、香港、澳门等地。20世纪60年代以前主要为害地区在雨量较少的草原地带，如新疆、甘肃、青海、宁夏等地区。20世纪70年代以后，在我国江淮和华北地区的种群数量上升，与小地老虎混合为害。

生活史及习性：黄地老虎在河北生一年发生3代，以老熟幼虫在土壤中越冬。翌年5月为越冬代成虫羽化盛期。第一代幼虫出现于5月中旬至6月中旬，第二代幼虫出现于7月中旬至8月中旬，越冬代幼虫出现于8月下旬至翌年4月下旬。成虫昼伏夜出，有较强的趋光性和趋化性。产卵前需要补充营养。黄地老虎喜产卵于低矮植物近地面的叶上。幼虫共6龄，1、2龄幼虫常栖息在寄主的叶背和新叶里，昼夜活动取食，3龄以后，白天潜入土下，夜间出来活动取食，每头幼虫一夜可以咬断3～5株幼苗。幼虫有假死性。

成虫：黄地老虎，成虫昼伏夜出，在高温、无风、空气湿度大的黑夜最活跃，有较强的趋光性和趋化性。产卵前需要补充丰富的营养，能大量繁殖。黄地老虎喜产卵于低矮植物近地面的叶上。

幼虫：一般以老熟幼虫在土壤中越冬，越冬场所为麦田、绿肥、草地、菜地、休闲地、田埂以及沟渠堤坡附近。一般田埂密度大于田中，向阳面田埂大于向阴面。3—4月气温回升，越冬幼虫开始活动，陆续在土表3 d左右深处化蛹，蛹直立于土室中，头部向上，蛹期20～30 d。4—5月为各地化蛾盛期。幼虫共6龄。陕西（关中、陕南）第一代幼虫出现于5月中旬至6月上旬，第二代幼虫出现于7月中旬至8月中旬，越冬代幼虫出现于8月下旬至翌年4月下旬。卵期6 d。1～6龄幼虫历期分别为4.0 d、4.0 d、3.5 d、4.5 d、5.0 d、9.0 d，幼虫期共30 d。卵期平均温度18.5℃，幼虫期平均温度19.5℃。

成虫形态特征：体长14～19 mm，翅展32～43 mm。雌蛾触角丝状，雄蛾触角双栉状，栉齿长而端渐短，约达触角的2/3处，端部1/3为丝状。前翅黄褐色，布满小黑点。各横线为双曲线，但多不明显，且变化很大，肾状斑、环状斑及剑形斑比较明显，各具黑褐色边，而中央呈黄褐色至暗褐色。后翅白色，半透明，前缘略带黄褐色。

成虫上灯时间：河北省5—9月。

黄地老虎雄成虫 安新县 张小龙
2018 年 5 月

黄地老虎幼虫 正定县 李智慧
2015 年 4 月

4. 小地老虎

中文名称: 小地老虎,*Agrotis ipsilon*(Hüfnagel),异名:*Agrotis ypsilon*(Rottemberg),鳞翅目,夜蛾科。别名:土蚕、切根虫。

为害: 棉花、玉米、小麦、高粱、烟草、马铃薯、麻、豆类、蔬菜及多种低矮草本植物,也为害椴、水曲柳、胡桃楸及红松等幼苗。

分布: 河北、黑龙江、吉林、辽宁、上海、江苏、浙江、安徽、福建、江西、山东、北京、天津、山西、内蒙古、河南、湖北、湖南、广东、广西、海南、四川、贵州、云南、重庆、西藏、陕西、甘肃、青海、宁夏、新疆。

生活史及习性: 小地老虎为迁飞性害虫。在河北省一年发生 3 代,该虫在河北不能越冬,春季虫源是从南方迁飞过来的。河北省以一、二代为主要为害代次,4 月底至 5 月底是第 1 代幼虫为害的严重时期,6 月下至 7 月上是第二代为害盛期。幼虫共分 6 龄,1 ~ 2 龄幼虫均可群集于幼苗顶心嫩叶处昼夜取食,这时食量很小,为害也不明显;3 龄后分散,幼虫行动敏捷、有假死习性、对光线极为敏感、受到惊扰即卷缩成团,白天潜伏于表土层下,夜晚出土从地面将幼苗植株咬断。5、6 龄幼虫食量大增,每条幼虫一夜能咬断菜苗 4 ~ 5 株。成虫昼伏夜出,成虫具有强烈的趋化性和趋光性,喜吸食糖蜜等带有酸甜味的汁液,故可用糖、醋、酒混合液诱杀。卵散产或数粒产生一起,每一雌蛾通常能产卵 1000 粒左右,卵产在土块上及地面缝隙内的占 60% ~ 70%,土面的枯草茎或须根草、杆上占 20%,杂草和作物幼苗叶片反面占 5% ~ 10%。

成虫形态特征: 成虫:体长 16 ~ 23 mm,翅展 42 ~ 54 mm;前翅黑褐色,有肾状纹、环状纹和棒状纹各一,肾状纹外有尖端向外的黑色楔状纹与亚缘线内侧 2 个尖端向内的黑色楔状纹相对。

成虫上灯时间: 河北省 4—10 月。

小地老虎成虫 泊头市
2018 年 5 月

小地老虎幼虫 安新县 张
小龙 2013 年 5 月

小地老虎雄成虫 安新县
张小龙 2018 年 5 月

小地老虎雌成虫 栾城区
焦素环 靳群英 2018 年 6 月

5. 白条夜蛾

中文名称： 白条夜蛾，*Argyrogramma albostriata*（Bremer et Grey），鳞翅目，夜蛾科。别名：白条银纹夜蛾。

为害： 寄主菊科的加拿大一枝黄花、蓬草等，幼虫取食叶片。

分布： 河北、湖南、黑龙江、陕西、北京、江苏、湖北、福建、广东。

生活史及习性： 成虫昼伏夜出，有趋光性，在加拿大一枝黄花植株的叶片背面产卵，卵散产。

成虫形态特征： 成虫体长 15 ～ 16 mm，翅展 33 ～ 36 mm。头部、胸部褐色，胸腹部具高耸的毛丛，胸部尤为显著，颈板前部色略淡，外有 1 黑色横线。前翅暗褐色，基线、内线及外线棕黑色，内线与外线之间色较深，1 褐白色斜条自中室沿 2 脉伸至外线，肾纹黑边，亚端线棕黑色，锯齿形；后翅淡褐色，翅脉及翅的外半部色较暗，缘毛淡褐色；腹部浅褐色。

幼虫绿色具白色条纹，初龄幼虫在叶背取食寄主嫩叶叶肉，残留叶片上表皮；2 龄后为害中部及以下叶片呈大面积孔洞，甚至只留下主脉基部和茎秆，大龄幼虫可取食任意部分的叶片，幼虫老熟后喜在下部老叶背吐丝结茧。该虫完成 1 个世代所需时间 25 ～ 31 d。

成虫上灯时间： 河北省 8—10 月。

白条夜蛾成虫 栾城区 焦素环
2018 年 9 月

6. 白线散纹夜蛾

中文名称： 白线散纹夜蛾，*Callopistria albolineola*（Graeser），鳞翅目，夜蛾科。

为害： 寄主植物为卷柏。

分布： 河北、北京、黑龙江。

成虫形态特征： 成虫体长 15 ～ 20 mm，翅展 28 mm。雄蛾触角基 1/3 处弯曲成弧形。前翅褐色，具白色、黑色、黄棕色等色斑，翅脉黄棕色至黄白色。内线白色双线，线间黑色，外线黑色双线，线间白色。亚缘线黄白色，锯齿形，外线和亚缘线内侧具黑斑，有时黑斑可向内扩大，甚至翅面除白斑外均呈黑色或黑褐色。

成虫上灯时间：河北省 6—9 月。

白线散纹夜蛾成虫 栾城区 焦素环

2018 年 8 月

7. 标瑙夜蛾

中文名称：标瑙夜蛾，*Maliattha signifera*（Walker），鳞翅目，夜蛾科。

为害：幼虫取食莎草科植物。

分布：河北、江苏、江西、福建、湖北、广东、香港、广西等地。

生活史及习性：幼虫取食莎草科植物。

成虫形态特征：成虫翅展 17～20 mm，前翅灰褐色，体背中央有 1 条镶黑边的黄褐色宽横带，上缘呈波状或锯齿状，下缘底色灰白色，近顶角及中央具黑色的杂斑，外观具有拟态鸟粪的行为。

成虫上灯时间：河北省 6—8 月。

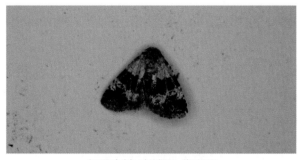

标瑙夜蛾 栾城区 焦素环

2018 年 6 月

8. 缤夜蛾

中文名称：缤夜蛾，*Moma alpium*（Osbeck），鳞翅目，夜蛾科。

为害：为害栎、桦、榉等树木。

分布：河北、黑龙江、北京、湖南、湖北、江西、福建、四川、云南。

生活史及习性：河北 1 年发生 1 代，成虫趋光性强，低龄幼虫群居，老熟后分散于同株上为害，咬食植物叶片呈孔洞，9 月幼虫老熟，在地表落叶下结茧化蛹越冬。

成虫形态特征：体长 14 mm，翅展 35 mm。头部及胸部灰绿色，颈板及翅基片有黑纹。前翅灰绿色，各横线均黑色，较粗，除双外线的外 1 线外，多有间断，内线前段约呈方形，环纹及肾纹白色，有粗而不完整的黑边，端区的中褶及亚中褶处各有 1 黑纹，亚中褶大部及外线的双线间大部白色，外线与亚端线间亦带白色，翅外缘有 1 列衬白的黑点，缘毛亦有 1 列黑点；后翅白色带褐色，横脉纹褐色，臀角处有 1 白色曲纹及 1 白直纹；腹部褐色，背面有 1 列黑毛簇。

成虫上灯时间：河北省 6—8 月。

缤夜蛾成虫 卢龙县 董建华
2018 年 7 月

9. 残夜蛾

中文名称：残夜娥，*Colobochyla salicalis*（Schiffermuller），鳞翅目，夜蛾科。别名：柳残夜蛾。

为害：柳树、杨树。

分布：河北、北京、天津、山西、内蒙古、黑龙江、吉林、辽宁、新疆。

成虫形态特征：成虫头、胸灰褐色，腹色稍淡。前翅褐灰色，内线暗褐色，在前缘脉后折角直线内斜，中横线褐衬黄，较直内斜，1 条褐线自顶角微曲内斜至后缘，内侧衬黄色，外侧较暗，缘线为黑点 1 列；后翅淡黄褐色，端区暗，臀角处分明。

成虫上灯时间：4—8 月。

残夜蛾成虫 固安县 齐智
2018 年 6 月

残夜蛾成虫 玉田县 孙晓计
2018 年 4 月

残夜蛾 阜城县 杜宏
2018 年 5 月

10. 达光裳夜蛾

中文名称：达光裳夜蛾，*Catocala davidi*（Oberthür），鳞翅目，夜蛾科。

分布：黑龙江、辽宁、北京、河北。

成虫形态特征：成虫体长 21～24 mm，翅展 48～50 mm。头及胸部红棕灰色。前翅褐灰色或暗褐灰色，散布黑棕细点，基线棕色或不明显、内横线及外横线棕黑色，波浪形；肾纹灰黄色，黑棕边，中央有黑棕色条纹，后方有一黑边黄斑；外线黑棕色，锯齿形；端线为一列黑点。后翅金黄色，后缘与各有一黑纵条，中带黑棕色外弯，在中室上角处窄缩，后端止于亚中褶；端带黑棕色，在亚中褶后中断；缘毛中段有一列小黑斑。腹部黄褐色。

达光裳夜蛾成虫 康保县 康爱国
2017 年 8 月

11. 大螟

中文名称：大螟，*Sesamia inferens*（Walker，1856），鳞翅目，夜蛾科，蛀茎夜蛾属。

为害：寄主有甘蔗、蚕豆、油菜、棉花、芦苇、水稻、玉米、高粱、麦、粟等。

分布：河北、上海、江苏、浙江、安徽、福建、江西、山东、台湾、北京、天津、山西、内蒙古、河南、湖北、湖南、广东、广西、海南、香港、澳门。河北省 2016 年在大名县、馆陶县发现幼虫为害。

生活史及习性：南方以为害水稻为主，近年来在河北省玉米田为害有逐渐加重趋势。全国从北到南 1 年发生 2～8 代，河北省发生 2～3 代，多以老熟幼虫在玉米秆内或近地面的土壤中越冬，次年 4 月上旬化蛹，5 月上旬交尾产卵，3～5 d 达高峰期，5 月中旬为孵化高峰期。第一代 6 月中旬至 7 月下旬，第二代 8 月上旬至下旬，成虫白天潜伏，傍晚开始活动，趋光性较弱，寿命 5 d 左右。雌蛾交尾后 2～3 d 开始产卵，3～5 d 达高峰期，喜在玉米苗上和地边产卵，多集中在玉米茎秆较细、叶鞘抱合不紧的植株靠近地面的第二节和第三节叶鞘的内侧，可占产卵量的 80% 以上。雌蛾飞翔力弱，产卵较集中，靠近虫源的地方，虫口密度大，为害重。刚孵化出的幼虫，不分散，群集叶鞘内侧，蛀食叶鞘和幼茎，1 d 后，被害叶鞘的叶尖开始萎蔫，3～5 d 后发展成枯心、断心、烂心等症状，植株停止生长，矮化，甚至造成死苗。开始被害株（即产卵株）常有幼虫 10～30 条。幼虫 3 龄以后，分散迁害邻株，可转株为害 2～6 株。以枯心苗的损失最大。

早春10℃以上的温度来得早，则大螟发生早。靠近村庄的低洼地及麦套玉米地发生重。

成虫形态特征：成虫雌蛾体长15 mm，翅展约30 mm，头部、胸部浅黄褐色，腹部浅黄色至灰白色；触角丝状，前翅近长方形，浅灰褐色，中间具小黑点4个排成四角形。雄蛾体长约12 mm，翅展27 mm，触角栉齿状。

成虫上灯时间：河北省6—8月。

左至右为玉米螟虫 大螟
桃蛀螟 馆陶县 马建英
2017年6月

大螟幼虫 河南省
2018年8月

大螟幼虫 馆陶县 陈立涛
2017年8月

 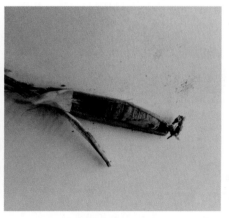

大螟成虫 大名县 崔彦哲
2016年8月

大螟蛹 馆陶县 陈立涛
2017年8月

12. 岛切夜蛾

中文名称：岛切夜蛾，*Euxoa islandica*（Staudinger），鳞翅目，夜蛾科。

为害：幼虫为害植物根部，靠近田边杂草多的为害重。

分布：河北北部、北京、黑龙江、青海、内蒙古等地。

形态：成虫翅展38 mm。头、胸褐色，前翅褐色稍暗，并布有细黑点；前缘区、后缘区受外横线与亚端线间色浅基横线、内横线黑色有1黑斑相连于亚中褶；环纹、肾纹灰色；环纹、肾纹间1黑斑；剑纹灰黑色；中横线黑色；亚端线浅褐色锯齿形，内侧1列黑齿纹。后翅浅褐色，端区暗。腹部灰褐色。

成虫上灯时间：河北省7月。

岛切夜蛾成虫 康保县 康爱国
2018 年 7 月

13. 稻金翅夜蛾

中文名称: 稻金翅夜蛾, *Chrysaspidia festucae*（Linnaeus），鳞翅目，夜蛾科。别名: 稻金斑夜蛾、棉铃实夜蛾、金翅蛾、青虫、弓腰虫。

为害: 主要为害水稻、小麦、稗草、三棱草等植物。幼虫食叶成缺刻，尤其是第一代幼虫在秧苗和分蘖期为害严重，影响分蘖成穗。越冬代幼虫为害小麦也很严重

分布: 河北、北京、天津、黑龙江、吉林、辽宁、上海、江苏、浙江、安徽、福建、江西、山东、山西、内蒙古、河南、湖北、湖南、广东、广西、海南、四川、贵州、云南、重庆、西藏、陕西、甘肃、青海、宁夏、新疆。

生活史及习性: 每年发生 4～5 代，越冬代成蛾于 5 月上旬至 6 月上旬盛发，第一代 6 月下旬至 7 月下旬，第二代 7 月下旬至 8 月上旬，第三代 8 月下旬至 9 月下旬，第四代 9 月下旬。卵期约 5 d，幼虫期 1 个月，蛹期 17 d。成虫有趋光性，喜在前半夜交配和产卵，把卵产在叶面、叶背或叶鞘上，常数粒至数十粒排在一起，稀疏。幼虫 5～7 头。1～3 龄幼虫吐丝下坠，借风扩散，5 龄、6 龄幼虫食量剧增，末龄幼虫化蛹在叶背面。夏季凉爽的年份发生重。

成虫形态特征: 成虫体长 13～19 mm，翅展 32～37 mm，头部红褐色，胸背棕红色，腹部浅黄褐色。前翅黄褐色，基部后缘区、端区具浅金色斑，内横线、外横线暗褐色，翅面中间具大银斑 2 个，缘毛紫灰色。雄蛾腹部较尖削，具翅组 1 根，雌蛾腹部较肥壮而圆，具翅缎 3 根。卵高 0.45 mm，宽 0.6 mm 左右，馒头形，约具 40 条纵棱，初乳白色，后变黄绿色至暗灰色。末龄幼虫体长 31～34 mm，绿色或青绿色，背线青绿色，亚背线、侧线白色或黄白色，较细，气门线较宽、黄色，1、2 对腹足退化。蛹长 17～19 mm，能看见成虫期斑纹，背面具花斑，臀棘 2 根，两侧有 1 对鱼钩状小刺。

成虫上灯时间: 河北省 5—9 月。

稻金翅夜蛾成虫　承德县　王松
2018 年 8 月

稻金翅夜蛾成虫　正定县　李智慧
2017 年 9 月

14. 豆髯须夜蛾

中文名称：豆髯须夜蛾，*Hypena tristalis*（Lederer），鳞翅目，夜蛾科。

为害：寄主为大豆、野线麻、荨麻、春榆、葛、尖叶长柄山蚂蝗等植物。幼虫多为植食性，少数捕食其他昆虫。成虫多夜间活动，有些种类成虫吸食果汁。

分布：北京、河北、黑龙江。

成虫形态特征：成虫翅展 28 ～ 32 mm；头、胸部棕褐色；前翅棕褐色，有棕黑色细纹；内线黑色，外线波浪形沿黑斑外缘向后伸出，亚端线、端线为 1 列。

成虫上灯时间：河北省 8 月。

豆髯须夜蛾　承德县　王松
2018 年 8 月

15. 二点委夜蛾

中文名称：二点委夜蛾，*Athetis lepigone*（Moschler1860），鳞翅目、夜蛾科、委夜蛾属。

为害：二点委夜蛾寄主多、食性杂，据报道目前已发现该虫可为害 13 科 30 多种作物，在中国黄淮海地区以第二代幼虫为害夏播玉米苗为主。该虫在玉米出苗至 2 叶期，可以从基部咬断玉米嫩茎，或取食玉米叶片，形成孔洞、缺刻、破损等症状；在玉米幼苗 3 至 6 叶期，钻蛀玉米茎基部，形成圆形或椭圆形孔洞，钻蛀较深切断生长点时，心叶失水、萎蔫，形成枯心苗；在玉米幼苗 6 至 10 叶期，二点委夜蛾取食玉米植株气生根近地嫩尖，造成玉米苗倾斜或侧倒。

分布： 河北、北京、天津、黑龙江、吉林、辽宁、内蒙古、宁夏、陕西、山西、山东、陕西、河南、江苏、湖北、安徽等。

生活史及习性： 二点委夜蛾在黄淮海夏玉米产区 1 年发生四代，以老熟幼虫在茧内越冬。河北省 3 月末至 4 月初，越冬代成虫开始羽化，一代幼虫主要在麦田为害，5 月下旬至 7 月上旬羽化为一代成虫。一代成虫产卵于近地表麦秸、麦茬基部、玉米茎基部、裸露的土壤表面。6 月中下旬卵孵化为二代幼虫（主害代幼虫），在夏玉米田为害玉米幼苗，幼虫为害盛期在 6 月底至 7 月初。7 月中下旬进入二代成虫羽化盛期，多数分散开至甘薯、花生等田间产卵，幼虫主要在甘薯地、花生地、棉田、豆田等为害非禾本科植物。11 月中旬老熟幼虫开始陆续吐丝做茧进入越冬休眠期。二点委夜蛾食性杂，是一种兼食腐性的昆虫。成虫具有趋光性。幼虫具有隐蔽性，白天潜伏在夏玉米田的碎麦秸覆盖下的表土层，夜间出行觅食活动为害玉米苗，喜阴、喜湿。幼虫具有假死性。

成虫形态特征： 体长 10 ~ 12 mm，翅展 20 mm。雌虫体会略大于雄虫。头、胸、腹灰褐色。前翅灰褐色，有暗褐色细点；内线、外线暗褐色，环纹为一黑点；肾纹小，有黑点组成的边缘，外侧中凹，有一白点；外线波浪形，翅外缘有一列黑点。后翅白色微褐，端区暗褐色。腹部灰褐色。

成虫上灯时间： 河北省 3—9 月。

二点委夜蛾成虫 灵寿县 周树梅
2017 年 9 月

二点委夜蛾成虫 易县 郭泉龙
2012 年 6 月

二点委夜蛾成虫 正定县 李智慧
2019 年 3 月

二点委夜蛾卵 安新县
张小龙 2013 年 6 月

二点委夜蛾 1 ~ 2 龄幼虫 安新县
张小龙 2014 年 6 月

二点委夜蛾幼虫 河北省植保植
检站 姜京宇 2011 年 6 月

二点委夜蛾越冬幼虫 河北省植
保植检站 姜京宇 2011 年 10 月

二点委夜蛾蛹 安新县
张小龙 2016 年 7 月

二点委夜蛾越冬虫茧 姜京宇
2012 年 12 月

16. 乏夜蛾

中文名称：乏夜蛾，*Chytonix segregata*（Butler），鳞翅目，夜蛾科。别名：葎草流夜蛾。

为害：葎草流夜蛾仅以葎草为食，不食害其他植物，具有幼虫期长，生活力强，食量大等特点。

分布：河北、北京、陕西、黑龙江、内蒙古、山西、河南、山东、江苏、浙江、福建、云南等。

生活史及习性：乏夜蛾在冀东地区 1 年发生 4 代，以蛹越冬。翌年 5 月上旬越冬代成虫出现，10 月末化蛹结束。成虫具趋光性和补充营养的习性，多将卵产在寄主植物叶背。

成虫形态特征：体长 11 mm 左右，翅展 28 ～ 30 mm。头部及胸部灰褐色，下唇须褐色杂白色，足跗节有白斑，前翅褐色，中央有明显的暗褐色宽带，基线灰白色，外弯至中室，内侧有 1 个黑褐斑，内线黑色，内侧衬灰白色，外斜至中褶折角内斜，中线暗褐色，只前半可见外斜至肾纹，肾纹褐色灰白边，外线黑色，外侧衬灰白色，前端内侧另一灰白线，在 4、7 脉各成 1 外凸齿，后半微波曲，亚端线灰白色，仅前半明显，与外线间黑色约扭角形，端线黑棕色，缘毛中部有 1 条白线，后翅褐色。

成虫上灯时间：河北省 4 月下旬至 9 月。

乏夜蛾成虫 馆陶县
2018 年 6 月

乏夜蛾雄成虫 栾城区 焦素环
2018 年 7 月

17. 粉缘钻夜蛾

中文名称：粉缘钻夜蛾，*Earias pudicana*（Staudinger），属鳞翅目，夜蛾科。别名：柳金刚钻、粉缘金刚钻、一点金刚钻、一点钻夜蛾。

为害：为害毛白杨、柳。初孵化幼虫吐丝，将嫩叶缀连成巢，居其中蛀食叶肉，并能钻入预芽为害。虫龄较大的幼虫则将叶子吃成缺刻。

分布：北京、河北、黑龙江、辽宁、山西、宁夏、河南、山东、江苏、浙江、湖北、湖南、江西。

生活史及习性：在河北省一年发生 1～2 代，以蛹越冬。翌年 4 月中、下旬羽化为成虫，发生期不整齐，5—9 月均可见到不同虫龄的幼虫，9 月上、中旬到 10 月上旬越冬。 成虫昼伏夜出，有趋光性。成虫交尾后产卵于嫩叶或嫩芽的尖端。非越冬老熟幼虫在卷叶或虫巢内作茧化婉。越冬老熟幼虫则在落叶和地被物上、树皮裂缝内或技干的隐蔽处结茧化蛹。

成虫形态特征：体长 8～10 mm，翅展 20～23 mm。头、胸部粉绿色，触角黑褐色，下唇须灰褐色。前翅黄绿色，前线基部黄色有红晕，中室端部有 1 个明显的紫褐色圆斑、外线及缘毛黑褐色。后翅灰白色，略透明，绿毛白色。腹部及足皆为白色，附节紫褐色。卵包子形，直径 0.4 mm，灰蓝色。

成虫上灯时间：河北省 4—9 月。

<table>
<tr><td>粉缘钻夜蛾（一点金刚钻）成虫
栾城区 焦素环 2018 年 9 月</td><td>粉缘钻夜蛾（一点金刚钻）
栾城区 焦素环 2018 年 9 月</td></tr>
</table>

18. 枫香尾夜蛾

中文名称：枫香尾夜蛾，*Eutelia adulatricoides*（Mell，1943），鳞翅目，夜蛾科，委夜蛾亚科。别名鹿尾夜蛾。

分布：河北、湖南、广东。

成虫形态特征：体长 14 mm，翅展 33 mm。头部及胸部棕褐色。前翅灰褐色，翅面密布灰白色的横纹，纵脉灰白色，近基部有一条灰白色细纹横跨前胸背板，前翅宽大，近顶角及臀角区各有 1 枚大型的白斑，外线为紫色、灰白色、蓝色等多条波状纹，近后缘端部蓝色，中室前后端各有 1 枚不明显的灰白色椭圆形斑。后翅白色，端 1/3 暗褐色，近臀角处 1 白曲纹，隐约可见暗褐色外线及横脉纹，腹部棕褐色。成虫翅型宽大但停栖时前翅会缩摺，尾部上翘，体背的灰白色像蜘蛛的丝线，乍看像一只被蜘蛛捆绑的蛾，造型十分奇特。

成虫上灯时间：河北省 8 月。

枫香尾夜蛾成虫　安新县　张小龙

2018 年 8 月

枫香尾夜蛾　大名县　崔延哲

2018 年 8 月

19. 甘蓝夜蛾

中文名称：甘蓝夜蛾，*Mamestra brassicae*（Linnaeus），鳞翅目，夜蛾科。

为害：桑、葡萄、棉、麦、麻、烟草、甜菜、高粱及十字花科蔬菜。

分布：河北、黑龙江、吉林、辽宁、内蒙古、山西、北京、四川、湖南、陕西、甘肃、宁夏、青海、河南、西藏、湖北等地。

生活史及习性：在河北省一年 2～3 代，以蛹在土表下 10 cm 左右处越冬，翌年 5 月上旬至 6 月上旬越冬代成虫羽化。成虫昼伏夜出，有趋光性，成虫需要取食蜜露补充营养。卵块产，幼虫共 6 龄，孵化后有先吃卵壳的习性，群集叶背进行取食，2～3 龄开始分散为害，4 龄后昼伏夜出进行为害，幼虫老熟后潜入 6～10 cm 表土内作土茧化蛹。甘蓝夜蛾是一种间歇性局部大发生的害虫，一年内常在春、秋季暴发成灾。甘蓝夜蛾是一种间歇性局部大发生的害虫，一年内常在春、秋季暴发成灾。

成虫形态特征：体长 18～25 mm，翅展 45～50 mm。头、胸部暗褐色杂灰色，额两侧有黑纹。前翅褐色，基线、内线均黑色双线，波浪形；剑纹短，黑边；环纹斜圆，淡褐色，黑边；肾纹白色，中有黑圈，后半有 1 黑色小斑，黑边；外线黑色锯齿形；亚端线黄白色，在 M3、Cu1 脉呈锯齿形；端线为 1 列黑点。后翅淡褐色。腹部灰褐色。

成虫上灯时间：河北省 4—9 月。

甘蓝夜蛾雄成虫　正定县　李智慧

2017 年 9 月

甘蓝夜蛾雄成虫　丰宁县

杨保峰 2018 年 7 月

甘蓝夜蛾卵 正定县 李智慧
2009 年 4 月

甘蓝夜蛾幼虫 平山县 韩丽
2010 年 6 月

20．甘薯绮夜蛾

中文名称：甘薯绮夜蛾，*Acontia trabealis*（Scopoli），鳞翅目，夜蛾科。又称为谐夜蛾。

为害：幼虫蚕食取食甘薯、田旋花叶片。

分布：河北、黑龙江、内蒙古、河南、新疆、江苏、广东等地。

生活史及习性：一年发生 2 代，以蛹在土室中越冬，翌年 7 月中旬期羽化为成虫，产卵于寄主嫩梢的叶背面，卵单产；初孵幼虫黑色，3 龄后花纹逐渐明显，幼虫十分活跃。

成虫形态特征：体长 8～10 mm，翅展 19～22 mm。头、胸黄色，头顶、颈板和翅基片有黑斑；前翅黄色，中室后有二黑条，外线黑色，与二黑条相接，环纹与肾纹为黑色小圆斑，翅前缘有五个小黑斑，臀角有二小黑斑，缘毛除顶角外均黑色；后翅褐色带黑色，中室有一小黑斑；腹部褐黄色。

成虫上灯时间：河北省 5—9 月。

甘薯绮夜蛾成虫 永年区
王俊英 2018 年 8 月

21．钩尾夜蛾

中文名称：钩尾夜蛾，*Eutelia hamulatrix*（Draudt），鳞翅目，夜蛾科。

分布：河北、北京、陕西、甘肃、青海、河南、安徽、浙江、湖北、四川等地。

成虫形态特征：翅展 31～33 mm，体及前翅灰棕色至灰褐色，前翅内横线双线黑色，波形；

环形纹和肾形纹均为灰色有黑边，肾形纹中有褐纹，外横线双线黑色，在中部呈 2 个外突齿；翅顶角及外缘颜色明显的浅，在外线两刺突间具 1 明显黑斑。幼虫取食臭椿，成虫具趋光性。

成虫上灯时间：河北省 4—8 月。

钩尾夜蛾 栾城区 焦素环
2018 年 7 月

22. 蒿冬夜蛾

中文名称： 蒿冬夜蛾，*Cucullia Fraudatrix*（Eversmann），鳞翅目，夜蛾科。

为害： 幼虫取食蒿属植物，寄主为莴苣、蒿。

分布： 河北、北京、内蒙古、吉林、辽宁、浙江等地。

成虫形态特征： 翅展约 36 mm，头、胸灰褐色。前翅灰褐色，前缘区基部灰白色；亚中褶基部 1 黑纵纹；内横线黑色，内侧衬白，外侧亦带白色；环纹、肾纹灰色，后者后端外突；外横线暗灰色波浪形；亚端线灰色，前段内侧微黑，M3 脉前及 Cu2 脉后各 1 黑纵纹穿过。后翅黄白，带灰黑色。腹部褐黄带灰色。

成虫上灯时间： 河北省 7—8 月。

蒿冬夜蛾成虫 安新县 张小龙
2018 年 8 月

蒿冬夜蛾成虫 承德县 王松
2018 年 7 月

23. 黑点贫夜蛾

中文名称：黑点贫夜蛾，*Simplicia rectalis*（Eversmann），鳞翅目，夜蛾科。

分布：河北、北京、黑龙江、吉林、江苏等地。

成虫形态特征：翅展 27～32 mm；体前及前翅黄褐色至灰褐色，唇须长，前伸稍微上翘。前翅布满褐色鳞片，内线横和中横线褐色，稍波形，中室处具一黑点；亚端线直，黄褐色。

成虫上灯时间：河北省 5—9 月。

黑点贫夜蛾 承德县 王松 2018 年 8 月	黑点贫夜蛾 枣强县 2018 年 6 月	雪疽夜蛾成虫（雌）安新县 张小龙 2018 年 5 月

24. 红粘夜蛾

中文名称：红粘夜蛾，*Mythimna rufipennis*（Butler），鳞翅目，夜蛾科。

分布：河北、北京、浙江。

成虫形态特征：翅展 30～32 mm，体及前翅锈红色，散生黑褐色小点，前翅内线在中部外突，外线较直，近前翅内折，而近后缘外折，后翅大部分黑褐色。

成虫上灯时间：河北省 8 月。

红粘夜蛾成虫 卢龙县 董建华 2018 年 8 月	红粘夜蛾雌成虫 卢龙县 董建华 2018 年 8 月

25. 红棕灰夜蛾

中文名称：红棕灰夜蛾，*Polia illoba*（Butler），鳞翅目，夜蛾科。别名：桑夜盗虫。

为害：寄主植物有桑、茄子、君达菜、胡萝卜、甜菜、草莓、枸杞、菊、茼蒿、菜豆、草食蚕、豌豆、苜蓿、大豆、双豆、黑莓等。特别是对月季为害更为严重，幼虫食叶成缺刻或孔洞，严重时可把叶片食光。也可为害嫩头、花蕾和浆果，造成叶片残缺不全。

分布：河北、黑龙江、内蒙古、甘肃、江苏、江西等。

生活史及习性： 在东北1年发生2代。以蛹在土中越冬，4月下旬至9月上旬是成虫发生期，5月中、下旬至6月中旬及8月下旬至9月中旬是幼虫为害盛期，6月下旬至7月中旬及10月上旬为化蛹期，成虫于植物叶片上产卵，每块卵有卵150粒左右。幼虫有假死性，遇惊扰即卷缩身体呈环状。

成虫形态特征： 体长15～17 mm，翅展38～41 mm，头胸及前翅红褐色，腹部及后翅灰褐色，前翅环纹和肾状纹较粗，灰色，外缘隐约可见锯齿形。端线色浓而粗，曲度平衡。

成虫上灯时间： 河北省5—8月。

红棕灰夜蛾成虫　宣化区　2018年6月　　红棕灰夜蛾雌成虫　安新县　张小龙　2018年5月　　红棕灰夜蛾幼虫　河北农业大学　王勤英　2018年8月

26. 弧角散纹夜蛾

中文名称： 弧角散纹夜蛾，*Callpistria duplicans*（Walker），鳞翅目，夜蛾科。

为害： 为害低草本植物。在河南为害玉米、小麦、甘蓝、大豆、花生、白菜。

分布： 河北、北京、新江、四川、山东，江苏、江西、台湾、福建、海南。

成虫形态特征： 腹部暗褐色，各节末端淡黄色；前翅棕褐色，翅脉淡黄色，基线白色，两侧黑色，内线双线白色，线间黑色，环纹黑色，白边，窄斜，肾纹白色，中央有1黑曲条及1褐曲纹，外线双线黑色，线间白色，外侧较宽红褐色，亚端线黄白色，锯齿形，在4脉处齿尖达端线，端线白色；后翅灰棕色，微有黄光。

成虫上灯时间： 河北省8月。

弧角散纹夜蛾成虫　承德县　王松　2018年8月　　弧角散纹夜蛾成虫　平泉市　李晓丽　2018年8月

27. 胡桃豹夜蛾

中文名称： 胡桃豹夜蛾，*Sinna extrema*（Walker），鳞翅目，夜蛾科。

为害： 为害核桃科的核桃属、枫杨属、青钱柳属、山核桃属、黄杞属、化香属以及玄参科的泡桐属植物。以幼虫取食叶片为害。

分布： 河北、黑龙江、陕西、河南、江苏、浙江、江西、湖北、湖南、四川。

生活史及习性： 河北1年发生4代。以老熟幼虫在矮小灌木、杂草及枯枝落叶中结茧化蛹越冬。成虫羽化期分别为5月中旬、7月中旬、8月中旬、9月中旬。成虫具有较强趋光性。

成虫形态特征： 体长15 mm，翅展32～40 mm。头部及胸部白色，颈板、翅基片及前后胸有橘黄斑；前翅橘黄色，有许多白色多边形斑，外线为完整的白色曲折带，顶角1大白斑，其中有4个小黑斑，外缘，后部有3个黑点；后翅白色微褐；腹部黄白色，背面微褐。

成虫上灯时间： 河北省5—10月。

胡桃豹夜蛾成虫 安新县 张小龙 2018年10月　　胡桃豹夜蛾成虫 河北农业大学 王勤英 2019年5月　　胡桃豹夜蛾幼虫 河北农业大学 王勤英 2018年8月

28. 黄条冬夜蛾

中文名称： 黄条冬夜娥，*Cucullia biornata*（Fishcher），鳞翅目，夜蛾科。

为害： 为害苜蓿等作物。

分布： 河北、内蒙古、辽宁、青海、新疆。

成虫形态特征： 体长21～22 mm，翅展46～51 mm。头部黄白杂暗褐色，胸部灰色杂暗褐色，颈板有2黑棕色细线。前翅褐灰黄色，翅脉黑棕色，亚中褶及中室外半部明显淡黄色，亚中褶基部有1黑纵线内线及外线黑棕色，仅在亚中褶后可见深锯齿形；端区各脉间有褐线及淡黄色细纵线。后翅黄白色，端区微带色。腹部黄白带灰色，腹端有灰黄色长毛。

成虫上灯时间： 河北省6月。

黄条冬夜蛾雄成虫 万全区 薛鸿宝 2018年6月

29. 黄紫美冬夜蛾

中文名称：黄紫美冬夜蛾，*Cirrhia togata*（Esper），鳞翅目，夜蛾科。

为害：为害黄华柳。

分布：河北、黑龙江、新疆。

成虫形态特征：体长 12 mm 左右；翅展 33 mm 左右。头部及颈板紫棕色；胸部黄色；前翅黄色，基线紫棕色达 1 脉，外侧诱三角形紫棕斑，其后端尖，后方在 1 脉前有 1 小紫斑，内线紫棕色，间断，环纹黄色，边缘紫棕色，不完整，肾纹黄色，中有 2 紫点，中线紫棕色波浪形外弯，外线双线紫棕色锯齿形，中线与外线间带紫棕色，亚端线紫棕色，中段外弯，前后端内侧带紫棕色，外侧有一列紫棕色小斑，端线为一列紫棕色点，缘毛紫棕色；后翅淡黄色，外线暗褐色。

成虫上灯时间：河北省 9—10 月。

黄紫美冬夜蛾成虫 安新县 张小龙
2018 年 10 月

30. 灰猎夜蛾

中文名称：灰猎夜蛾，*Eublemma arcuinna*（Hübner），鳞翅目，夜蛾科。

分布：黑龙江、内蒙古、北京、河北、新疆、陕西、山东。

成虫形态特征：成虫翅展 27 ～ 29 mm。头、胸浅褐灰色。前翅灰褐色，内横线、外横线黑色波浪形，内横线前端黑点状，外横线外侧衬灰白色；中横线黑褐色，外侧衬白色，内侧模糊黑色；亚端线微白，内侧衬黑色，与外横线间有 1 黑色波浪形线，不清晰；端线为 1 列黑长点。后翅黑褐色，中横线黑色模糊，外横线仅前半可见，亚端线白色模糊；端线黑色，内侧 Cu1、M3 脉间 1 黑褐斑。腹部浅褐灰色。

成虫上灯时间：河北省 8 月。

灰猎夜蛾 武邑县 杨新振
2018 年 8 月

31. 棘翅夜蛾

中文名称： 棘翅夜蛾，*Scoliopteryx libatrix*（Linnaeus），鳞翅目，夜蛾科。

为害： 主要为害柳、杨。

分布： 北京、河北、黑龙江、辽宁、陕西、河南、云南。

成虫形态特征： 翅展约 35 mm。头部褐色。前翅灰褐色，布有黑褐色细点，翅基部、中室端部及中室后橘黄色，密布血红色细点；内横线白色，自前缘脉外斜至中室前缘折向后，至中室后像折角呈直线外斜；环纹只现 1 白点；肾纹容，灰色，不清晰，前后部各有 1 黑点；外横线双线白色，线间暗褐色，在前缘脉上为 1 模糊白粗点；亚端线白色，不规则波曲，在 Cu1 至 M3 脉间明显外凸，在前缘区白色明显；中室后缘及端区各翅脉白色；顶角外凸成齿，其后的翅外缘凹，外缘中部外凸成因，其后的翅外缘锯齿形。后翅暗揭色，隐约可见黑褐色外横线，自前缘后较直内斜，亚端线微弱。腹部灰褐色。

成虫上灯时间： 河北省 6—8 月。

| 棘翅夜蛾成虫 承德县 王松 2018 年 7 月 | 棘翅夜蛾成虫 平泉市 李晓丽 2018 年 8 月 | 棘翅夜蛾成虫 万全区 薛鸿宝 2018 年 6 月 |

32. 井夜蛾

中文名称： 井夜蛾，*Dysmilichia gemella*（Leech，1889），鳞翅目，夜蛾科。

分布： 北京、黑龙江、河北、浙江、福建、四川等地。

成虫形态特征： 成虫翅展 32～34 mm。头、胸黄褐色。前翅棕色，基横线为 3 个黄白点；内横线为 1 列黄白圆斑；环纹、肾纹白色，肾形纹由 2 个 "U" 形白斑组成，每个斑内具 1 白点，肾形纹总体呈 "3" 字形；外线由 2 列白斑组成，内列斑较大。后翅浅褐色。腹部褐黄色。

成虫上灯时间： 河北省 7—9 月。

| 井夜蛾成虫 卢龙县 董建华 2018 年 9 月 | 井夜蛾成虫 卢龙县 董建华 2018 年 8 月 | 井夜蛾成虫 卢龙县 董建华 2018 年 8 月 |

33．客来夜蛾

中文名称：客来夜蛾，*Chrysorithrum amata*（Bremer et Grey，1853），鳞翅目，夜蛾科。

为害：为害胡枝子。

分布：河北、内蒙古、北京、辽宁、吉林、陕西、山东、浙江、湖北、湖南、云南等地。

成虫形态特征：体长 22～24 mm，翅展 64～67 mm。头部及胸部深褐色；前翅灰褐色，密布棕色细点，基线与内线均白色外弯，线间深褐色，成 1 条宽带，环纹为 1 列黑色圆点，肾纹不显，中线细，外弯，前端外侧色暗，外线前半波曲外弯，至 3 脉返回并升至中室顶角，然后与中线贴近并行至后缘，亚端线灰白，在 4 脉处明显内弯，外线与亚端线间暗褐色，约呈"丫"字形；后翅暗褐，中部 1 条橙黄色带，顶角 1 个黄斑，臀角 1 条黄纹；腹部灰褐色。

成虫上灯时间：河北省 4—8 月。

客来夜蛾成虫 卢龙县 董建华
2018 年 7 月

客来夜蛾雌成虫 卢龙县 董建华
2018 年 7 月 10 日

34．宽胫夜蛾

中文名称：宽胫夜蛾，*Protoschinia scutosa*（Denis et Schiffermüller），鳞翅目，夜蛾科。

为害：寄主植物艾属、藜属，以幼虫食叶。

分布：河北、陕西、甘肃、青海、内蒙古、山东、湖南、江苏等地。

成虫形态特征：体长 11～15 mm；翅展 31～35 mm。头部及胸部灰棕色，下胸白色；腹部灰褐色；前翅灰白色，大部分有褐色点，基线黑色，只达亚中褶，内线黑色波浪形，后半外斜，后端内斜，剑纹大，褐色黑边，中央 1 淡褐纵线，环纹褐色黑边，肾纹褐色，中央 1 淡褐曲纹，黑边，外线黑褐色，外斜至 4 脉前折角内斜，亚端线黑色，不规则锯齿形，外线与亚端线间褐色，成 1 曲折宽带，中脉及 2 脉黑褐色，端线为 1 列黑点；后翅黄白色，翅脉及横脉纹黑褐色，外线黑褐色，端区有 1 黑褐色宽带，2～4 脉端部有 2 黄白斑，缘毛端部白色。幼虫头部及身体青色，背线及气门线黄色黑边，亚背线有黑斑点。

成虫上灯时间：河北省 5—8 月。

宽胫夜蛾成虫 巨鹿县 郝向娜
2018 年 5 月

宽胫夜蛾成虫 鹿泉区 张立娇
2018 年 8 月

宽胫夜蛾成虫 栾城区 焦素环 靳群英
2018 年 7 月

35. 梨剑纹夜蛾

中文名称：梨剑纹夜蛾，*Acronicta rumicis*，鳞翅目，夜蛾科。

为害：玉米、白菜（青菜）、苹果、桃、梨。

分布：河北、黑龙江、内蒙古、新疆、台湾、广东、广西、云南。

生活史和习性：在辽宁 1 年发生 2 代，自 4 月下旬至 8 月上旬均可诱到成虫。幼虫 5 月下旬至 8 月上旬为害大豆，8 月上旬至 9 月中旬在棉花、大豆、花生上均有幼虫为害。幼虫不活泼，行动迟缓。以蛹在土中越冬。

成虫形态特征：体长约 14 mm，翅展 32 ～ 46 mm。头部及胸部棕灰色杂黑白毛；额棕灰色，有 1 黑条；跗节黑色间以淡褐色环；腹部背面浅灰色带棕褐色，基部毛簇微带黑色；前翅暗棕色间以白色，基线为 1 黑色短粗条，末端曲向内线，内线为双线黑色波曲，环纹灰褐色黑边，肾纹淡褐色，半月形，有 1 黑条从前缘脉达肾纹，外线双线黑色，锯齿形，在中脉处有 1 白色新月形纹，亚端线白色，端线白色，外侧有 1 列三角形黑斑，缘毛白褐色；后翅棕黄色，边缘较暗，缘毛白褐色。

成虫上灯时间：河北省 9 月。

梨剑纹夜蛾成虫 武邑县 杨新振
2018 年 9 月

36．桑剑纹夜蛾

中文名称：桑剑纹夜蛾，*Acronicta major*（Bremer），鳞翅目，夜蛾科。别名：大剑纹夜蛾、桑夜蛾、香椿灰斑夜蛾。

为害：幼虫为害桑、桃、梅、李、柑橘等。

分布：黑龙江、吉林、辽宁、北京、天津、山西、河北、内蒙古、陕西、甘肃、青海、宁夏、新疆、上海、江苏、浙江、安徽、福建、江西、山东、台湾、河南、湖北、湖南、广东、广西、海南、香港、澳门、四川、贵州、云南、重庆、西藏。

生活史及习性：1年生1代，以茧蛹于树下土中和梯田缝隙中滞育越冬，翌年7月上旬羽化，7月下旬进入盛期，羽化后经5～6 d取食补充营养后即交配产卵，卵于7月中下旬始见，8月初为产卵盛期，卵期7 d，7月下旬幼虫始见，8月上中旬进入孵化盛期。幼虫期30～38 d，老熟幼虫于9月上旬下树结茧化蛹。成虫多在下午羽化出土，白天隐蔽，夜间活动，具趋光性、趋化性。卵多产在枝条下近端部嫩叶叶面上，数十至数百粒一块，每雌可产卵500～600粒。初孵幼虫群集叶上啃食表皮、叶肉成缺刻或孔洞，仅留叶脉，3龄后可把叶吃光，残留叶柄，有转枝、转株为害习性。

成虫形态特征：体长27～29 mm，翅展62～69 mm。头、胸灰白色带褐，体深灰色，腹面灰白色；前翅灰白色至灰褐色，剑纹黑色，翅基剑纹树枝状，端剑纹2条，肾纹外侧1条较粗短，近后缘1条较细长，2条均不达翅外缘；环纹灰白色较小，黑边；肾纹灰褐色较大，具黑边；内线灰黑色，前半部系双线曲折，后半部为单线，较直且不明显；中线灰黑色，外线为锯齿形双线，外侧者黑色，内侧者灰白色，缘线由1列小黑点组成。后翅灰褐色，外横线可见。

成虫上灯时间：河北省6—9月。

桑剑纹夜蛾成虫 泊头市 吴春娟

2018年7月

37．桃剑纹夜蛾

中文名称：桃剑纹夜蛾，*Acronicta intermedia*（Werren），鳞翅目，夜蛾科。别名：苹果剑纹夜蛾。

为害：以幼虫蚕食桃、梨、梅、山楂、杏等果树叶片。

分布： 河北、北京、山东、云南、黑龙江、内蒙古、新疆、广东、广西、云南、甘肃、青海、四川、云南，西藏。

生活史和习性： 一年发生 2 代，以蛹在地下土中或树洞、裂缝中作茧越冬。越冬代成虫发生期在 5 月中旬到 6 月上旬，第一代成虫发生期在 7—8 月间。卵散产在叶片背面叶脉旁或枝条上。

成虫形态特征： 体长 18 ～ 22 mm。前翅灰褐色，有 3 条黑色剑状纹，一条在翅基部呈树状，两条在端部。翅外缘有一列黑点。

成虫上灯时间： 河北省 8 月。

桃剑纹夜蛾成虫　武邑县　杨新振
2018 年 8 月

38. 小剑纹夜蛾

中文名称： 小剑纹夜蛾，*Acronicta omorii*（Matsumura，1926），鳞翅目，夜蛾科。

分布： 北京、河北。

成虫形态特征： 翅展 33 ～ 37 mm；前翅褐灰色，具黑色斑纹，翅基具黑色纵纹伸达内线，内线双线黑色，呈大波浪形，环形纹灰色黑边；肾形纹灰色黑边，内有稍深色区；外线黑色，在近中部具 2 个小齿突，近后角具 1 条黑纵纹，伸达翅缘。

成虫上灯时间： 河北省 6—9 月。

小剑纹夜蛾成虫　固安县　杨宇
2018 年 6 月

39. 麦叒夜蛾

中文名称： 麦叒夜蛾，*Amphipoea fucosa* (Freyer)，鳞翅目，夜蛾科。

为害： 寄主作物以小麦为主，莜麦、大麦、玉米、谷子等次之，是一种钻蛀性害虫。初孵幼虫爬上麦株在第一片真叶上咬成不规则小孔或缺刻，然后蛀入心叶；2 龄后幼虫可自土表植株绿白相间部位蛀孔钻入作物加害，吃光根茎，只剩表皮，造成枯心苗，以致整株枯死；3～5 龄幼虫性活泼、食量大，为主要为害阶段；老龄幼虫转入土壤中栖息活动，并常在近地面处将植株咬断，造成全株死亡。被害部位附近常积有大量虫粪和作物碎屑。

分布： 河北、黑龙江、内蒙古、青海、新疆、北京、湖北。

生活史及习性： 1 年发生 1 代，以卵在作物近地面的叶鞘内侧越冬。越冬卵 4 月底孵化，孵化不整齐。幼虫共 6 龄，幼虫期 55～60 d，老熟幼虫在作物根部土下 0～3 cm 处筑土室化蛹，少数在地埂杂草根际附近较深处化蛹。6 月下旬始见蛹，盛期在 7 月上中旬，8 月下旬基本结束。成虫于 7 月上旬始见，盛发期在 8 月上旬。成虫昼伏夜出，有趋光性及趋化性。卵多产于作物、杂草近地面的枯叶叶鞘内侧，以近地面 2～3 cm 处为多。卵排列成块，每块平均 16.8 粒。由于卵是成块产的，所以其幼虫在田间多呈核心分布。

成虫形态特征： 成虫体长 15～18 mm，翅展约 31～35 mm。前翅色型变化较大，一般黄至黄褐色，有的为锈红色。环形斑黄色，肾形斑黄或白色。基线、亚基线褐色呈双曲线。亚外缘线褐色双曲线，双线中间色较浅，至顶角部分略呈灰黄色三角斑。后翅浅褐色。

成虫上灯时间： 河北省 7—8 月。

麦叒夜蛾成虫 康保县 康爱国
2018 年 8 月

40. 毛魔目夜蛾

中文名称： 毛魔目夜蛾，*Erebus pilosa* (Leech，1900)，鳞翅目，夜蛾科。

分布： 河北、湖北、江西、四川、云南。

成虫形态特征： 体长 33 mm 左右；翅展 90 mm 左右。头部、胸部及腹部棕褐色；雄蛾前翅黑褐色带青紫色闪光，内半部在中室后被以褐色香鳞，内线黑色达中脉，肾纹红褐色，后端成二齿，有少许银蓝色，黑边，中线半圆形外弯，绕过肾纹，内侧褐色，与肾纹之间黑色，中线外有一外弯粗暗线，外线白色，波浪形外弯；后翅端带窄，紫蓝色。雌蛾前翅内线达后缘，中线在肾纹后波浪形至后缘；后翅可见中线及白色波浪形外线。

成虫上灯时间：河北省 8 月。

毛魔目夜蛾成虫 邯郸市 毕章宝
2017 年 8 月

41. 霉巾夜蛾

中文名称： 霉巾夜蛾，*Dysgonia maturata*（Walker，1858），鳞翅目，夜蛾科。

为害： 为害重阳木、楝李等。

分布： 河北、江苏、浙江、湖北、江西、重庆、四川、贵州、广东等地。

成虫形态特征： 体长 18～20 mm；翅展 52～55 mm。头部及颈板紫棕色；胸部背面暗棕色，翅基片中部 1 条紫色斜纹，后半带紫灰色；前翅紫灰色，内线以内带暗褐色，内线较直，稍外斜，中线直，内、中线间大部紫灰色，外线黑棕色，在 6 脉处成外突尖齿，然后内斜，至 1 脉后稍外斜，亚端线灰白色，锯齿形，在翅脉上成白点，顶角至外线尖突处有 1 条棕黑斜纹；后翅暗褐色，端区带有紫灰色。

成虫上灯时间：河北省 8 月。

霉巾夜蛾成虫 大名县 崔延哲
2018 年 7 月

42．秘夜蛾

中文名称：秘夜蛾，*Mythimna turca*（Linnaeus，1761），鳞翅目，夜蛾科。别名：光腹夜蛾、光腹粘虫。

为害：主要为害麦类、玉米、谷子、高粱，猖獗时为害豆类、蔬菜等。

分布：黑龙江、山东、湖北、湖南、江西、四川。

成虫形态特征：翅展 40 ～ 45 mm，头部黄褐色至红褐色，略掺杂粽黑色；胸部粽褐色，领片和中央略带赭红色；腹部土黄色，略带褐色。前翅黄褐色至红褐色，翅脉不明显，略呈黑色；基线黑色略波曲，仅在前翅基部前缘部分明显；内横线黑色明显，由前缘外斜至中室内后呈膝状内折，延伸至 2A 脉处再向内斜；环状纹不显；中线不显；肾状纹为 1 上窄下宽的近长条形斑块，内部亮黄色，边缘黑色，其外侧黑色部分明显宽于内侧，并常向外侧略延伸，部分个体肾状纹特化成上小下大 2 黄色点状斑；外横线黑色明显，向外略呈不规则弧形弯曲，于翅脉处向外略伸出，中部略平直；亚缘线不显；外缘线由翅脉间黑色微点组成；缘毛黄褐色或赭褐色。后翅黑褐色，前缘、外缘及臀角部分带淡黄褐色；新月纹黑褐色隐约可见；缘毛淡赭褐色。

成虫上灯时间：河北省 7 月。

秘夜蛾成虫 承德县 王松
2018 年 7 月

43．棉铃虫

中文名称：棉铃虫，*Helicoverpa armigera*（Hübner），鳞翅目，夜蛾科。别名：棉铃实夜蛾。

为害：寄主植物有 30 多科 200 余种，主要蛀食棉花蕾、花、铃，也取食嫩叶，也为害玉米、花生、茄果等。

分布：黑龙江、吉林、辽宁、内蒙古、北京、天津、河北、山西、重庆、甘肃、宁夏、河南、青海、陕西、新疆、四川、西藏、上海、安徽、江苏、福建、江西、山东、浙江、湖北、湖南、云南、贵州、广西、广东、海南、香港、澳门、台湾。

生活史及习性：在河北省中南部地区一年发生4代，以蛹在土中越冬。4月下旬至5月中旬，越冬代成虫羽化。第1代幼虫主要为害小麦、豌豆、苜蓿、春玉米、番茄等作物，6月中、下旬第1代成虫盛发期，7月下旬至8月上旬为第2代成虫盛发期，第三代成虫盛发期在8月下旬至9月上旬，幼虫主要为害玉米雌穗，老熟幼虫钻入5～15 cm深的土中筑土室化蛹越冬。

成虫昼伏夜出，有取食补充营养的习性和趋光性。雌虫喜欢产卵于嫩尖、嫩叶等幼嫩部分，卵散产，单雌产卵量1 000粒左右。初孵幼虫先吃卵壳，后爬行到心叶或叶片背面取食。3龄以上的幼虫具有自相残杀的习性，5～6龄幼虫进入暴食期。

成虫形态特征：体长15～20 mm，翅展27～38 mm。雌蛾赤褐色，雄蛾灰绿色。前翅翅尖突伸，外缘较直，斑纹模糊不清，中横线由肾形斑下斜至翅后缘，外横线末端达肾形斑正下方，亚缘线锯齿较均匀。后翅灰白色，脉纹褐色明显，沿外缘有黑褐色宽带，宽带中部2个灰白斑不靠外缘。前足胫节外侧有1个端刺。雄性生殖器的阳茎细长，末端内膜上有1个很小的倒刺。

成虫上灯时间：河北省3—10月。

| 棉铃虫成虫在夏玉米幼苗上 安新县 张小龙 2005年6月 | 棉铃虫成虫 泊头市 吴春娟 2018年5月 | 棉铃虫成虫（雌）栾城区 焦素环 靳群英 2018年6月 | 棉铃虫产在棉花上的卵 安新县 张小龙 2005年6月 |

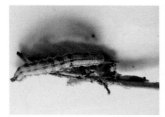

| 棉铃虫幼虫 馆陶县 马建英 2017年8月 | 棉铃虫幼虫 滦县 尚秀梅 2016年8月 | 棉铃虫蛹（冬后）正定县 李智慧 2012年3月 | 棉铃虫蛹（冬前）正定县 李智慧 2011年9月 |

44. 烟青虫

中文名称：烟青虫，*Helicoverpa assulta*（Guenée，1852），鳞翅目，夜蛾科，别名：烟夜蛾、烟实夜蛾、烟草夜蛾。

为害：以幼虫蛀食花、果为害，为蛀果类害虫。寄主包括烟草、棉花、辣椒、番茄、马铃薯、玉米、大豆、豌豆等70余种植物。烟青虫主要为害烟草和辣椒。

分布：内蒙古、北京、天津、河北、山西、重庆、甘肃、宁夏、河南、青海、陕西、四川、上海、安徽、江苏、福建、江西、山东、浙江、湖北、湖南、云南、贵州、广西、广东、海南，新疆，西藏。

生活史及习性：在华北一年2代，以蛹在土中越冬。成虫卵散产，前期多产在寄主植物上中部叶片背面的叶脉处，后期产在萼片和果上。成虫可在番茄上产卵，但存活幼虫极少。幼虫昼间潜伏，夜间活动为害。

成虫形态特征：体长15～20 mm，翅展27～38 mm。雌蛾赤褐色，雄蛾灰绿色。前翅翅尖突伸，外缘较直，斑纹模糊不清，中横线由肾形斑下斜至翅后缘，外横线末端达肾形斑正下方，亚缘线锯齿较均匀。后翅灰白色，脉纹褐色明显，沿外缘有黑褐色宽带，宽带中部2个灰白斑不靠外缘。前足胫节外侧有1个端刺。雄性生殖器的阳茎细长，末端内膜上有1个很小的倒刺。

成虫上灯时间：河北省5—9月。

| 烟青虫成虫 大名县 | 青虫虫成虫 枣强县 | 烟青虫幼虫 宽城县 | 烟青虫幼虫 宽城县 |
| 崔延哲 2018年8月 | 彭俊英 2018年6月 | 2013年9月 | 姚明辉 2010年8月 |

45. 棉小造桥虫

中文名称：棉小造桥虫，*Anomis flava*（Fabricius），鳞翅目，夜蛾科。别名：小造桥夜蛾、棉夜蛾。

为害：以幼虫取食叶片、花、蕾、果和嫩枝。初孵幼虫取食叶肉，留下表皮，像筛孔，大龄幼虫把叶片咬成许多缺刻或空洞，只留叶脉。除为害棉花，还为害黄麻、苘麻、烟草、木槿、冬葵等。

分布：河北、上海、浙江、江苏、湖北、安徽、四川、江西、湖南、河南、山东、山西、陕西、辽宁。

生活史及习性：在河北省每年发生3～4代。1代幼虫为害盛期在7月中下旬，2代在8月上中旬，3代在9月上中旬，有趋光性。卵散产在叶片背面。初孵幼虫活跃，受惊滚动下落，1龄、2龄幼虫取食下部叶片，稍大转移至上部为害，4龄后进入暴食期。老龄幼虫在苞叶间吐丝卷包，在包内作薄茧化蛹。

成虫形态特征：体长为10～13 mm，头胸部橘黄色，腹部背面灰黄或黄褐色；前翅外端呈暗褐色，有4条波纹状横纹，内半部淡黄色，有红褐色小点。

成虫上灯时间：河北省6—9月。

棉小造桥虫成虫（雌）栾城区
焦素环 靳群英 2018 年 6 月

棉小造桥虫成虫 馆陶县
马建英 2017 年 6 月

46. 陌夜蛾

中文名称：陌夜蛾，*Trachea atriplicis*（Linnaeus），鳞翅目，夜蛾科。别称：白戟铜翅夜蛾。

为害：幼虫取食叶片，为害酸模、蓼及其他多种植物。

分布：北京、天津、河北、黑龙江、河南、江苏、上海、江西、福建、湖南。

成虫形态特征：体长约 20 mm；翅展约 50 mm。头部及胸部黑褐色，额带灰色，跗节有灰白环，颈板有黑线及绿纹，翅基片基部及内缘绿色；腹部暗灰色；前翅棕褐色带铜绿色，尤其内线内侧、亚前缘脉及亚端区更显，基线黑色，在中室后双线，线间白色，内线黑色，环纹中央黑色，在中室后双线，线间白色，内线黑色，环纹中央黑色，有绿环及黑边，后方有 1 戟形白纹，沿 2 脉外斜，2 脉在其中显黑色，肾纹绿色带黑灰色，有绿环，后内角有 1 三角形黑斑，外线黑色，在翅脉上间断，后端与黑色中线相遇，亚端线绿色，后半微白，在 3～4 脉间及 7 脉处成大折角，在亚中褶成内突角，外线与亚端线间另 1 黑褐线，端线黑色；后翅基部白色，上半较暗褐，2 脉端部有 1 白纹。

成虫上灯时间：河北省 5—9 月。

陌夜蛾成虫 宽城县 姚明辉
2001 年 7 月

陌夜蛾雌成虫 正定县 李智慧
2017 年 9 月

47. 苜蓿夜蛾

中文名称：苜蓿夜蛾，*Heliothis viriplaca*（Hufnagel），鳞翅目，夜蛾科。别名：实夜蛾。

为害：寄主有苜蓿、大豆、豌豆、赤豆、花生、甜菜、烟草、向日葵、马铃薯、棉花、玉米、番茄、苹果等 70 多种植物，以幼虫取食植物叶片。

分布：北京、河北、黑龙江、新疆、江苏、云南、西藏。

生活史及习性：1 年发生 2 代，以蛹在土中做茧越冬。5 月上、中旬越冬蛹开始羽化，5 月下旬至 6 月上中旬为成虫盛期。6 月上中旬成虫开始产卵，卵 7 天左右孵化。6 月中旬出现幼虫，第一代幼虫为害最重，6 月下旬至 7 月上旬幼虫老熟入土化蛹。7 月中下旬至 8 月上旬第二代成虫出现。8 月中下旬第二代幼虫开始入土化蛹越冬。成虫夜伏昼出，有较强的趋光性。卵散产于叶背，每雌产卵量为 600 ～ 700 粒。幼虫有假死性，受惊后可蜷成筒形，落地假死，有时幼虫也有退行习性。

成虫形态特征：体长 14 ～ 17 mm，翅展 28 ～ 36 mm。头、胸灰褐色，下唇须和足灰白色。前翅黄褐色带青绿色，内横线棕褐色隐约不清，中横线较宽，棕色，外横线棕褐色，但浓淡不均。环纹由中央 1 个棕色点与外围 3 个棕色小点组成；肾纹棕色，位于中横线上，上有许多不规则的小黑点。后翅赭黄色，中室及亚中褶内半带黑色，横脉纹与端带黑色。腹部霉灰色。

成虫上灯时间：河北省 5 月，7—8 月。

苜蓿夜蛾成虫 固安县 杨静
2018 年 7 月

48. 鸟嘴壶夜蛾

中文名称：鸟嘴壶夜蛾，*Oraesia excavata*（Butler），鳞翅目，夜蛾科。别名：葡萄紫褐夜蛾、葡萄夜蛾。

为害：以成虫在果实上刺吸果汁为害，引起果实腐烂；幼虫啃食叶片，导致缺刻或孔洞，严重时吃光叶片。主要寄主有梨、桃、柑橘、荔枝、芒果、葡萄、无花果、木防己等。

分布：河北、山东、河南、陕西、河南、陕西、安徽、江苏、浙江、福建、广东、台湾、广西、湖南、湖北、云南等地。

生活史及习性：1 年发生 4 代，以幼虫和成虫越冬。卵多散产于果园附近背风向阳处木防己的上部叶片或嫩茎上。幼虫行动敏捷，有吐丝下垂习性，白天多静伏于荫蔽处，夜间取食。成虫在天黑后飞入果园为害，喜食好果。成虫有明显的趋光性、趋化性（芳香和甜味），略有假死性。

成虫形态特征：体长 23 ～ 26 mm，翅展 49 ～ 51 mm，下唇须下伸似鸟嘴状。头部及颈板赤橙色；胸部赭褐色；腹部灰黄色，背面带黄色；前翅紫褐色，各横线弱，波浪形，中脉黑棕色，1 黑棕线自顶角内斜至 3 脉近基部，翅尖向外缘突出、外缘中部向外凸出和后缘中部弧形内凹；后翅黄色，端区微带褐色。

成虫上灯时间：河北省 8 月。

鸟嘴壶夜蛾成虫 永年区 王俊英

2018 年 8 月

49. 棚灰夜蛾

中文名称：棚灰夜蛾，*Polia goliath*（Oberthür），鳞翅目，夜蛾科。别名：鹏灰夜蛾。

分布：河北、黑龙江、湖北、四川。

成虫形态特征：体长 23 ～ 25 mm，翅展 60 mm 左右。头部及胸部白色，下唇须第 2 节外侧有黑纹，额有黑条头顶有"V"形黑纹，颈板有弧形黑线，翅基片边缘有黑纹，胸背有黑斑。前翅黄白色，2A 脉前后、外线外侧及端区布有细黑点基线双线黑色波浪形达 2A 脉，后缘有 1 黑纹；内线双线色波浪形外斜，在中室前缘有 1 黑短线连接双剑纹黑色，前后缘黄白色，边缘黑色；肾纹大，中央黑色，其余黄白色，黑边；中线黑色前端粗，后半锯齿形；外线双线黑色锯齿形，外一线齿尖小黑点。亚端线白色，锯齿形，内侧 1 列齿形黑纹，端线为 1 列黑点，缘毛黑白相间。后翅污白色，翅脉、横脉纹黑色；外线黑色，在 ZA 脉至 M3 脉上成尖突；端区有 1 黑色宽带，在臀角前空出 1 白窄区；端线黑色达亚中褶。腹部白色，各节背面有灰色宽条，毛簇端部黑色。

成虫上灯时间：河北省 7 月。

棚灰夜蛾成虫 万全区 薛鸿宝
2015 年 7 月

50. 清夜蛾

中文名称：清夜蛾，*Enargia paleacea*（Esper）。鳞翅目，夜蛾科。

为害：为害栎、桦、槲树。

分布：黑龙江、内蒙古、河北、黑龙江、内蒙古。

成虫形态特征：头、胸及前翅淡褐黄色，前翅内、外线棕色，内线有 1 折角，环纹及肾纹大，围以棕色边，肾纹的后部有 1 黑色小斑；后翅淡褐黄色；腹部灰黄色。

成虫上灯时间：河北省 8—9 月。

清夜蛾成虫 康保县 康爱国
2018 年 9 月

51. 裳夜蛾

中文名称：裳夜蛾，*Catocala nupta*（Linnaeus），鳞翅目，夜蛾科。

为害：寄主植物有杨、柳。

分布：北京、河北、黑龙江、宁夏、新疆、浙江。

成虫形态特征：头、胸黑灰色；前翅黑灰色带褐色，各线暗褐色，外线不规则锯齿形，在 M2 和 2A 脉处齿尖而长，亚端线双线，线间灰色，端线为 1 列长黑点，肾纹黑灰色黑边，中央有 1 黑纹；后翅黄色，中部和外缘各有 1 黑带。幼虫灰或灰褐色，第五腹节有 1 黄色横纹，第八腹节背面隆起，有两条黑边黄纹。

成虫上灯时间：河北省 7—10 月。

裳夜蛾成虫 承德县 王松
2018 年 9 月

裳夜蛾成虫 卢龙县 董建华
2018 年 9 月

裳夜蛾成虫 宽城县 姚明辉
2017 年 7 月

52. 柿裳夜蛾

中文名称：柿裳夜蛾，*Catocala kaki*（Ishizuka），鳞翅目，夜蛾科。

分布：河北、北京、陕西、山东、云南。

成虫形态特征：前翅长 37 ～ 39 mm；头胸灰褐色，胸前部颜色较深；前翅缘线具黑褐点列；后翅橙黄色，中部及外缘呈黑色宽带，但顶角处具 1 个橙黄色大斑。

成虫上灯时间：河北省 6 月。

柿裳夜蛾成虫 丰宁县 杨保峰
2018 年 6 月

53. 缟裳夜蛾

中文名称：缟裳夜蛾，*Catocala fraxinii*，鳞翅目，夜蛾科。

为害：寄主植物有杨、柳、榆、槭、梣等。

分布：河北、北京、黑龙江。

成虫形态特征：体长 38 ～ 40 mm，翅展 87 ～ 90 mm。头部和胸部灰白色杂黑褐色，颈板中部有 1 黑色横纹；腹部背黑褐色，节间紫蓝色，腹面白色；前翅灰白色，密布黑色细点，基线黑色，内线双线黑色，波浪形，肾纹灰白色，中央黑色，后方有 1 黑边的白斑，1 模糊黑线自前缘脉至肾纹；外侧另 1 模糊黑线，锯齿形达后缘；外线双线黑色锯齿形；亚端线灰白色锯齿形，两侧衬黑色；端线为 1 列新月型黑点，外缘黑色波浪形。后翅黑棕色，中带粉蓝色，外缘黑色波浪形，缘毛白色。

成虫上灯时间：河北省 8—9 月。

缟裳夜蛾成虫 平泉市 李晓丽
2018 年 8 月

缟裳夜蛾成虫 康保县 康爱国
2018 年 8 月

54. 石榴巾夜蛾

中文名称：石榴巾夜蛾，*Prarlleila stuposa*（Fabricius），鳞翅目，夜蛾科。

为害：以幼虫为害石榴嫩芽、幼叶和成叶，发生较轻时咬成许多孔洞和缺刻，发生严重时能将叶片吃光，最后只剩主脉和叶柄，对石榴树势和产量为害严重。

分布：河北、广东、广西、海南、香港、澳门、四川、贵州、云南、重庆、西藏、上海、江苏、浙江、安徽、福建、江西、山东、台湾、河南、湖北、湖南、北京、天津、山西、内蒙古、陕西等。

生活史及习性：1 年发生 2～4 代，世代重叠严重，以蛹在土壤中越冬。翌年 4 月石榴展叶时，成虫羽化。白天潜伏在背阴处，晚间活动，有趋光性。卵散产在叶片上或粗皮裂缝处，卵期约 5 d。幼虫取食叶片和花，白天静伏于枝条上，不易发现。幼虫行走时似尺蛾，遇险吐丝下垂。夏季老熟幼虫常在叶片和土中吐丝结茧化蛹，蛹期约 10 d，秋季在土中作茧化蛹。5—10 月为华北地区幼虫为害期，10 月下旬陆续下树入土。

成虫形态特征：体褐色，长 20 mm 左右，翅展 46～48 mm。前翅中部有一灰白色带，中带的内、外均为黑棕色，顶角有 2 个黑斑。后翅中部有 1 白色带，顶角处缘毛白色。

成虫上灯时间：河北省 6 月。

石榴巾夜蛾成虫
河北农业大学 王勤英
2019 年 5 月

石榴巾夜蛾幼虫
河北农业大学 王勤英
2018 年 9 月

石榴巾夜蛾蛹
河北农业大学
王勤英 2018 年 9 月

石榴巾夜蛾 枣强县
彭俊英
2018 年 6 月

55. 蚀夜蛾

中文学名：蚀夜蛾，*Oxytrypia orbiculosa*（Esper），鳞翅目，夜蛾科。别名：环斑蚀夜蛾。

为害：寄主有鸢尾、玫瑰、蔷薇等。幼虫在寄主植物的根部和茎基部啃食，造成植物生长不良，严重时整株枯死。

分布：河北、吉林、辽宁、内蒙古、北京、青海、甘肃、新疆。

生活史及习性：1年发生1代，以卵在寄主植物附近的土表层越冬。4月初越冬卵开始孵化。孵化后幼虫即侵入寄主植物，随着虫龄的增大，幼虫由叶片逐渐向叶鞘及根状茎侵入为害。9月中下旬老熟幼虫在土下10 cm左右的寄主植物根际附近化蛹。10月上中旬是成虫的发生期。

成虫形态特征：体长15～18 mm，翅展37～44 mm。头部及颈板黑褐色，颈板上有宽白条；下唇须下缘白色；胸部背面灰褐色；腹部黑色，各节端部白色；前翅红棕色或黑棕色，翅上有5条黑色横线，近基部的两条还伴以白线，端线为1列黑点；缘毛端部白色，近翅基有灰黑色环形纹，外围白色圈，白圈外又有黑边；翅中部有白色菱形纹，近外缘有黑边的剑纹。后翅白色，端区有1黑褐色宽带，2脉及后缘区较黑褐。

成虫上灯时间：河北省10月。

蚀夜蛾雄成虫 卢龙县 董建华
2018年10月

56. 桃红白虫

中文名称：桃红白虫，*Eublemma amasina*（Eversmann），鳞翅目，夜蛾科。别名：桃红猎夜蛾。

为害：主要为害菊科类植物。初龄幼虫为害心叶，使生长点周围叶片枯萎，被害组织变黑并有堆集的黑色粪便，较大龄幼虫蛀入生长点的幼茎内为害，从而使被害植株侧芽丛生。第二、第三代幼虫为害侧枝的生长点。

分布：河北、北京、天津、江苏、湖北、黑龙江等。

生活史及习性：每年发生3代，以老熟幼虫在枯死寄主的被害处，或包藏在枯死的叶片内越冬。越冬代成虫最早在4月下旬出现，成虫有趋光性。成虫羽化后第2日产卵。卵散产在寄生叶片上，叶背中脉附近处较多。幼虫只为害心叶，一个顶稍一般只有1头幼虫。幼虫共5龄，历期平均为14 d。老熟幼虫在为害处附近。

成虫形态特征：体长约 8 mm，翅展 71～20 mm，除胸部略为黄白色外，头部、腹部皆为白色。前翅基半部淡黄色，中部有 1 条宽带，呈桃红色。带的外缘有 1 列白点。缘毛为桃红色。

成虫上灯时间：河北省 4—7 月，9 月。

桃红白虫雌成虫 卢龙县
董建华 2018 年 9 月

57. 甜菜夜蛾

中文名称：甜菜夜蛾，*Spodopter aexigua*（Hübner），鳞翅目、夜蛾科。别名：白菜褐夜蛾。

为害：是一种世界性分布、间歇性大发生的以为害蔬菜为主的杂食性害虫。可为害甘蓝、白菜、花椰菜、大葱、萝卜、芦笋、蕹菜、苋菜、辣椒、豇豆、茄子、芥兰、番茄、玉米、大豆等多种蔬菜和作物。

分布：河北、北京、天津、山西、内蒙古、广东、广西、海南、香港、澳门、河南、湖北、湖南、上海、江苏、浙江、安徽、福建、江西、山东、台湾、四川、贵州、云南、重庆、西藏等地。

生活史和习性：1 年发生 4～5 代，7—8 月发生重，高温、干旱年份发生更重，常和斜纹夜蛾混发，对叶菜类威胁甚大。严重时，可吃光叶肉，仅留叶脉，甚至剥食茎秆皮层。幼虫共 5 龄，3 龄前食量小，群集为害，4 龄后食量大增，昼伏夜出，有假死性，稍受震扰吐丝落地。幼虫可成群迁移，3～4 龄后，白天潜于植株下部或土缝，傍晚移出取食为害。老熟幼虫入土吐丝化蛹。幼虫体色变化很大，有绿色、暗绿色、黄褐色、黑褐色等，腹部体侧气门下线为明显的黄白色纵带，有时呈粉红色，带的末端直达腹部末端，未弯到臀足。成虫昼伏夜出，有强趋光性和弱趋化性。卵圆馒头形，白色，表面有放射状的隆起线，成块产于叶面或叶背，卵块大小不一，外边覆盖有雌蛾脱落的黄白色绒毛。蛹，体长 10 mm 左右，黄褐色。

成虫形态特征：体长 10～14 mm，翅展 25～34 mm，头、胸灰褐色。前翅灰褐色，中央近前缘外方有粉黄色肾形斑 1 个，内方有粉黄色圆形斑 1 个；后翅银白色；腹部浅褐色。

成虫上灯时间：河北省 5—10 月。

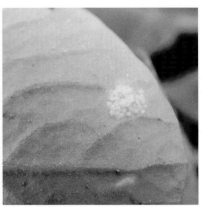

甜菜夜蛾成虫 安新县
张小龙 2018 年 8 月

甜菜夜蛾成虫 正定县
李智慧 2017 年 9 月

甜菜夜蛾卵 正定县 张志英
2010 年 8 月

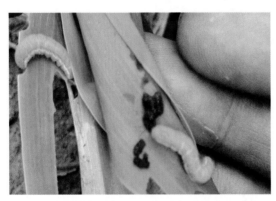

甜菜夜蛾幼虫 定州市 苏翠芬
2018 年 7 月

甜菜夜蛾幼虫 正定县 李智慧
2015 年 9 月

58. 瓦矛夜蛾

中文名称：瓦矛夜蛾，*Spaelotis valida*（Walker）鳞翅目，夜蛾科。

为害：寄主主要是小麦、蔬菜、水果等。

分布：河北、北京、山东、上海。

生活史及习性：该虫为杂食性害虫，早春（3 月底 4 月初）为害菠菜、生菜、甘蓝、韭菜、大蒜等蔬菜及西瓜等水果作物，幼虫昼伏夜出，多藏于松软的土壤中，一般躲藏在土下 0.5 ～ 3 cm 处，夜间出土觅食蚕食叶片。水浇麦田后，幼虫从麦田可迁移到附近蔬菜田中进行为害。

成虫形态特征：体长 17 ～ 18 mm，成虫翅展 33 ～ 46 mm。头部棕褐色。胸部黑褐色，领片棕褐色，肩片黑褐色；足胫节与跗节均具小刺，胫节外侧具两列，跗节具 3 列。前翅灰褐色至棕褐色，翅基片黄褐色；基线双线黑色波浪形，伸至中室下缘；中室下缘自基线至内横线间具 1 黑色纵纹；内横线与外横线均为双线黑色波浪形；中室内环纹与中室末端肾形纹均为灰色具黑边，环纹略扁圆，前端开放；亚外缘线土黄色，波浪形。后翅黄白色，外缘暗褐色。腹部暗褐色。

成虫上灯时间：河北省 5—6 月，10 月。

瓦矛夜蛾成虫 馆陶县 马建英
2017 年 6 月

瓦矛夜蛾成虫 安新县 张小龙
2013 年 5 月

瓦矛夜蛾幼虫 定州市 赵振明
2012 年 4 月

59. 围连环夜蛾

中文名称：围连环夜蛾，*Perigrapha circumducta*（Lederer），鳞翅目，夜蛾科。别名：连环夜蛾。

为害：寄主植物有绣线菊、刺槐、枣树、苹果、沙棘等树木。以幼虫蚕食植物叶片，严重时将叶片吃光。

分布：辽宁、河北、河南等。

生活史及习性：在河北北部每年发生 1 代，以蛹在土茧内越夏及冬。翌年 3 月下至四月上旬羽化，羽化后即交尾，每雌产卵 300 ~ 400 粒，卵期 10 ~ 15 d，幼虫 4 月下旬至 5 月上旬孵化，5 月下旬是为害盛期，6 月中旬老熟幼虫开始下树寻找适宜土壤，越夏及冬，直至第二年 3 月下至四月上旬羽化。成虫昼伏夜出，有趋光性。初龄幼虫黑褐色，2、3 龄幼虫翠绿色，4、5、6 龄幼虫粉褐色，老熟幼虫体长 50 ~ 60 mm。幼虫 3 龄前喜群居取食，常将初萌的叶芽食尽。

成虫形态特征：雄蛾体长 18 ~ 20 mm、翅展 48 ~ 50 mm，雌蛾体长 20 ~ 22 mm、翅展 50 ~ 52 mm。头部棕色杂灰白色，触角干白色，胸部褐色，颈板端部白色；腹部褐色；前翅褐色，前缘区、后缘区及端区大部带灰黑色，外线前后端的外侧带灰黑色，中区带深棕色，内线直，达 1 脉，环纹、肾纹浅褐色，巨大，均与后方一半圆形淡褐斑相连，外线外斜至 6 脉折向内斜，亚端线不明显，前端内侧有一黑短纹；后翅褐色。

成虫上灯时间：河北省 4—7 月。

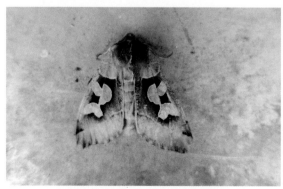

围连环夜蛾成虫 丰宁县 曹艳蕊
2018 年 7 月

围连环夜蛾成虫 康保县 康爱国
2018 年 4 月

60. 苇实夜蛾

中文名称：苇实夜蛾，*Heliothis maritima*（Graslin，1855），鳞翅目，夜蛾科。别名：苜蓿夜蛾。

为害：幼虫取食大豆、苗、甜菜、番茄、马铃薯、甘薯、玉米、花生、棉、麻等的叶、花、果实或蒴果。

分布：北京、吉林、河北。

生活史及习性：1 年 2 代，北京 4—9 月可见。成虫具趋光性。

成虫形态特征：翅展 28 ～ 36 mm，前翅黄褐色带青绿色，中部外具 2 条锈褐色或锈红色宽带，前半分离，后半相围环形纹由中央 1 褐点及周田几个褐点组成，肾形纹明显或不明显，缘线由 1 列黑点组成；后翅黑色，中央及翅外缘中部具宽大淡褐斑。

成虫上灯时间：河北省 8 月。

苇实夜蛾雄成虫 定州市
苏翠芬 2018 年 8 月

61. 莴苣冬夜蛾

中文名称：莴苣冬夜蛾，*Cucullia fraterna*（Butler），鳞翅目，夜蛾科。

为害：寄主有莴苣、苦荬菜等。幼虫为害嫩叶及花。

分布：河北、北京、黑龙江、内蒙古、新疆、江西、辽宁、吉林、浙江。

成虫形态特征：体长 20 mm 左右，翅展 46 mm。头部、胸部灰色，颈板近基部生黑横线 1 条。腹部褐灰色。前翅灰色或杂褐色，翅脉黑色，亚中榴基部有黑色纵线 1 条；内横线黑色呈深锯齿状；肾纹黑边隐约可见；中横线暗褐色，不清楚；缘线具 1 列黑色长点。后翅黄白色，翅脉明显，端区及横脉纹暗褐色。

成虫上灯时间：河北省 6—7 月。

莴苣冬夜蛾成虫 安新县 张小龙

2018 年 7 月

莴苣冬夜蛾成虫 玉田县 孙晓计

2018 年 6 月

62. 西伯利亚地夜蛾

中文名称：西伯利亚地夜蛾。

西伯利亚地夜蛾成虫 康保县 康爱国

2018 年 6 月

63. 饰夜蛾

中文名称：饰夜蛾，*Pseudoips prasinanus*（Linnaeus），鳞翅目，夜蛾科。别名：碧夜蛾。

为害：幼虫为害麻、栎等。

分布：河北、北京、内蒙古、黑龙江、吉林、湖南等地

成虫形态特征：体长 38 ～ 40 mm。前翅呈浅绿色，具 2 ～ 3 条斜白线。

成虫上灯时间：河北省 7 月。

饰夜蛾成虫 丰宁县 曹艳蕊

2018 年 7 月

64. 毛翅夜蛾

中文名称：毛翅夜蛾，*Thyas juno*（Dalman），鳞翅目，夜蛾科。**别名**：肖毛翅夜蛾。

为害：寄主植物有葡萄、苹果、梨、桃、柑橘、李、木槿、桦等，幼虫为害柑橘、李叶尖。

分布：河北、江苏、浙江、江西、湖北、湖南、四川、广东、贵州、云南、福建。

生活史及习性：河北 1 年发生 2 代，以蛹卷叶越冬。低龄幼虫多栖于植物上部，性敏感，一触即吐丝下垂，老龄幼虫多栖于枝干食叶，成虫趋光性强，吸取果实汁液，幼虫老熟后在土表枯叶中吐丝结茧化蛹。

成虫形态特征：体长 32 ～ 45 mm，翅展 90 ～ 106 mm。头胸腹及前翅均为灰黄色至黄褐色，胸腹部被长鳞毛。下唇须向上弯曲超过头顶。触角丝状。前翅近翅基部和外缘处各有 2 条横线和 1 个肾形斑，后翅基部 2/3 为黑色，中间有 1 淡蓝色半圆形纹，端部 1/3 为红黄色，内缘着生黄色长毛。

成虫上灯时间：河北省 6—9 月。

毛翅夜蛾成虫 康保县 康爱国

2018 年 7 月

毛翅夜蛾成虫 卢龙县 董建华
2018 年 6 月

65.新靛夜蛾

中文名称：新靛夜蛾，*Belciana staudingeri*（Leech），鳞翅目，夜蛾科。

分布：河北、北京、山西、浙江、湖南。

成虫形态特征：体长 18 mm，翅展 39 mm。头部及胸部暗褐色，翅基片及胸部背面有灰绿纹；前翅黑褐色，外线内方大部灰绿色，基线及内线黑色，波浪形，内区前半为 1 近三角形黑斑，环纹与肾纹灰绿色黑边，肾纹有 1 黑横线，中线黑色波浪形，外线双线黑色，外 1 线明显外斜，近达 3 脉端部，内 1 线锯齿形，亚端线隐约可见黑色，中段带少许灰绿色，翅外缘 1 列新月形黑纹，1～4 脉间有灰绿色新月形纹；后翅黑褐色，横脉纹隐约可见黑色，缘毛有 1 列模糊黄白点，腹部暗褐色。

成虫上灯时间：河北省 8 月。

新靛夜蛾成虫 平泉市 李晓丽
2018 年 8 月

66. 朽木夜蛾

中文名称：朽木夜蛾，*Axylia putris*（Linnaeus），鳞翅目，夜蛾科。

为害：寄主主要有繁缕属、缤藜属、车前属等植物。

分布：河北、黑龙江、新疆、北京、山西、湖南、湖北、四川。

生活史及习性：朽木夜蛾在河北省秦皇岛和唐山地区 1 年发生 3 代，以蛹越冬。其幼虫第一代发生于 5 月中旬至 6 月中旬，第二代发生于 7 月上旬至 8 月中旬，越冬代发生于 9 月中旬至 10 月上旬，幼虫共 6 龄。

成虫形态特征：体长 11 ～ 12 mm；翅展 28 ～ 30 mm。头顶及颈板褐黄色，额及颈板端部黑色，下唇须褐黄色，下缘黑色；胸背赭黄色杂黑色；腹部暗褐色；前翅淡赭黄色，中区布有黑点，前缘区大部带黑色，基线双线黑色，中室基部有 2 黄白纵线，内线双线黑色波浪形，环纹与肾纹中央黑色，外线双线黑色间断，外侧有双列黑点，端线为 1 列黑点，内侧中褶及亚中褶处各 1 黑斑，缘毛有 1 列黑点；后翅淡赭黄色，端线为 1 列黑点；雄蛾抱器瓣窄，冠分明，抱钩端部弯而尖。

成虫上灯时间：河北省 5—10 月。

朽木夜蛾成虫 高阳县 李兰蕊
2018 年 7 月

67. 旋目夜蛾

中文名称：旋目夜蛾，*Speiredonia retorta* Linnaeus，鳞翅目，夜蛾科。别名：绕环夜蛾。

为害：幼虫取食桦、李、木槿等，成虫吸食柑橘、苹果、葡萄、梨、桃等植物的果实。

分布：河北、黑龙江、辽宁、上海、江苏、浙江、安徽、福建、江西、山东、北京、天津、山西、内蒙古、河南、湖北、湖南、广东、广西、海南、四川、云南、重庆、陕西、甘肃。

成虫形态特征：体长约 20 mm，雌雄体色显着不同。雌蛾褐色至灰褐色，颈板黑色，第一至第六腹节背面各有 1 黑色横斑，向后渐小，其余部分为红色；前翅蝌蚪形黑斑尾部与外线近平行；外线黑色波状，其外侧至外缘还有 4 条波状黑色横线，其中 1 条由中部至后缘；后翅有白色至淡黄白色中带，内侧有 3 条黑色横带；中带外侧至外缘有 5 条波状黑色横线，各带、线间色较淡。雄蛾紫棕色至黑色，前翅有蝌蚪形黑斑，斑的尾部上旋与外线相连；外线至外缘尚有 4 条波状暗色横线，上端不达前缘。

成虫上灯时间： 河北省 8 月。

旋目夜蛾成虫 大名县 崔延哲
2018 年 8 月

旋目夜蛾成虫 卢龙县 董建华
2018 年 8 月

68. 旋皮夜蛾

中文名称： 旋皮夜蛾，*Eligma narcissus*（Cramer，1775），鳞翅目，夜蛾科，旋夜蛾属。别名：臭椿皮蛾，臭椿皮夜蛾。

为害： 主要为害臭椿、香椿、红椿、桃和李等园林观赏树木。以幼虫取食寄主植物的叶片，低龄幼虫取食叶肉，残留表皮，叶片呈纱网状，大龄幼虫造成叶片缺刻、孔洞，严重时只留粗叶脉、叶柄或将叶片吃光。

分布： 广东、湖南（湘东）、辽宁、河北、山东、浙江、湖北、福建、四川、云南。

生活史及习性： 1 年发生 2 代，以包在薄茧中的蛹在树枝、树干上越冬。次年 4 月中下旬（臭椿树展叶时），成虫羽化，有趋光性，交尾后将卵分散产在叶片背面。卵块状，一雌可产卵 100 多粒，卵期 4 ~ 5 d。5—6 月幼虫孵化为害，喜食幼嫩叶片，1 ~ 3 龄幼虫群集为害，4 龄后分散在叶背取食，幼虫喜食幼芽、嫩叶，受惊后身体扭曲或弹跳蹦起，容易坠落和脱毛。幼虫老熟后，爬到树干咬取枝上嫩皮和吐丝粘连，结成丝质的灰色薄茧化蛹。茧多紧附在 2 ~ 3 年生的幼树枝干上，极似书皮的隆起部分。7 月第一代成虫出现，8 月上旬第二代幼虫孵化为害，严重时将叶吃光。9 月中下旬幼虫在枝干上化蛹作茧越冬。

成虫形态特征： 体长 28 mm 左右，翅展为 76 mm 左右。头部和胸部灰褐色，腹部桔黄色，各节背部中央有块黑斑。前翅狭长，前缘区黑色，翅的中间近前方自基部至翅顶有一白色纵带，翅其余部分为赭灰色，翅面上有黑点，后缘呈弧形。后翅大部分为桔黄色，外缘有条蓝黑色宽带。足黄色。

成虫上灯时间： 河北省 4—7 月。

旋皮夜蛾雌成虫 正定县 李智慧
2018 年 7 月

69. 旋幽夜蛾

中文名称：旋幽夜蛾，*Hadula trifolii*（Hufnagel，1766），鳞翅目，夜蛾科。

为害：幼虫食性较广，取食藜、棉、苘麻、豌豆、蚕豆、胡麻、甜菜、油菜、小麦、玉米、苹果等多种作物和杂草。

分布：河北、辽宁、内蒙古、新疆、青海、宁夏、甘肃、陕西、北京、山东、西藏。

生活史及习性：旋幽夜蛾是一种迁飞性害虫，在我省 1 年发生 2 代，6 月为第一代幼虫为害期，8 月为第二代幼虫为害期。成虫多数在下午及傍晚羽化出来，昼伏夜出，有很强的趋光性。卵散产，多产于叶片背面。幼虫共 5 ～ 6 龄，在 3 龄前较活泼，有吐丝下垂和假死习性，行走时似弓形，分散性强，终日在棉花上取食。4 龄后白天入土潜伏，夜间出来取食，食量逐渐增大，5 龄进入暴食期，是为害作物最严重的时期。

成虫形态特征：前翅长 15 ～ 17 mm；体和前翅黄褐色或暗灰色，前翅缘线具 7 个近三角形黑斑，亚缘线黄白色，锯齿状，中后部具 2 个大锯齿，几达边缘；肾形纹较大，深灰；环形纹黄白色，较小；楔状纹较宽大，外侧弧形；后翅淡灰色，外缘暗褐色。

成虫上灯时间：河北省 4—9 月。

旋幽夜蛾成虫 霸州市 潘小花
2018 年 6 月

旋幽夜蛾成虫 泊头市 吴春娟
2018 年 7 月

70. 焰夜蛾

中文名称：焰夜蛾，*Pyrrhia umbra*（Hüfnagel），鳞翅目，夜蛾科。别名：烟焰夜蛾、豆黄夜蛾、烟火焰夜蛾。

为害：幼虫食害烟草、大豆、玉米、油菜、荞麦、牵牛花等植物，使其呈缺刻或孔洞，严重的将叶片食光。

分布：新疆、甘肃、黑龙江、吉林、辽宁、北京、河北、陕西、山东、湖北、湖南、浙江、西藏。

生活史及习性：在山东省每年发生2代、以蛹在上中越冬。4月下旬越冬蛹开始羽化，同期即可见到卵，5月初第一代幼虫开始孵化，6月初开始化蛹，第一代蛹历期14d左右。6月下旬有第一代盛虫出现，7月下旬为成虫羽化盛期；6月下旬见卵，6月末第二代幼虫出现；7月下旬第二代老熟幼虫开始落地化蛹，8月下旬为化蛹盛期；蛹在土里直到翌年三月长，长达9个月之久。成虫夜间活动频繁，飞翔能力强，成虫交尾3d后开始产卵，卵产于新发泡桐幼叶正面或背面，脉间或叶脉基部，单粒散产，幼虫共四个龄期。一龄幼虫和二龄前期幼虫剥食幼叶叶肉，二龄中期后从孵化处咬成孔，逐渐扩大，随虫龄增大食量增加。幼虫在受到触扰时，即头腹相卷或吐丝下垂。二、三龄幼虫在株内活动形似步曲，株间转移则吐丝下垂，靠风力传播。幼虫经过约26天的为害期，吐丝下垂入较疏松的土中化蛹。

成虫形态特征：体长12 mm，翅展约32 mm。头、胸黄褐色，翅基片有黑横纹。前翅黄色赤褐点，外横线外方带紫灰色，基横线、内横线及中横线赤褐色，剑纹、环纹及肾纹均为赤褐边线；外横线黑棕色，后半与中横线平行；亚端线黑色锯齿形，有间断；端区翅脉纹赤褐色。后翅黄色，端区1大黑斑。雄蛾抱钩齿形。

成虫上灯时间：河北省6—8月。

焰夜蛾成虫 枣强县 彭俊英
2019年11月

71. 杨逸巴夜蛾

中文名称：杨逸巴夜蛾，*Ipimorpha Subtusa*（Schiffermüller），鳞翅目，夜蛾科。

为害：寄主有杨树、柳树等。

分布：河北、黑龙江、新疆。

成虫形态特征：体长 12～15 mm，翅展 28～34 mm。体褐灰色。前翅棕褐色，基线、内线、外线均土黄色，内线较直，稍外斜；剑纹、环纹、肾纹都具土黄色边；外线中断稍外弯；亚端线淡黄色，锯齿形，两侧暗褐色。后翅淡棕褐色，缘毛淡灰黄色。

成虫上灯时间：河北省 7—8 月。

杨逸巴夜蛾成虫 康保县 康爱国
2019 年 7 月

72. 淡银纹夜蛾

中文名称：淡银纹夜蛾，*Macdunnoughia purissima*（Butler），鳞翅目，夜蛾科。

为害：幼虫取食艾蒿。

分布：北京、河北、陕西，湖北、湖南、四川、贵州。

成虫形态特征：体长 14 mm，翅展 30 mm。头部及胸部灰色，后胸及第 1 腹节毛簇黑褐色；前翅灰色，茎线黑褐色，内线后半黑褐色，2 脉基部有 2 银斑，中室端部 1 暗褐斑，外线与亚端线黑褐色。内外线间在中室后黑褐色，1 暗褐线自中室下角伸至前缘脉，翅外缘前部色暗；后翅浅褐色，中部 1 暗褐线；腹部灰色。

成虫上灯时间：河北省 6—9 月。

淡银纹夜蛾成虫 灵寿县 周树梅
2017 年 9 月

淡银纹夜蛾成虫 枣强县 彭俊英
2018 年 6 月

淡银纹夜蛾成虫 正定县 李智慧
2017 年 9 月

73. 黑点丫纹夜蛾

中文名称：黑点丫纹夜蛾，*Autographa nigrisigna*（Walker）鳞翅目，夜蛾科。

为害：幼虫取食豌豆、白菜、甘蓝、苜蓿等。

分布：河北、陕西、四川、湖南、西藏。

生活史及习性：黑点丫纹夜蛾每年在豆田内发生 3 代，第一代为害豌豆及早播大豆，第二、三代为害大豆，常以第二代发生较重，成虫多喜欢在生长茂密的田内产卵，卵多散产在豆株上部叶片的背面，成虫活泼、昼伏夜出，以 21:00～22:00 时活动最盛，趋光性强，初孵幼虫隐蔽在叶背面，啃食叶肉，并能吐丝下垂，转株为害，3 龄后食量渐增，5～6 龄进入暴食阶段，取食时留下叶脉将上部嫩叶咬呈罗底状，幼虫老熟后在叶背结茧化蛹。

成虫形态特征：体长 16～17 mm，翅展 32～37 mm，腹部基部数节有很多竖立鳞毛丛，体翅褐色，前翅因混有紫灰色鳞片闪出光泽。基线、内横线、外横线均为黑色细双线，内横线与外横线间的区域暗紫褐色，亚外缘线之内颜色较深，环状纹斜，肾状纹外侧有 3 小黑点。中室下方有 1 "U" 字形及 1 卵形小银纹，有时两者连成 "y" 形，后翅基部颜色较淡。

成虫上灯时间：河北省 6—9 月。

黑点丫纹夜蛾雄成虫 栾城区
焦素环 2017 年 9 月

74. 袜纹夜蛾

中文名称：袜纹夜蛾，*Chrysaspidia excelsa*（Kretschmar），鳞翅目，夜蛾科。

分布：黑龙江、河北、湖南、四川。

成虫形态特征：体长 21 mm，翅展 43 mm。头部及颈板红褐色杂少许暗灰色，胸背暗褐带黑灰色；前翅灰褐色，内外线间在中室后浓棕色，带金光，基线与内线均棕色，环纹银边，后方 1 袜形银斑，肾纹有不完整的银边，外线双线棕色，亚端线棕色；后翅黄色，外线及翅脉棕色；腹部浅褐黄色。

袜纹夜蛾成虫 康保县 康爱国
2018 年 7 月

75. 斜纹夜蛾

中文名称：斜纹夜蛾，*Prodenia litura*（Falricius），鳞翅目，夜蛾科。别名：连纹夜蛾、连纹夜盗蛾，乌头虫、夜盗蛾。

为害：是一种食性很杂的暴食性害虫，为害寄主相当广泛，除十字花科蔬菜外，还可为害包括瓜、茄、豆、葱、韭菜、菠菜以及粮食、经济作物等近100科、300多种植物，幼虫咬食叶片、花、花蕾及果实。初卵幼虫群集在叶背啃食，只留上表皮和叶脉，被害叶好象纱窗一样。3龄后分散为害，将叶片吃呈缺刻，发生多时可吃光叶片，甚至咬食幼嫩茎秆。大发生时幼虫吃光一块田后能成群迁移到邻近的田块为害。间歇性猖獗为害。

分布：河北、黑龙江、吉林、辽宁、上海、江苏、浙江、安徽、福建、江西、山东、北京、天津、山西、内蒙古、河南、湖北、湖南、广东、广西、海南、四川、贵州、云南、重庆、西藏、陕西、甘肃、青海、宁夏、新疆。

生活史及习性：斜纹夜蛾是迁飞性害虫，在北方不能越冬。该虫在河北一年发生4～5代，成虫昼伏夜出，有趋光性，对糖醋液有趋性。卵块产，多产在植株中部叶片背面的叶脉分叉处，每雌产卵3～5块，每块约100多粒。初孵幼虫群集为害，2龄后逐渐分散取食叶肉，4龄后进入暴食期。大发生时幼虫有成群迁移的习性，有假死性。

成虫形态特征：体长14～20 mm，翅展35～40 mm，体深褐色，胸部背面有白色丛毛，腹部侧面有暗褐色丛毛。前翅灰褐色，内、外横线灰白色波浪形，中间有3条白色斜纹，后翅白色。

成虫上灯时间：河北省6—9月。

斜纹夜蛾幼虫 大名县 毕章宝
2012年9月

斜纹夜蛾成虫 栾城区 焦素环
2018年8月

斜纹夜蛾幼虫 霸州市 潘小花
2012年9月

76. 银锭夜蛾

中文名称：银锭夜蛾，*Macdunnoughia crassisigna*（Warren），鳞翅目，夜蛾科。

为害：大豆、胡萝卜、牛蒡、菊花等菊科植物。幼虫为害寄主叶片，咬呈缺刻或孔洞。

分布：河北、黑龙江、吉林、辽宁、北京、天津、山西、内蒙古、上海、江苏、浙江、安徽、福建、江西、山东、台湾、陕西、甘肃、青海、宁夏、新疆、西藏。

生活史及习性：在河北、内蒙古、黑龙江1年发生2代，以蛹越冬，幼虫于6—9月出现，在吉林6月下旬幼虫为害菊科植物和大豆，7月中旬老熟幼虫在叶间吐丝缀叶，结成浅黄色薄茧化蛹，8月上旬羽化为成虫。成虫昼伏夜出，有趋光性。

成虫形态特征：体长15～16 mm，翅展32 mm，头胸部灰黄褐色，腹部黄褐色。前翅灰褐色，马蹄形银斑与银点连成一凹槽，锭形银斑较肥，肾形纹外侧具 1 条银色纵线，亚端线细锯齿形，后翅褐色。

　　成虫上灯时间：河北省 6—10 月。

| 银锭夜蛾成虫 河北农业大学 | 银锭夜蛾雌成虫 栾城区 焦素环 | 银锭夜蛾成虫 河北农业大学 |
| 王勤英 2018 年 9 月 | 2018 年 10 月 | 王勤英 2018 年 9 月 |

77. 银纹夜蛾

　　中文名称：银纹夜蛾，*Ctenoplusia agnata*（Staudinger），鳞翅目，夜蛾科。别名：豆银纹夜蛾、菜步曲、豆尺蛾、桥虫。

　　为害：寄主植物有油菜、甘蓝、花椰菜、白菜、萝卜等十字花科蔬菜，豆类作物，葛芭、茄子等。幼虫食叶，将菜叶吃呈孔洞或缺刻，并排泄粪便污染菜株。

　　分布：河北、黑龙江、吉林、辽宁、上海、江苏、浙江、安徽、福建、江西、山东、北京、天津、山西、内蒙古、河南、湖北、湖南、广东、广西、海南、四川、贵州、云南、重庆、西藏、陕西、甘肃、青海、宁夏、新疆。

　　生活史及习性：银纹夜蛾一年发生 3 代，以蛹越冬。翌年 4 月可见成虫羽化，羽化后经 4～5 d 进入产卵盛期。第 1 代为害豌豆及早播大豆，第 2、3 代为害大豆，常以第 2 代发生较重。成虫昼伏夜出，趋光性强。成虫多喜欢在生长茂密的田内产卵，卵多散产在豆株上部叶片的背面。初孵幼虫隐蔽在叶背面，啃食叶肉，并能吐丝下垂，转株为害，3 龄后食量渐增，5～6 龄进入暴食阶段，幼虫老熟后在叶背结茧化蛹。

　　成虫形态特征：体长 15～17 mm，翅展 32～35 mm，体灰褐色。前翅灰褐色，具 2 条银色横纹，中央有 1 个银白色三角形斑块和 1 个似马蹄形的银边白斑。后翅暗褐色，有金属光泽。胸部背面有两丛竖起较长的棕褐色鳞毛。

　　成虫上灯时间：河北省 4—10 月。

银纹夜蛾成虫 栾城区 焦素环 2018 年 9 月

78. 隐金夜蛾

中文名称: 隐金夜蛾, *Abrostola triplasia* (Linnaeus, 1758), 鳞翅目, 夜蛾科。

为害: 幼虫取食荨麻属、葎草属、野芝麻属植物。

分布: 黑龙江, 吉林、辽宁、内蒙古、北京、天津、河北、浙江、湖北、重庆、四川、贵州、云南。

成虫形态特征: 体长约 15 mm, 翅展 31 ~ 36 mm。缘毛褐色。后翅共为褐色、外部亦褐色, 缘毛黄褐色。头、胸及腹部褐色。额部具 1 黑色横纹。触角丝状, 浅黄褐色。足暗褐色跗节间具白环。前翅灰褐色或暗褐色, 内横线内侧及外横线处淡褐色, 内、外横线均双线。内横线外侧线黑色, 内侧线褐色。外横线内侧线黑色 M2 前消失不显, 外侧线褐色, 被翅分割成点状。

成虫上灯时间: 河北省 4—8 月。

隐金夜蛾雄成虫 栾城区 焦素环
2017 年 9 月

隐金夜蛾翅展 栾城区 焦素环
2017 年 9 月

79. 东方黏虫

中文名称: 东方黏虫, *Mythimna separata* (Walker, 1865), 鳞翅目, 夜蛾科。别名: 剃枝虫、粟粘虫、行军虫、五色虫等。

为害: 杂食性昆虫, 幼虫可为害麦类、谷子、水稻、玉米、高粱、糜子、干着、芦苇及禾本科杂草等, 大发生时, 也为害豆类、白菜、甜菜、麻类和棉花等。黏虫为食叶性害虫, 1 ~ 2 龄时仅食叶肉, 将叶片食成小孔, 3 龄后蚕食叶片形成缺刻, 5 ~ 6 龄为暴食期, 大发生时, 常将作物叶片全部食光。

分布: 河北、黑龙江、吉林、辽宁、上海、江苏、浙江、安徽、福建、江西、山东、北京、天津、山西、内蒙古、河南、湖北、湖南、广东、广西、海南、四川、贵州、云南、重庆、陕西、甘肃、青海、宁夏。

生活史及习性: 粘虫是迁飞性害虫, 在北方不能越冬, 在河北省一年发生 2 ~ 3 代。粘虫在我国东半部每年有 4 次大范围的迁飞活动，具有 2 种迁飞方式。春季和夏季从低纬度向高纬度地区，或从低海拔向高海拔地区迁飞；秋季回迁时，从高纬度向低纬度地区，或从高海拔向低海拔地区迁飞。成虫昼伏夜出，趋光性强。

成虫形态特征：体长 15～17 mm，翅展 36～40 mm。头、胸部灰褐色。前翅灰褐色、黄色或橙色，变化较多，内线只几个黑点，环纹、肾纹褐黄色，界限不明显，肾纹后端有 1 白点，两侧各有 1 黑点，外线为 1 列黑点，亚端线自顶角内斜至 M2 脉，端线为 1 列黑点。后翅暗褐色，向基部渐淡。腹部暗灰褐色。

成虫上灯时间：河北省 4—10 月。

东方黏虫成虫 泊头市
吴春娟 2018 年 7 月

东方黏虫成虫 固安县
杨宇 2018 年 7 月

东方黏虫成虫 正定县
李智慧 2012 年 9 月

东方黏虫蛹和蛹室 康保县 康爱国
2017 年 7 月

东方黏虫幼虫 康保县 康爱国
2018 年 6 月

东方黏虫幼虫 宽城县 姚明辉
2012 年 8 月

80. 劳氏黏虫

中文名称：劳氏黏虫，*Leucania loryi*（Duponchel），鳞翅目，夜蛾科。别名：蚜蚄、天马、剃枝虫。

为害：幼虫食性很杂，可取食多种植物，尤其喜食禾本科植物，主要为害的牧草有苏丹草、羊草、披碱草、黑麦草、冰草、狗尾草等，以及麦类、水稻等作物。幼虫为害严重时将叶片吃光，使植株形成光秆。

分布：河北、山东、河南、广东、福建、四川、江西、湖南、湖北、浙江、江苏。

生活史及习性：与粘虫相似。

成虫形态特征：体长 14 ～ 17 mm，翅展 30 ～ 36 mm，灰褐色，前翅从基部中央到翅长约 2/3 处有 1 暗黑色带状纹，中室下角有 1 明显的小白斑。肾状纹及环状纹均不明显。腹部腹面两侧各有 1 条纵行黑褐色带状纹。

成虫上灯时间：河北省 5—10 月。

劳氏黏虫雌成虫 卢龙县
董建华 2018 年 10 月

劳氏黏虫雄成虫 卢龙县 董建华
2018 年 9 月

81. 长冬夜蛾

中文名称：长冬夜蛾，*Cucullia elongate*（Butler），鳞翅目，夜蛾科。

分布：河北、安徽。

成虫形态特征：体长 20 ～ 22 mm，翅展 40 ～ 48 mm。头部及胸部灰色杂暗褐色，颈板近基部有 1 黑横线。前翅褐灰色，窄长，翅脉黑色，亚中褶基部有 1 黑纵线；内线双线暗黑色，深锯齿形；环纹及肾纹大，中部凹，灰白色黑边，中央有褐圈，两者相距较近；外线锯齿形，中段不显，在 Cu2 脉后衬以灰白色；亚端区有隐约的斜纹，端线为 1 列黑点，翅后缘黑褐色。后翅淡褐色，端区色深，缘毛黄白色。腹部淡黄色，毛簇黑色。腿节和胫节具灰褐色长毛。

成虫上灯时间：河北省 8 月。

长冬夜蛾成虫 安新县 张小龙
2018 年 8 月

82．中带三角夜蛾

中文名称： 中带三角夜蛾，*Chalciope geometrica*（Fabricu），鳞翅目，夜蛾科。

为害： 寄主植物有石榴、柑橘、悬钩子、马林果等。以幼虫蚕食叶片。

分布： 河北、浙江、湖北、安徽、重庆、四川、贵州、广东、台湾。

生活史及习性： 1年发生1代，7—8月开始产卵繁殖，9月底至10月中旬，幼虫缀叶结薄茧化蛹。

成虫形态特征： 体长16～19 mm，翅展39～41 mm。头部、胸部及腹部灰褐色，前翅棕褐色，在中部有1黑绒色的三角区，其外侧为细黄白色外线，中间为宽黄白色中线，此二线相互平行，外线的外侧衬有一褐色条，再外侧有齿形曲折的黄绒色斜伸至顶角。后翅灰棕色，中带白色锥形，亚端线后半可见，缘毛白色，中段黑灰色。

成虫上灯时间： 河北省9月。

中带三角夜蛾成虫 栾城区 焦素环
2018年9月

83．中金弧夜蛾

中文名称： 中金弧夜蛾，*Thysanoplusia intermixta*（Warren），鳞翅目，夜蛾科。别名：中金翅夜蛾。

为害： 寄主有胡萝卜、金盏菊、菊花、翠菊、大丽菊、蓟、牛蒡等。该虫以幼虫蚕食叶片。

分布： 河北、黑龙江、吉林、辽宁、北京、天津、山西、内蒙古、湖北、重庆、四川、台湾。

生活史及习性： 该虫1年发生2～3代。以蛹在寄主上越冬。4—5月羽化为成虫。成虫有趋光性。6—11月均可见到幼虫为害，以7—8月为害最烈。幼虫老熟卷叶筑一薄茧化蛹其中。

成虫形态特征： 体长17 mm，翅展37～42 mm。头、前中胸部红褐色，后胸褐色。腹部黄白色。前翅紫褐色，有大的金色近三角形斑。后翅基半部微黄，端半部褐色。

成虫上灯时间： 河北省7—9月。

中金弧夜蛾成虫 卢龙县 董建华　　　中金弧夜蛾成虫 大名县 崔延哲
2018 年 7 月　　　　　　　　　　　　2015 年 9 月

84. 皱地夜蛾

中文名称：皱地夜蛾，*Agrotis corticea*（Schiffermuller），鳞翅目，夜蛾科。别名：地老虎。

为害：皱地夜蛾是河北省张承坝上地区一种主要地下害虫，食性杂，主要为害作物幼苗，以幼虫咬食作物近地面嫩茎为重，造成缺苗断垄，重者毁种。受害作物主要有豆类、亚麻、马铃薯、蔬菜等当地主要栽培作物和一些牧草。

分布：河北、北京、内蒙古。

生活史及习性：在当地一年发生 1 代，以大龄幼虫在土中越冬，翌年早春越冬幼虫多取食野生杂草，5 月下旬至 6 月上旬转主为害作物较重，5 月下旬开始化蛹，6 月中旬出现成虫，7 月中旬至 8 月初为成虫盛发期，7 月下旬至 8 月中旬为成虫产卵期。成虫昼伏夜出，趋光性强。成虫产卵多产在根茬、土块等处，单产，平均每头雌蛾产卵约 300 粒。初龄幼虫无吐丝习性，喜栖于叶背避光处，昼夜均能取食，啃食叶肉，留下一层表皮，食痕呈斑点状或小孔状。3 龄后白天潜伏土中，黄昏至夜晚出土活动取食，将靠近地面的根茎咬成大缺刻或咬断，使幼苗萎蔫枯死，幼苗受害最重；老熟幼虫化蛹前，多选择背光地埂，地边沟渠等较为板结的土中，距地面 5 ～ 6 cm 左右深处，营造长椭圆形土室化蛹。

成虫形态特征：体长 13.5 ～ 19.9 mm，翅展 33.5 ～ 44.0 mm。头、胸部褐色杂有灰色；颈板中部具 1 黑横线；足胫、跗节黑色具白环。雄蛾触角双栉齿状，分枝渐短达 2/3 处，端部 1/3 为丝状；雌蛾触角丝状。前翅淡灰褐色，前缘区色较深；基线、内横线双线黑色；环纹、肾纹、剑纹均有黑边；中横线褐色不清；外横线褐色双线，锯齿形；亚缘线灰白色，内侧具 1 列尖齿状黑褐色纹缘线黑色。后翅淡褐色。

成虫上灯时间：河北省 6—8 月。

皱地夜蛾成虫 康保县 康爱国

2018 年 6 月

85. 苎麻夜蛾

中文名称：苎麻夜蛾，*Arcte coerula*（Guenee），鳞翅目，夜蛾科。别名：红脑壳虫、摇头虫。

为害：寄主苎麻、黄麻、荨麻、蓖麻、亚麻、大豆等。幼虫食叶呈缺刻或孔洞，严重的仅留叶脉。致受害株生长缓慢或停滞，植株矮小，麻皮薄，纤维质量低。

分布：河北、黑龙江、吉林、辽宁、上海、江苏、浙江、安徽、福建、江西、山东、北京、天津、山西、内蒙古、河南、湖北、湖南、广东、广西、海南、四川、贵州、云南、重庆、西藏、陕西、甘肃、青海、宁夏、新疆。

成虫形态特征：体长 20 ～ 30 mm，翅展 50 ～ 70 mm，体、翅茶褐色。前翅顶角具近三角形褐色斑；基线、外横线、内横线波状或锯齿状，黑色；环状纹黑色，小点状；肾状纹棕褐色，外具断续黑边；外缘具 8 个黑点。后翅生青蓝色略带紫光的 3 条横带。

成虫上灯时间：河北省 8—9 月。

苎麻夜蛾成虫 饶阳县 高占虎

2018 年 8 月

苎麻夜蛾幼虫 河北农业大学

王勤英 2018 年 9 月

86. 草地贪夜蛾

中文名称： 草地贪夜蛾，学名 *Spodoptera frugiperda*(Smith)，属于鳞翅目，夜蛾科。别名：秋黏虫。

为害： 草地贪夜蛾为多食性，可为害 75 科 145 种植物，嗜好禾本科，最易为害玉米、水稻、小麦、大麦、高粱、粟、甘蔗、黑麦草和苏丹草等；也为害十字花科、葫芦科、锦葵科、豆科、茄科、菊科等，棉花、花生、苜蓿、甜菜、洋葱、大豆、菜豆、马铃薯、甘薯、苜蓿、荞麦、燕麦、烟草、番茄、辣椒、洋葱等常见作物，以及菊花、康乃馨、天竺葵等多种观赏植物（属），甚至对苹果、橙子等造成为害。

分布： 原产于美洲的热带和亚热带地区，从加拿大南部到阿根廷均有分布。2016 年 1 月在西非的尼日利亚首次发现，到 2018 年 1 月，蔓延到撒哈拉沙漠以南的整个非洲。2018 年 7 月进入西亚，随后蔓延至南亚和东南亚等国。2019 年 1 月进入到我国云南省，至 9 月蔓延到我国除东三省、新疆、青海以外的 26 个省、市、自治区。2019 年 8 月 16 日草地贪夜蛾首次入侵河北省，共有 49 个县发生，受迁入晚影响，发生面积小，虫量低，仅在 7—8 月晚播秋玉米田块点状为害。

生活史和习性： 草地贪夜蛾完成一个世代要经历卵、幼虫、蛹和成虫 4 个虫态，其世代长短与所处的环境温度及寄主植物有关。草地贪夜蛾的适宜发育温度为 11 ~ 30℃，在 28℃ 条件下，30 d 左右即可完成一个世代，而在低温条件下，需要 60 ~ 90 d。由于没有滞育现象，在美国，草地贪夜蛾只能在气候温和的南佛罗里达州和德克萨斯州越冬存活，而在气候、寄主条件适合的中、南美洲以及新入侵的非洲大部分地区，可周年繁殖。

成虫形态特征： 翅展 32 ~ 40 mm。前翅灰色至深棕色，雌虫灰色至灰棕色；雄虫前翅深棕色，具黑斑和浅色暗纹，翅痣呈明显的灰色尾状突起。后翅灰白色，翅脉棕色并透明。雄虫外生殖器抱握瓣正方形。抱器末端的抱器缘刻缺。雌虫交配囊无交配片。成虫可在几百米的高空中借助风力进行远距离定向迁飞，每晚可飞行 100 km。成虫寿命可达两至三周，在这段时间内，雌成虫可以多次交配产卵，一生可产卵 900 ~ 1 000 粒。

成虫上灯时间： 河北省 8—10 月（2019 年 8 月首次在河北省发现）。

草地贪夜蛾雄成虫 康保县
康爱国 2019 年 9 月

草地贪夜蛾雌成虫 永年区
李利平 2019 年 8 月

草地贪夜蛾雄成虫 高邑县
2019 年 9 月

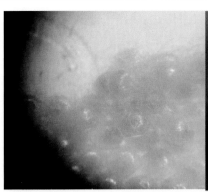

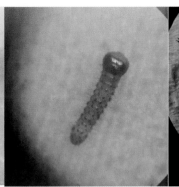

草地贪夜蛾饲养卵 永年区 李利平 2019 年 9 月　草地贪夜蛾初孵幼虫 永年区 李利平 2019 年 9 月　草地贪夜蛾蛹 永年区 李利平 2019 年 9 月

·羽蛾科·

1. 甘薯异羽蛾

中文名称：甘薯异羽蛾，*Pterophorus monodactylus*（Linnaeus），鳞翅目，羽蛾科。别名：甘薯灰褐羽蛾。

为害：以幼虫食害甘薯、旋花等叶片。

分布：北京、河北。

成虫形态特征：体长约 9 mm，翅展 20 ～ 22 mm，体灰褐色。触角淡褐色；唇须小，向前伸出；体灰褐色；前翅分两支，灰褐色，面上有 2 个比较大的黑斑点。1 个位于中室中央偏基部，另一个位于中室顶端 2 支分叉处。后翅分 3 支，深灰色，四周有缘毛。腹部前端有近三角形白斑，背线白色，两侧灰褐色，各节后缘有棕色斑点。白天躲藏在叶下，停栖时身体呈"T"字形，翅膀后缘露出细长的丝状羽毛，姿态十分优美。

成虫上灯时间：河北省 7—9 月。

甘薯异羽蛾成虫 卢龙县 董建华 2018 年 9 月　甘薯异羽蛾成虫 鹿泉区 张立娇 2018 年 8 月　甘薯异羽蛾成虫 河北农业大学 王勤英 2018 年 8 月

·织蛾科·

1. 双线织蛾

中文名称：双线织蛾，*Promalactis* sp.，鳞翅目，织蛾科。

为害：幼虫缀植物叶片、卷叶或蛀入茎中。

分布：北京、河北。

成虫形态特征：翅展约 15 mm；触角白和褐色相间；唇须向上及头顶后方伸，灰褐色，端节白色，散生黑褐色鳞片；胸部及前翅橙红或橙黄色，翅中带及外缘红褐色，中带前缘不明显，内侧白纹不达前缘，外侧白纹在中部稍折，其外侧尚有红褐色斑。

成虫上灯时间：河北省 5 月。

双线织蛾成虫　正定县　李智慧
2018 年 5 月

·舟蛾科·

1. 刺槐掌舟蛾

中文名称：刺槐掌舟蛾，*Phalera grotei*（Moore,1859），鳞翅目，舟蛾科。

为害：寄主植物有刺槐、刺桐。

分布：河北、北京、辽宁、江苏、浙江、安徽、福建、江西、山东、湖北、湖南、广东。

成虫形态特征：体长 34 ～ 37 mm，翅展 74 ～ 94 mm。体黑褐色，头顶和触角基部毛簇白色，肩片灰褐色。前翅灰褐色基部前半部和臀角附近外缘稍灰白色，顶角有棕色掌形大斑，其内测弧弯，外侧锯齿状。腹部黑褐色，每节后缘有黄白色横带，尾端黄白色。

成虫上灯时间：河北省 8 月。

刺槐掌周蛾成虫 卢龙县 董建华

2018 年 8 月

2．短扇舟蛾

中文名称： 短扇舟蛾，*Clostera albosigma* curtuloides（Erschoff），鳞翅目，舟蛾科。

分布： 河北、北京、吉林、黑龙江、山西、云南、陕西、青海、甘肃。

成虫形态特征： 体长 12 ～ 15 mm，翅展 33 ～ 35 mm。触角双栉状。体灰红褐色，胸背有棕褐色毛丛。前翅褐黄色，顶角斑暗红褐色，在 M1-Cu1 脉间呈钝齿形弯曲较长；亚基线、内线和外线灰白色，边缘较暗；外线从前缘到 M 脉之间白色明显，弯曲；缘毛土黄色；后翅灰色，外缘色暗，缘毛灰白色。

成虫上灯时间： 河北省 8 月。

短扇舟蛾成虫 平泉市 李晓丽

2018 年 8 月

3. 高粱舟蛾

中文名称：高粱舟蛾，*Dinara combusta*（Walker），鳞翅目，舟蛾科。

为害：为害高粱、玉米、甘蔗、竹类。

分布：河北、北京、内蒙古、辽宁、台湾、广东、广西、云南、甘肃、四川、云南。

生活史及习性：1年发生1代，以蛹在土下6.5～10.0 cm处越冬，翌年6月下旬至7月中旬羽化为成虫。成虫白天隐蔽，夜间活动，交配后把卵产在高粱、玉米等叶片背面主脉附近，每雌产卵80～410粒，卵期约5 d，幼虫期30 d左右，共6龄，8月中、下旬以末龄幼虫在土中吐丝黏结土粒作茧化蛹越冬。该虫喜湿怕旱，7月气温偏低，湿度大易发生。

成虫形态特征：体长20～25 mm，翅展49～68 mm。头红棕色，颈板、前胸背面灰黄色，翅基片灰褐色内衬红棕色边，腹背橙黄色或褐黄色，每节两侧各具1黑点，雄蛾腹末第二、第三节后缘各具黑褐色横线1条，雌蛾腹末至第二节黑褐色；前翅浅黄色，前缘下翅脉上、中室内具暗灰色细纹。卵粉绿色，半圆形，后变白色，近孵化时变为黑色。

成虫上灯时间：河北省6—7月。

高粱舟蛾成虫 卢龙县
董建华 2018 年 7 月

4. 国槐羽舟蛾

中文名称：国槐羽舟蛾，*Pterostoma sinicum*（Moore），鳞翅目，舟蛾科。

为害：寄主有国槐、龙爪槐、江南槐、蝴蝶槐、紫薇、紫藤、海棠和刺槐等，幼虫蚕食叶片，严重时，常将叶片食光。

分布：河北、北京、天津、山西、内蒙古、上海、江苏、浙江、安徽、福建、江西、山东、台湾、陕西、甘肃、青海、宁夏、新疆。

生活史及习性：华北地区1年发生2～3代，以蛹在土中、墙根和杂草丛下结粗茧越冬。翌年4月下旬至5月上旬成虫羽化，有趋光性，卵散产在叶片上，卵期约7 d。幼虫较迟钝，分散蚕食叶片，随着虫龄增长，常将叶片食光。2代发生地区（如包头地区）幼虫分别发生在5月下旬至7月中旬、7月下旬至9月上旬，9月幼虫陆续老熟下树作茧化蛹越冬。3代发生地区（如郑州地区）幼虫分别发生在5月中旬至6月上旬、6月下旬至7月下旬、8月中旬至9月底，10月上旬幼虫陆续老熟下树越冬。

成虫形态特征：成虫体长30 mm左右，翅展63 mm左右，全体灰黄带褐色；前翅后缘中央有一浅弧形缺刻，两侧各有一个大的梳形毛簇，前翅近顶端有微红褐色锯齿形横纹；后翅暗灰褐色，隐约有一条灰黄色外带。

成虫上灯时间：河北省5—9月。

国槐羽舟蛾成虫 固安县 杨静	国槐羽舟蛾成虫 卢龙县 董建华	国槐羽舟蛾雌成虫 卢龙县 董建华
2018年7月	2018年6月	2018年8月

5．核桃舟蛾

中文名称：核桃舟蛾，*Uropyia meticulodina*（Oberthür），鳞翅目，舟蛾科。别名：核桃天社蛾。

为害：寄主有核桃、核桃楸。以幼虫蚕食叶片。

分布：河北、黑龙江、吉林、辽宁、北京、陕西、山东、江苏、浙江、江西、福建、湖南、湖北、四川。

生活史及习性：河北1年2代，老熟幼虫吐丝缀叶作茧化蛹越冬。成虫见于5—6月和7—8月，幼虫为害核桃。

成虫形态特征：体长18～22 mm，翅展40～60 mm。头部棕色，胸部深褐红色，腹部棕黄色；

前翅狭长，外缘有紫褐色宽边并向内延伸渐细，将翅分成上下两个黄褐色大斑，每块斑内各具4条暗褐色横线；后翅浅棕黄色。

成虫上灯时间：河北省5—8月。

核桃舟蛾成虫 涉县 邱政芳	核桃舟蛾成虫 涉县 邱政芳	核桃舟蛾幼虫 河北农业大学
2017 年 5 月	2017 年 5 月	王勤英 2014 年 8 月

6. 黑带二尾舟蛾

中文名称：黑带二尾舟蛾，*Cerura felina*（Butler），鳞翅目，舟蛾科。

为害：杨、柳。

分布：黑龙江、吉林、辽宁、北京、天津、河北、山西、内蒙古。

生活史及习性：在河北1年发生2代，以蛹在硬茧中于树干上越冬。翌年5月成虫羽化，月下旬出现第2代幼虫，9月老熟幼虫化蛹结硬茧越冬。成虫昼伏夜出，羽化后即开始交尾产卵，卵散产在叶面和小枝上。每一雌虫平均产卵278粒。幼虫共5龄，初孵化幼虫取食叶肉，残留叶脉呈网状，体色由黑紫变为青绿。2龄以后由叶缘蚕食全部叶肉，将叶片咬成缺刻或全部吃光。老熟幼虫结茧前由青绿变为紫红色，沿树干向下爬行选择粗糙多裂缝的树干基部或树杈处结茧；结茧时先啃食树皮后吐丝结成灰褐色紧贴树干坚硬如木的茧。

成虫形态特征：体灰白色，头和翅基片黄白色，胸背基线明显，雌成虫体长约33 mm，翅展75～80 mm。胸背有2条呈"八"字形的黑色纵带和10个由绒毛组成的黑斑，腹背黑色，中线不清，每节中央有1个大灰白三角形斑，斑内有2条黑纹，前后连成2条黑线，末端2节只有1条黑纹。前翅灰白色，内横线双道波浪形，外衬1条平行的灰黑色线；中横线深锯齿形与外横线平行，从后缘向前伸至M3，绕过横脉纹内侧到前缘；2条外横线为深锯齿形；外线线脉间7个黑点向内延伸成纹显著。后翅横脉纹和由脉间7个黑点组成的外缘线较显著。

成虫上灯时间：河北省6—10月。

黑带二尾舟蛾成虫 宽城县
姚明辉 2018 年 9 月

黑带二尾舟蛾成虫 宽城县
姚明辉 2018 年 10 月

7. 角翅舟蛾

中文名称： 角翅舟蛾，*Gonoclostera timonides*（Bremer），鳞翅目，舟蛾科。

为害： 幼虫取食柳树叶片为害。

分布： 河北、北京、黑龙江、吉林、辽宁、山东、安徽、江苏、浙江、江西、湖南、湖北、陕西。

成虫形态特征： 体长 10 ～ 13 mm，翅展 29 ～ 33 mm。下唇须红褐色。触角干灰白色，分支灰褐色。头部和胸背暗褐色。腹部背面灰褐色，臀毛簇末端暗褐色。前翅褐黄带紫色；内、外线之间有 1 暗褐色三角形斑，斑尖几乎达翅后缘，斑内颜色从内向外逐渐变浅，最后呈灰色，但从横脉到前缘较暗；内线前半段不清晰，后半段较可见，灰白色外衬暗褐边；外线灰白色波浪形曲；亚端线为模糊的暗褐色，锯齿形；外线与亚端线之间的前缘处有 1 暗褐色影状楔形斑；缘毛暗褐色。后翅灰褐色，有 1 模糊的灰白色外线。

成虫上灯时间： 河北省 5—7 月。

角翅舟蛾成虫 巨鹿县 秦洁
2018 年 5 月

角翅舟蛾成虫 栾城区
焦素环 2018 年 7 月

角翅舟蛾成虫 枣强县
彭俊英 2018 年 6 月

角翅舟蛾成虫 枣强县
彭俊英 2018 年 6 月

8. 栎纷舟蛾

中文名称：栎纷舟蛾，*Fentonia ocypete*（Bremer），鳞翅目，舟蛾科。别名：栎粉舟蛾、细翅天社蛾、罗锅虫、花罗锅、屁豆虫、气虫。

为害：主要为害板栗、蒙古栎、辽东栎、麻栎、槲栎、榛、苹果、桦等。幼虫从叶缘取食，严重时被食叶片几乎不留叶脉，只剩叶柄，有突然暴发的特性。

分布：河北、北京、黑龙江、吉林、辽宁、内蒙古、甘肃、陕西、山西、河南、山东、浙江、江西、湖南、湖北、福建、广西、四川、贵州、云南。

生活史及习性：河北1年发生1代。7月成虫期，7—9月幼虫期，8月是为害盛期。成虫趋光性强。卵散产于叶背主脉两侧，每雌产卵82～250粒，卵期5～7 d。幼虫共6龄，1龄幼虫在叶背取食叶肉呈筛网状，2龄后蚕食叶片，5～6龄暴食，可在3～5 d内将栎叶吃光。老熟幼虫在树下杂草或枯枝落叶层下3～5 mm表土层化蛹越冬。

成虫形态特征：翅展雄44～48 mm，雌46～52 mm。头、胸背暗褐掺有灰白色，腹背灰黄褐色；前翅暗灰褐或稍带暗红褐色，内外线双道黑色，内线以内的亚中褶上有1条黑色或带暗红褐色纵纹，外线外衬灰白边，横脉纹为1个苍褐色圆点，横脉纹与外线间有1个大的模糊暗褐色至黑色椭圆形斑；后翅苍灰褐色。

成虫上灯时间：河北省8—10月。

栎纷舟蛾幼虫 宽城县 姚明辉
2018 年 8 月

栎纷舟蛾成虫 宽城县
姚明辉 2018 年 8 月

栎纷舟蛾蛹 宽城县 姚明辉
2018 年 9 月

9. 栎掌舟蛾

中文名称：栎掌舟蛾，*Phalera assimilis*（Bremer et Grey），鳞翅目，舟蛾科。别名：黄掌舟蛾、栎黄斑天社蛾、黄斑天社蛾、榆天社蛾、彩节天社蛾等。

为害：寄主有栗、栎、榆、白杨等树种。栎掌舟蛾以幼虫为害栗树叶片，把叶片食呈缺刻状，严重时将叶片吃光，残留叶柄。

分布：河北、北京、辽宁、吉林、黑龙江、山东、河南、安徽、江苏、浙江、江西、福建、台湾、湖北、湖南、广西、海南、重庆、陕西、四川。

生活史及习性：1年1代，以蛹在树下土中越冬。翌年6月成虫羽化，以7月中下旬发生量较大。成虫羽化后白天潜伏在树冠内的叶片上，夜间活动，趋光性较强。成虫羽化后不久即可交尾产卵，卵多成块产于叶背，常数百粒单层排列在一起。卵期 15 d 左右。幼虫孵化后群聚在叶上取食，常成串排列在枝叶上。中龄以后的幼虫食量大增，分散为害。幼虫受惊动时则吐丝下垂。8 月下旬到 9 月上旬幼虫老熟下树入土化蛹，以树下 6～10 cm 深土层中居多。

成虫形态特征：体长翅展 44～45 mm，触角羽状；雌蛾 48～60 mm，触角丝状。头顶淡黄色，胸背前半部黄褐色，后半部灰白色，有两条暗红褐色横线。前翅灰褐色，银白色光泽不显著，前缘顶角处有一略呈肾形的淡黄色大斑，斑内缘有明显棕色边，基线、内线和外线黑色锯齿状，外线沿顶角黄斑内缘伸向后缘。后翅淡褐色，近外缘有不明显浅色横带。

成虫上灯时间：河北省 7—9 月。

栎掌舟蛾成虫 泊头市
吴春娟 2018 年 7 月

栎掌舟蛾成虫 宽城县
姚明辉 2018 年 9 月

栎掌舟蛾幼虫 宽城县
姚明辉 2018 年 8 月

栎掌舟蛾蛹 宽城县
姚明辉 2018 年 10 月

10. 苹掌舟蛾

中文名称：苹掌舟蛾，*Phalera flavescens*（Bremer et Grey），鳞翅目，舟蛾科。别名：舟形毛虫、舟形蛄蜇、举尾毛虫、举肢毛虫、黑纹天社蛾。

为害：寄主有苹果、梨、杏、桃、李、梅、樱桃、山楂、海棠、沙果等。幼虫食害叶片，受害树叶片残缺不全，或仅剩叶脉，大发生时可将全树叶片食光。

分布：河北、黑龙江、吉林、辽宁、上海、江苏、浙江、安徽、福建、江西、山东、北京、天津、山西、内蒙古、河南、湖北、湖南、广东、广西、海南、四川、云南、重庆、陕西、青海。

生活史及习性：苹掌舟蛾 1 年发生 1 代，以蛹在寄主根部或附近土中越冬。成虫最早于次年 6 月中、下旬出现；7 月中、下旬羽化最多。成虫昼伏夜出，趋光性强。交尾后 1～3 d 产卵，卵产在叶背面，常数十粒或百余粒集成卵块，排列整齐。幼虫孵化后先群居叶片背面，头向叶缘排列成行，由叶缘向内蚕食叶肉，仅剩叶脉和下表皮。初龄幼虫受惊后成群吐丝下垂，在 3、4 龄时即开始分散，幼虫白天停息在叶柄或小枝上，头、尾翘起，形似小舟，早晚取食。8 月中、下旬为发生为害盛期，9 月上、中旬老熟幼虫沿树干下爬，入土化蛹。

成虫形态特征：体长 22～25 mm，翅展 49～52 mm，头胸部淡黄白色，腹背雄虫残黄褐色，雌蛾土黄色，末端均淡黄色，复眼黑色球形。触角黄褐色，丝状，雌触角背面白色，雄各节两侧均有微黄色茸毛。前翅银白色，在近基部生 1 长圆形斑，外缘有 6 个椭圆形斑，横列呈带状，各斑内端灰黑色，外端茶褐色，中间有黄色弧线隔开；翅中部有淡黄色波浪状线 4 条；顶角上具 2

个不明显的小黑点。后翅浅黄白色，近外缘处生 1 褐色横带，有些雌虫消失或不明显。

成虫上灯时间：河北省 7—8 月。

苹掌舟蛾雄成虫 定州市 苏翠芬　　　　　苹掌舟蛾幼虫 河北农业大学

2018 年 7 月　　　　　　　　　　　　　　王勤英 2004 年 9 月

11. 弯臂冠舟蛾

中文名称：弯臂冠舟蛾，*Lophocosma nigrilinea*（Leech），鳞翅目，舟蛾科。

分布：河北、北京、浙江、山西、湖北、四川、陕西、甘肃、台湾。

成虫形态特征：翅展雄蛾 46～55 mm，雌蛾 60～65 mm，头和颈板暗红褐色到黑褐色，雌蛾触角的栉齿较短；胸部背面灰白榨油淡褐色；腹部背面灰褐色到黑褐色。基半部密布灰白色鳞片，5 条暗褐色横线在前缘均呈不同大小的斑，其中以中线的最大，在到达中室下角时呈钝角状向外拐，直达外缘，形成 1 条弯臂状黑带；基横线不清晰波浪状；内横线波浪状，不清晰；外横线锯齿形，但仅在脉上 1 点较可见，外衬 1 列灰白色；亚端线为 1 模糊的波浪形宽带，向内扩散可达中线；脉间缘毛末端灰白色。后翅灰褐色，缘毛同前翅。

成虫上灯时间：河北省 8 月。

弯臂冠舟蛾成虫 平泉市 李晓丽

2018 年 8 月

12. 杨白剑舟蛾

中文名称：杨白剑舟蛾，*Pheosia tremula*（Clerck），鳞翅目，舟蛾科。

为害：杨树等植物。

分布：河北、黑龙江、吉林、辽宁、内蒙古、甘肃。

生活史及习性：该虫在河北1年发生1代，9月老熟幼虫以土粒做茧化蛹在落叶下或土内越冬。6月初开始羽化，7月下匀至8月初为羽化盛期，8月中旬为羽化末期。幼虫6月末开始出现，8月中、下旬为幼虫猖獗为害期。

成虫形态特征：体长20～30 mm，翅展42～52 mm，头暗褐色，体黄褐色。雄虫比雌虫略小，触角羽毛状，雌虫触角双栉齿状。颈板和胸背灰色，腹被灰褐色，下部淡黄色，前翅灰白色，后缘ZA脉下有1土黄色斑，上方有1条黑色影状纵带从基部伸向外缘，接着呈灰褐色向上扩散到近翅尖，纵带和黄褐斑之前有1白线；亚中褶前方有1灰白色楔状纹，端褐衬灰白边，前缘1/3到近翅尖有大的灰褐色三角形斑，后翅灰白带褐色，臀角灰黑色线黑内有1灰自色条斑。

成虫上灯时间：河北省6—9月。

杨白剑舟蛾成虫 康保县 康爱国
2018 年 7 月

13. 杨二尾舟蛾

中文名称：杨二尾舟蛾，*Cerura menciana*（Moore），鳞翅目，舟蛾科。别名：杨双尾天社蛾、柳二尾舟蛾、二尾柳天社蛾。

为害：寄主植物有杨、柳。

分布：河北、黑龙江、吉林、辽宁、上海、江苏、浙江、安徽、福建、江西、山东、北京、天津、山西、内蒙古、河南、湖北、湖南、广东、海南、四川、云南、重庆、西藏、陕西、甘肃、青海、宁夏。

生活史及习性：在河北1年发生2代，以蛹在树干，特别是近基部处作茧越冬。成虫有趋光性，产卵于叶片上，卵期约12 d。幼虫共5龄，初期活跃，4龄后进入暴食期，受惊时翘起臀足，以示警戒。6月中旬和8月中旬为幼虫严重发生期。

成虫形态特征：体长约 28 mm，翅展 54 ～ 76 mm。头、胸部灰白微带紫褐色，胸背有两列黑点 6 个，翅基片有黑点 2 个，前翅亚基部无暗色宽横带，有锯齿状黑波纹数排，中室有明显新月形黑环纹 1 个，胸背黑点排列成对，腹背黑色，第一至第六腹节中央有灰白色纵带 1 条，两侧各具黑点 1 个，后翅白色。

成虫上灯时间：河北省 4—8 月。

杨二尾舟蛾成虫 卢龙县 董建华
2018 年 7 月

杨二尾舟蛾成虫 枣强县 彭俊英
2018 年 6 月

14. 杨扇舟蛾

中文名称：杨扇舟蛾，*Clostera anachoreta*（Denis et Schiffermüller），鳞翅目，舟蛾科。别名：白杨天社蛾、白杨灰天社蛾、杨树天社蛾、小叶杨天社蛾。

为害：寄主为杨树、柳树。幼虫取食叶片，严重时把树叶吃光，仅剩叶柄，影响树木生长。

分布：黑龙江、吉林、辽宁、上海、江苏、浙江、安徽、福建、江西、山东、北京、天津、山西、河北、内蒙古、河南、湖北、湖南、广东、海南、四川、云南、重庆、西藏、陕西、甘肃、青海、宁夏。

生活史及习性：在河北 1 年发生 4 代，9 月中下旬老熟幼虫吐丝缀叶作茧化蛹越冬。翌年 3—5 月羽化第一代成虫，以后大约每隔 1 月发生 1 代。

成虫昼伏夜出，趋光性强。越冬代成虫，卵多产于枝干上，以后各代主要产于叶背面。卵粒平铺整齐呈块状，每个卵块有卵粒 9 ～ 600 粒左右，平均每一雌蛾产卵 100 ～ 600 余粒。初孵幼虫群栖，1 ～ 2 龄幼虫仅啃食叶的下表皮，残留上表皮和叶脉；2 龄以后吐丝缀叶，形成大的虫苞，白天隐伏其中，夜晚取食；3 龄后分散取食，逐渐向外扩散为害，严重时可将全叶食尽；老熟时吐丝缀叶作薄茧化蛹。

成虫形态特征：体长 13 ～ 20 mm，翅展 28 ～ 42 mm。虫体灰褐色。头顶有 1 个椭圆形黑斑。臀毛簇末端暗褐色。前翅灰褐色，扇形，有灰白色横带 4 条，前翅顶角处有 1 个暗褐色三角形大斑，顶角斑下方有 1 个黑色圆点。外线前半段横过顶角斑，呈斜伸的双齿形曲，外衬 2 ～ 3 个黄褐带锈红色斑点。亚端线由 1 列脉间黑点组成，其中以 2 ～ 3 脉间 1 点较大而显著。后翅灰白色，中间有 1 横线。

成虫上灯时间：河北省 4—9 月。

正在交尾的杨扇舟蛾成虫
河北农业大学 王勤英 2008 年 9 月

杨扇舟蛾成虫 宽城县
姚明辉 2018 年 9 月

杨扇舟蛾卵 河北农业大学
王勤英 2008 年 9 月

杨扇舟蛾幼虫 河北农业大学
王勤英 2008 年 9 月

杨扇舟蛾幼虫和蛹 河北农业大学
王勤英 2008 年 9 月

15. 杨小舟蛾

中文名称: 杨小舟蛾, *Micromelalopha sieversi*(Stauinger),鳞翅目,舟蛾科。别名: 杨褐天社蛾、小舟蛾。

为害: 幼虫取食杨树、柳树叶片为害,有群集性,常群集为害,将叶片食光,仅留下叶表皮及叶脉。老熟幼虫吐丝缀叶化蛹,影响植株叶片光合作用。

分布: 河北、北京、黑龙江、吉林、陕西、山东、河南、安徽、江苏、浙江、江西、湖北、湖南、四川、云南、西藏。

生活史及习性: 华北地区 1 年发生 3 ~ 4 代,以蛹在树洞、落叶、地下植被物、松土内越冬。翌年 4 月中旬羽化为成虫,成虫有趋光性,夜晚活动、交尾、产卵,多将卵产于叶片上。各代幼虫的发生期为:第一代 5 月上旬;第二代 6 月中旬至 7 月上旬;第三代 7 月下旬至 8 月上旬;第四代 9 月上、中旬。初孵幼虫群集啃食叶表皮,稍大后分散。幼虫行动迟缓,在夜晚取食,老熟幼虫吐丝缀叶化蛹。7 月、8 月高温多雨季节发生严重,10 月进入越冬期。

成虫形态特征: 体长 11 ~ 14 mm,翅展 24 ~ 26 mm。体色变化较多,有黄褐、红褐和暗褐等色。前翅有 3 条具暗边的灰白色横线,基线不清晰;内横线在亚中褶下呈亭形分叉,外叉不如内叉明显,外横线波浪形,横脉纹为 1 小黑点。后翅臀角有 1 褐色或红褐色小斑。

成虫上灯时间: 河北省 5—7 月。

杨小舟蛾成虫 栾城区 焦素环 靳群英 2018 年 7 月	杨小舟蛾幼虫 安新县 张小龙 2010 年 7 月	杨小舟蛾幼虫准备化蛹 安新县 张小龙 2010 年 7 月	杨小舟蛾蛹 安新县 张小龙 2010 年 7 月

16. 杨燕尾舟蛾

中文名称：杨燕尾舟蛾，*Furcula furcula sangaic*（Moore），鳞翅目、夜蛾科。

为害：杨树等植物。

分布：河北、辽宁。

生活史及习性：在朝阳地区每年 2 代，以蛹在杨树枝干上越冬。茧形及色泽与杨二尾舟蛾相似，较小。翌年 4 月上、中旬越冬代成虫羽化，4 月底产卵，5 月中旬幼虫孵化，6 月末化蛹，7 月中旬第一代成虫羽化，8 月上旬第二代幼虫孵化，9 月下旬结茧化蛹越冬。初龄幼虫只取食叶表，为害呈网状。2 龄幼虫可将叶片为害呈缺刻，1 ～ 3 龄幼虫取食量较少，4 ～ 6 龄幼虫取食量逐渐增加。

成虫形态特征：体长 13 ～ 16 mm，翅展 30 ～ 36 mm；雄成虫体长 13 ～ 15 mm，翅展 30 ～ 35 mm。胸部背面黄色，与 4 条蓝黑色黄纹相间，肩板基部黄色条纹。前翅基部有 2 个黑色斑点。在中部稍靠内有 1 条黑色横带，其中部狭隘如腰，其内外边缘橙黄色，横带稍内有 6 个黑点与之平行。外横线由黑色与黄色线组成，其内方有 2 条黑色波纹并列，其外方与前缘相接处有黑鳞片密布，形成 1 个大黑斑，外缘有 1 列黑点，后翅灰白色，外缘有成列黑点，有白毛。后翅反面均灰白色。腹部背面黑色。

成虫上灯时间：河北省 4—5 月，7—8 月。

杨燕尾舟蛾成虫 康保县 康爱国
2018 年 7 月

17. 燕尾舟蛾

中文名称：燕尾舟蛾，*Furcula furcula*（Clerck），鳞翅目，舟蛾科。别名：腰带燕尾舟蛾、绯燕尾舟蛾、小双尾天社蛾、中黑天社蛾、黑斑天社蛾。

为害：幼虫为害杨、柳。

分布：河北、北京、黑龙江、吉林、内蒙古、湖北、浙江、江苏、陕西、甘肃、新疆、四川、云南。

生活史及习性：在宁夏 1 年 2 代。9 月老熟幼虫在树干结茧化蛹越冬。第一代成虫 4 月上、中旬出现，幼虫在 6 月中、下旬发生，7 月上旬化蛹；第二代从 7 月下旬到 9 月。

成虫形态特征：体长 14 ～ 16 mm，翅展 33 ～ 41 mm。头和颈板灰色；翅基片灰色；胸部背面有 4 条黑带，带间赭黄色；跗节具白环；腹部背面黑色。每节后缘衬灰白色横带。前翅灰色，内、外横带间较暗呈雾状烟灰色；基部有 2 个黑点；亚基线由 4、5 个黑点组成，排列成拱形；内横带黑色，中间收缩，两侧饰赭黄色点；外横线黑色，从前缘 3 翅顶伸至 M，脉呈斑形，随后由脉间月牙影线组成；横脉纹为 1 黑点；横线由 1 列脉间黑点组成。后翅灰白色，外带模糊松散，近臀角较暗；横脉纹黑色；横线同前翅。

成虫上灯时间：河北省 5—8 月。

燕尾舟蛾成虫 承德县 王松
2018 年 8 月

燕尾舟蛾成虫 万全区 薛鸿宝
2018 年 5 月

18. 榆白边舟蛾

中文名称：榆白边舟蛾，*Nerice davidi*（Oberthür），鳞翅目，舟蛾科。又称榆天社蛾、榆红肩天社蛾。

为害：为害榆树，幼虫多群集在叶上，昼夜取食。8—9 月为害最重，大发生时叶子可全被吃光，造成 2 次发叶。

分布：河北、北京、黑龙江、吉林、内蒙古、山东、山西、江苏、江西、陕西、甘肃。

生活习性：在北京 1 年 2 代。在陕西 1 年 4 代，10 月以后老熟幼虫在寄主植物根部周围土下吐丝作茧化蛹越冬，翌年4月中旬羽化第一代成虫。第二、第三、第四代成虫分别发生在7月、8月、9月，幼虫自4月下旬出现持续到10月。卵单产于叶背、叶梢，约经2周孵化。5—10月均有幼虫为害。以老熟幼虫在寄主植物榆树根部周围土下吐丝作茧化蛹越冬。

成虫形态特征： 体长 14.5 ～ 20.0 mm；翅展雄 32.5 ～ 42.0 mm、雌 37 ～ 45 mm。头和胸部背面暗褐色，翅基片灰白色。腹部灰褐色。前翅前半部暗灰褐带棕色，其后方边缘黑色，沿中室下缘纵伸在 Cu2 脉中央稍下方呈一大齿形曲；后半部灰褐蒙有一层灰白色，尤与前半部分界处白色显著；前缘外半部有一灰白色纺锤形影状斑；内、外线黑色，内线只有后半段较可见，并在中室中央下方膨大成一近圆形的斑点；外线锯齿形，只有前、后段可见，前段横过前缘灰白斑中央，后段紧接分界线齿形曲的尖端内侧；外线内侧隐约可见 1 模糊暗褐色横带；前缘近翅顶处有 2 ～ 3 个黑色小斜点；端线细，暗褐色。后翅灰褐色，具 1 模糊的暗色外带。

成虫上灯时间： 河北省 5—8 月。

榆白边舟蛾成虫 安新县 张小龙
2018 年 5 月

榆白边舟蛾幼虫 河北农业大学
王勤英 2008 年 9 月

19. 榆掌舟蛾

中文名称： 榆掌舟蛾，*Phalera takasagoensis*（Matsumura），鳞翅目，舟蛾科。别名：榆黄斑舟蛾、黄掌舟蛾、榆毛虫。

为害： 幼虫取食榆树叶片，严重时常将叶片蚕食一光，影响树木正常生长与绿化效果。此虫还为害杨、樱花、梨、沙果、樱桃、麻栎和板栗等。

分布： 河北、北京、陕西、甘肃、山东、江苏、湖南。

生活史及习性： 1 年发生 1 代，以蛹在寄主植物周围的土中越冬。翌年 7 月成虫羽化，成虫有趋光性。卵产在叶片背面。初孵幼虫群集为害叶肉，造成白色透明网状叶。3 龄后分散为害，昼伏夜出，严重时吃光叶片，仅剩叶柄。9 月中旬幼虫入土化蛹越冬。

成虫形态特征： 体长为 20 mm 左右，翅展约 60 mm。体灰褐色，前翅顶角处有个浅黄色掌形大斑，后角处有黑色斑纹 1 个。

成虫上灯时间： 河北省 7—8 月。

榆掌舟蛾成虫 栾城区 焦素环 2018 年 7 月	榆掌舟蛾成虫 泊头市 吴春娟 2018 年 7 月	榆掌舟蛾幼虫 鹿泉区 张立娇 2018 年 9 月	榆掌舟蛾成虫 鹿泉区 张立娇 2018 年 8 月

20. 赭小内斑舟蛾

中文名称：赭小内斑舟蛾，*Peridea graeseri*（Staudinger），鳞翅目，舟蛾科。

分布：河北、北京、山西、黑龙江、吉林、湖北、陕西、甘肃。

成虫形态特征：体长雄蛾 22～26 mm、雌蛾 28 mm；翅展雄蛾 54～63 mm、雌蛾 70 mm。头和胸部背面灰褐色，颈板和翅基片有黑色边。腹部背面黄褐色。前翅灰褐色，齿形毛簇和亚基线与内线间暗褐色；亚基线以内的基部赭黄色；所有斑纹暗红褐色：亚基线双波形曲，从前缘伸至 A 脉，外衬浅黄色边；内线波浪形，内衬灰白边；横脉纹赭褐色，周围浅黄白色；外线不清晰锯齿形，外衬灰白边，在前缘赭黄色，其内侧为一大纺锤形斑；亚端线模糊，外衬灰白边；端线细，脉端缘毛灰白色，其余带暗红褐色。后翅灰白色，后缘褐色；外线和亚端线灰褐色，亚端线宽带形；端线细，暗褐色。雄性外生殖器：第八腹板端部呈三岔形增厚，中央的拱突只比两侧的增厚区稍宽；爪形突长，末端钝圆；颚形突细长，末端尖齿状；抱器瓣狭长，背缘亚端的大刺突末端扁尖，末端圆形扩大，阳茎比抱器瓣稍长，中部有许多小刺突，端部有 1 枚大弯钩状的刺突。

成虫上灯时间：河北省 8 月。

赭小内斑舟蛾成虫 平泉市 李晓丽
2018 年 8 月

第三章　脉翅目

·蚁蛉科·

1. 褐纹树蚁蛉

中文名称：褐纹树蚁蛉，*Dendroleon pantherius*（Fabricius），脉翅目，蚁蛉科，捕食性天敌，主要捕食菜田昆虫。

分布：河北、陕西、江苏、江西、福建。

成虫形态特征：体长 17 ～ 25 mm，前翅长 22 ～ 31 mm，后翅长 21 ～ 30 mm。头部黄褐色，额中央触角基部为褐色；触角黄褐色，末端膨大部分为黑色，膨大部前有一小段淡色，下颚须和下唇须均短小，黄褐色。胸部背面黄褐色。中央有褐色纵带，以后胸上的褐纹最明显；前足基节外侧也为褐色。足黄褐具黑斑，跗节大部为黑色，胫节端部的 1 对距细长而末端弯，黄褐色，伸达第二跗节端部，约等于爪长的 2 倍。腹部黄褐色，第二节黑色，第三节大部黑褐色，腹面黑褐色。翅透明，具明显花斑，翅脉褐色，部分为黄色；翅痣淡红褐色。前翅褐斑多，分布在翅尖及后缘，以后缘中央的弧形纹和下面的褐斑最为醒目。后翅则褐斑较前翅为少，均在翅端部，前缘翅痣旁的 1 个褐斑最大，翅尖的呈三角形。

成虫上灯时间：河北省 7 月。

褐纹树蚁蛉成虫 泊头市 吴春娟
2018 年 7 月

第四章 膜翅目

·叶蜂科·

1.麦叶蜂

中文名称: 麦叶蜂,(*Dolerus tritici* Chu),膜翅目,叶蜂科。别名:齐头虫、小粘虫、青布袋虫。

为害: 以幼虫为害麦叶,从叶边缘向内咬呈缺刻,重者可将叶尖全部吃光。

分布: 河北、北京、天津、黑龙江、吉林、辽宁、陕西、山西、山东、河南、江苏、安徽、湖北、四川、甘肃、新疆、宁夏、内蒙古。

生活史及习性: 麦叶蜂在北方麦区 1 年发生 1 代,以蛹在土中 20 cm 深处越冬,翌年 3 月气温回升后开始羽化,成虫用锯状产卵器将卵产在叶片主脉旁边的组织中,卵期 10 d。幼虫有假死性,1～2 龄期为害叶片,3 龄后怕光,白天潜伏在麦丛中,傍晚后为害,4 龄幼虫食量增大,虫口密度大时,可将麦叶吃光,一般 4 月中旬进入为害盛期。5 月上、中旬老熟幼虫入土作茧休眠至 9 月、10 月脱皮化蛹越冬。麦叶蜂在冬季气温偏高,土壤水分充足,春季气候温度高,土壤湿度大的条件下适其发生,为害重。沙质土壤麦田比黏性土受害重。

成虫形态特征: 体长 8～9.8 mm,雄体略小,黑色微带蓝光,后胸两侧各有一白斑。翅透明膜质翅透明膜质。

成虫上灯时间: 河北省 3 月。

麦叶蜂成虫 馆陶县 马建英
2017 年 3 月

麦叶蜂成虫 辛集市 陈哲
2014 年 3 月

麦叶蜂幼虫 霸州市 潘小花
2014 年 4 月

第五章　鞘翅目

·步甲科·

1. 单齿蝼步甲

中文名称：单齿蝼步甲，*Scarites terricola*（Bonelli），鞘翅目，步甲科。

分布：河北、黑龙江、吉林、辽宁、内蒙古、甘肃、新疆、陕西、河南、江苏、安徽、浙江、湖北、江西、湖南、福建、台湾、广东、广西、贵州。

成虫形态特征：体长 17.7～21.4 mm，体宽 5.0～5.8 mm。背面黑色，腹面及足栗黑色，末两腹节每侧各具一棕色黄斑。头部与前胸背板近于等宽，方形；眼小，圆形；上颚全部外露，左右不对称，前部弯曲，端部尖锐；前胸背板宽大，六边形，有前后 2 根毛，表面光洁无刻点；鞘翅长形，两侧近于平行，基沟外端肩齿突出，条沟细，行距平坦，第 3 行距在中部之后有 2 个毛穴，无盾片行，基缘及外缘有颗粒状小突起；前，中足挖掘式，胫节宽扁，前端有 2 个指状突，中足胫节宽扁，端部具一长齿突。

成虫上灯时间：河北省 8 月。

单齿蝼步甲成虫 馆陶县
陈立涛 2018 年 8 月

2. 革青步甲

中文名称：革青步甲，*Chlaenius alutaceus*（Gebler），鞘翅目，步甲科。

分布：河北。

生活史及习性：是一种捕食性天敌昆虫。喜欢生活在潮湿地带，有趋光性。成虫昼伏夜出。

成虫形态特征：体长 14 mm 左右。头部、前胸背板、鞘翅有铜绿色光泽。前口式。前胸背板近圆形，隆起。鞘翅从翅肩至后缘有纵沟，平行排列。前胸背板外缘、鞘翅外缘、触角、腿部略浅褐色。腹面黑色。触角丝状 8 节，长度超过翅肩，至鞘翅 1/4 处。

成虫上灯时间：河北省 8 月。

革青步甲成虫 馆陶县 陈立涛
2018 年 8 月

革青步甲幼虫捕食棉铃虫 馆陶县
陈立涛 2017 年 9 月

3. 后斑青步甲

中文名称： 后斑青步甲，*Chlaenius posticalis*（Motschulsky），鞘翅目，步甲科。

分布： 河北、北京、山西、山东、辽宁、吉林、黑龙江。

生活史及习性： 为天敌昆虫，捕食夜蛾科幼虫。

成虫形态特征： 体长 12～14 mm，宽 4.5～5.4 mm。头、前胸背板、小盾片紫铜色，两侧绿色，有光泽，鞘翅青铜近于黑色，有黄色斑，侧缘绿色；触角、口器及足棕红色，腹面黑色（包括足基节）常具深蓝色光泽，腹末节周缘黄色。前胸背板前端较后端略狭，两侧弧形，最宽处在中部，前缘后凹，后缘较直，基角端圆形，缘毛位于角前，隆起，中沟及基凹均较深，密被粗、细刻点，在中部及两侧缘有横皱。鞘翅自肩后稍膨，除小盾片行外有 9 条沟，沟底有细刻点，行距平坦，刻点密，常边成横皱。腹面胸部刻点粗大，腹部的较细。

成虫上灯时间： 河北省 7—8 月。

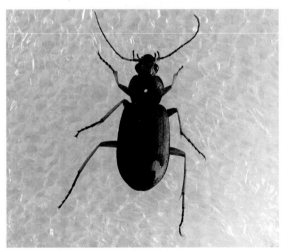

后斑青步甲成虫 泊头市 吴春娟
2018 年 5 月

后斑青步甲成虫 栾城区 焦
素环 2018 年 7 月

4. 黄斑青步甲

中文名称：黄斑青步甲，*Chlaenius micans*（Fabricius），鞘翅目，步甲科。别名：绒毛曲斑地甲。

分布：河北、辽宁、内蒙古、宁夏、青海、陕西、山东、河南、江苏、安徽、湖北、江西、湖南、福建、台湾、广东、广西、四川、贵州、云南。

生活史与习性：捕食性天敌，可捕食多种鳞翅目幼虫。1年发生3代。越冬成虫4月下旬开始活动，日平均气温稳定在15℃以上时，越冬成虫开始出蛰、交配和产卵。卵的发育历期为8～12 d。5月中下旬，当旬平均气温稳定达到18℃以上时，卵开始孵化。幼虫期从5月中下旬开始活动，10月下旬结束。幼虫期16～23 d。幼虫共3龄。11月上旬，成虫开始越冬。一般成采虫在土壤、石缝、杂草丛等处越冬，越冬期4～5个月，成虫活动期3～5个月。黄斑青步甲各虫态比较形整齐，但存在一定的世代重叠现象。

成虫形态特征：体长14～15 mm；体宽5 mm。黑色，头部及前胸背板均有绿色的金属光泽；触角的基部和端部红棕色；口器红棕色，小盾片亦有绿色的金属光泽。鞘翅光泽较弱，近端部的3/4处有黄斑，黄斑由第四至第八沟距上的纵斑组成，以第五沟距上的纵斑最长（长约1.5 mm）。足红棕色。头部具小刻点，两眼之间及前面部分较稀疏。前胸背板上的刻点粗而密，靠近基部有黄色短绒毛。

成虫上灯时间：河北省5—9月。

黄斑青步甲成虫 馆陶县 陈立涛
2018 年 5 月

5. 黄缘青步甲

中文名称：黄缘青步甲，*Chlaenius spoliatus*（Rossi），鞘翅目，步甲科。

分布：河北、北京、甘肃、新疆、河南、安徽、湖北、湖南、江西、江苏、福建、贵州、广西、四川、云南、海南。

生活史及习性： 为稻田常见的种类，捕食鳞翅目幼虫。别国报道，其能取食非洲蝼蛄的卵粒。在中国南方会取食东方蝼蛄卵。

成虫形态特征： 体长 11 ～ 12 mm，宽 5 mm。黑褐色，头、前胸背板有绿色的金属光泽，口器、触角、前胸背板侧缘，鞘翅外缘、鞘翅缘折、足及腹部末端黄褐色。鞘翅边缘的黄纹沿肩部的最细窄，中部以后黄纹加宽，边缘呈波纹状达鞘翅末端。头部光滑，额陷深，眼侧有数条刻纹伸向额陷。前胸背板前缘及后缘的宽度相似；侧缘近中央部分最宽；刻点中央较疏，两侧及基部较密；披黄褐色绒毛。鞘翅沟距上的刻点密致且合并成横皱纹。

成虫上灯时间： 河北省 7—9 月。

黄缘青步甲成虫 安新县 张小龙
2018 年 8 月

6. 蠋步甲

中文名称： 蠋步甲，*Dolichus halensis*（Schaller），鞘翅目，步甲科。

分布： 河北、黑龙江、吉林、辽宁、内蒙古、甘肃、青海、新疆、山西、山东、陕西、河南、江苏、安徽、湖北、江西、湖南、福建、广东、广西、四川、贵州、云南。

生活史及习性： 常见于农田附近，奔跑迅速，善于攀爬到植物上，捕食多种鳞翅目幼虫。

成虫形态特征： 体长 16 ～ 20 mm，宽 5 ～ 6.5 mm。体黑色；足的腿节和胫节黄褐色；复眼间 2 个圆形斑，前胸背板侧缘，鞘翅背面的大斑纹，以及足的跗节和爪均为棕红色。头部光亮无刻点。鞘翅狭长，末端窄缩，中部有长形斑，两翅色斑合成长舌形大斑；每鞘翅有 9 条具刻点条沟。

成虫上灯时间： 河北省 7 月。

蠋步甲成虫 大名县 崔延哲

2018 年 7 月

·虎甲科·

1. 星斑虎甲

中文名称：星斑虎甲，*Cicindela kaleea*（Bates），鞘翅目，虎甲科。

分布：河北、北京、宁夏、江苏、浙江、江西、山东、河南、四川、贵州、云南、甘肃、台湾。

生活史及习性：捕食多种昆虫。

成虫形态特征：体长 7.5 ～ 10.0 mm。身体背腹面、触角、腿墨绿色，唇部、腿基部有 1 点褐色。触角丝状 10 节。下口式。触角间距小于上唇宽度，头比前胸宽。前胸圆柱形，长宽略等。鞘翅长椭圆形，两边近平行。鞘翅上有明显 4 个圆形白斑，前部斑点小于后部。鞘翅中部外缘有 1 对钩型斑或不明显。

成虫上灯时间：河北省 7—9 月。

星斑虎甲成虫 馆陶县 陈立涛

2018 年 9 月

2.月斑虎甲

中文名称：月斑虎甲，*Cicindela lunulata*（Fabricius），鞘翅目，虎甲科。

分布：广东、北京、河北、天津。

生活史及习性：捕食性天敌昆虫，可捕食棉花上的棉铃虫、红铃虫、地老虎等昆虫成、幼虫捕食小型昆虫，幼虫生活在土穴中。虎甲成虫一般生活于河边沙地，潮湿草地或小路上，常于白天在地面活动或短距离低飞，行动迅速。

成虫形态特征：体长 12～16 mm。体背绿色，具铜色光泽。头胸部分铜红或宝蓝色，腹面胸部和足金属绿、紫或铜色，腹部蓝紫色。上唇和上颚基部外侧乳白色。触角 1～4 节金属绿色。复眼间有细皱纹。上唇中部有 1 横列较密的淡色长毛，前缘中部有 1 个尖齿。前胸两侧被较密的白色半竖长毛。鞘翅密布小圆刻点，在肩胛内侧有少数大刻点，具乳白或淡黄色斑，在肩胛外侧和翅端部各有 1 个半月形斑，中部有 1 对部分连接的小斑，其后还有 1 对小圆斑。

成虫上灯时间：河北省 7—8 月。

月斑虎甲成虫 泊头市 吴春娟
2018 年 8 月

3.云纹虎甲

中文名称：云纹虎甲，*Cicindela elisae*（Motschulsky），鞘翅目，虎甲科。别名：绸纹虎甲、曲纹虎甲。

分布：河北、北京、甘肃、湖北、江西、安徽、上海、江苏、浙江、河南、四川、山东、山西、新疆、内蒙古、台湾、福建、广东。

生活史及习性：捕食同翅目、膜翅目、鳞翅目等多种小昆虫。

成虫形态特征：体长 9.0～11.0 mm，宽约 5.0 mm。体背深绿色，稍带铜色光泽。触角丝状，11 节，基部 4 节蓝绿色，光滑无毛，余节黑褐色，密布短毛。上唇前缘中间有 1 个小尖齿，两侧略凹。复眼大而突出，额在复眼之间有细纵皱纹。前胸背板两侧、胸部侧板和腹部两侧密被白色长粗毛。

上唇宽短，淡黄色，沿前缘有1列刻点和淡黄色毛；鞘翅暗红铜或铜绿色，每侧肩部花纹略呈C形，中部花纹呈斜弓字形。

成虫上灯时间：河北省5—8月。

云纹虎甲成虫 馆陶县 陈立涛

2018 年 8 月

· 花金龟科 ·

1. 白星花金龟

中文名称：白星花金龟，*Postosia brevitarsis*（Leiwis），鞘翅目，花金龟科。

为害：白星花金龟成虫喜食成熟的果实以及玉米、向日葵等农作物，其幼虫为腐食性，在自然界中可以取食腐烂的秸秆、杂草以及畜禽粪便等。

分布：河北、黑龙江、吉林、辽宁、内蒙古、陕西、山西、山东、河南、安徽、江苏、浙江、四川、湖北、江西、湖南、广西、贵州、福建、新疆。

生活史及习性：白星花金龟在河北省1年发生1代，以幼虫在土壤内越冬，成虫5月中下旬开始出现，6月中旬至7月中旬为羽化盛期，成虫期一般为100～130 d，卵的孵化盛期为7月上旬到8月中旬。白星花金龟成虫昼伏夜出，飞翔能力强，具有假死性、趋腐性及趋糖性，喜食腐烂的果实以及玉米、花生、甘薯等农作物。多产卵于粪堆、秸秆、腐草堆等腐殖质较多、环境条件比较潮湿或施有未经腐熟肥料的场所。

成虫形态特征：体长17～24 mm，宽9～13 mm，椭圆形，背面较平，体较光亮，多古铜色或青铜色，体表散布众多不规则白绒斑。头部较窄，两侧在复眼前明显陷入，中央隆起。复眼突出，黄铜色带有黑色斑纹。前胸背板具不规则白线斑。小盾片长三角形，顶端钝，表面光滑，仅基角有少量刻点。鞘翅宽大，近长方形。腹部光滑，两侧刻纹较密粗。后足基节后外端角齿状，足粗壮。

成虫上灯时间：河北省6—7月。

白星花金龟成虫 定州市 苏翠芬
2018 年 7 月

白星花金龟成虫 卢龙县 董建华
2018 年 7 月

2. 小青花金龟

中文名称: 小青花金龟,*Oxycetonia jucunda*(Faldermann),鞘翅目,花金龟科。别名:小青花潜。

为害: 寄主有栗、苹果、梨、山楂、樱桃、李、杏等果树,还为害多种林木和农作物。是多食性害虫。小青花金龟 5—6 月食害花序、花蕊、花瓣和嫩叶,使其呈缺刻或孔洞。

分布: 河北、山东、河南、山西、江苏、陕西。

生活史及习性: 每年发生 1 代,北方以幼虫越冬,江苏可以幼虫、蛹及成虫越冬。成虫白天活动,春季 10—15 时,夏季 8—12 时及 14—17 时活动最盛,春季多群聚在花上,食害花瓣、花蕊、芽及嫩叶,致落花。成虫喜食花器,故随寄主开花早迟转移为害,成虫飞行力强,具假死性,风雨天或低温时常栖息在花上不动,夜间入土潜伏或在树上过夜,成虫经取食后交尾、产卵。卵散产在土中、杂草或落叶下。尤喜产卵在腐殖质多的场所。幼虫孵化后以腐殖质为食,长大后为害根部,但不明显,老熟后化蛹于浅土层。

成虫形态特征: 体长 11～16 mm,宽 6～9 mm,长椭圆形稍扁;背面暗绿或绿色至古铜微红及黑褐色;腹面黑褐色,具光泽,体表密布淡黄色毛和刻点;头较小,黑褐或黑色,唇基前缘中部深陷;前胸背板半椭圆形,前窄后宽,中部两侧盘区各具白绒斑 1 个,近侧缘亦常生不规则白斑,有些个体没有斑点;小盾片三角状;鞘翅狭长,侧缘肩部外凸,且内弯,翅面上生有白色或黄白色绒斑,一般在侧缘及翅合缝处各具较大的斑 3 个;肩凸内侧及翅面上亦常具小斑数个;纵肋 2～3 条,不明显;臀板宽短,近半圆形,中部偏上具白绒斑 4 个,横列或呈微弧形排列。小青花金龟体暗绿色,有大小不等的白色绒斑;鞘翅上的银白色绒斑:近缝肋和外缘各有 3 个,侧缘 3 个较大;臀板外露,有 4 个横列的银白色绒斑。

成虫上灯时间: 河北省 4—6 月。

小青花金龟成虫 宽城县 姚明辉　　　小青花金龟成虫 宽城县 姚明辉
2008 年 4 月　　　　　　　　　　　　2008 年 4 月

· 吉丁甲科 ·

1. 白蜡窄吉丁甲

中文名称：白蜡窄吉丁甲，*Agrilus planipennis*（Fairmaire），鞘翅目，吉丁甲科。别名：花曲柳窄吉丁、梣小吉丁。

为害：典型的钻蛀性害虫，除成虫外，其他虫态都在树干内度过，以幼虫在树木的韧皮部、形成层和木质部浅层蛀食为害，因其隐蔽性强，防治极为困难。寄主为木樨科白蜡属（主要绒毛白蜡、白蜡、水曲柳、花曲柳）的苗木、带皮原木、木材等，其中以大叶白蜡受害最重。

分布：河北、黑龙江、吉林、辽宁、山东、北京、内蒙古、天津、新疆、台湾。

生活史及习性：一般为 1 年 1 代。以不同龄期的幼虫在韧皮部与木质部或边材坑道内越冬。翌年 4 月上中旬开始活动，4 月下旬开始化蛹，5 月中旬为化蛹盛期，6 月中旬为末期。成虫于 5 月中旬开始羽化，6 月下旬为羽化盛期，成虫羽化孔为"D"形。成虫羽化后在蛹室中停留 5～15 d，之后破孔而出。6 月中旬至 7 月中旬产卵，每头雌虫平均产卵 68～90 粒。幼虫于 6 月下旬孵化后，即陆续蛀入韧皮部及边材内为害。10 月中旬，开始在坑道内越冬。

成虫形态特征：体铜绿色，具金属光泽，楔形；头扁平，顶端盾形；复眼古铜色、肾形，占大部分头部；触角锯齿状；前胸横长方形比头部稍宽，与鞘翅基部同宽；鞘翅前缘隆起成横脊，表面密布刻点，尾端圆钝，边缘有小齿突；腹部青铜色。

成虫上灯时间：河北省 5—6 月。

白蜡窄吉丁甲成虫 宽城县　白蜡窄吉丁甲幼虫 宽城县　白蜡窄吉丁甲幼虫 宽城县　白蜡窄吉丁甲成虫 宽城县
姚明辉 2015 年 5 月　　　姚明辉 2014 年 9 月　　　姚明辉 2015 年 5 月　　　姚明辉 2015 年 5 月

· 叩甲科 ·

1. 沟金针虫

中文名称：沟金针虫，*Pleonomus canaliculatus*，鞘翅目，叩甲科。成虫别名：叩头虫，幼虫别名：铁丝虫、姜虫、金齿耙等。

为害：主要为害禾谷类、薯类、豆类、甜菜、棉花和各种蔬菜和林木幼苗等，危害性较大。

分布：河北、辽宁、内蒙古、山西、河南、山东、江苏、安徽、湖北、陕西、甘肃、青海。

生活史及习性：沟金针虫长期生活于土中，约需3年左右完成1代，第1年、第2年以幼虫越冬，第3年以成虫越冬。老熟幼虫从8月上旬至9月上旬先后化蛹，化蛹深度以13～20 cm土中最多，蛹期16～20 d，成虫于9月上中旬羽化。越冬成虫在2月下旬出土活动，3月中旬至4月中旬为盛期，成虫傍晚爬出土面活动和交配，交配后将卵产在土下3～7 cm深处。卵散产，一头雌虫产卵可达200余粒。雄虫交配后3～5 d即死亡，雌虫产卵后死去，成虫寿命约220 d。卵于5月上旬开始孵化，卵历期33～59 d，平均42 d。初孵幼虫体长约2 mm，在食料充足的条件下，当年体长可达15 mm以上；到第三年8月下旬，老熟幼虫多于16～20 cm深的土层内作土室化蛹，蛹历期12～20 d，平均16 d。9月中旬开始羽化，当年在原蛹室内越冬。

成虫形态特征：体色栗褐色，雌虫体长14～17 mm，宽约5 mm；雄虫体长14～18 mm，宽约3.5 mm。体扁平，全体被金灰色细毛。头部扁平，头顶呈三角形凹陷，密布刻点。雌虫触角短粗11节，第三至第十节各节基细端粗，彼此约等长，约为前胸长度的2倍。雄虫触角较细长，12节，长及鞘翅末端；第一节粗，棒状，略弓弯；第二节短小；第三至第六节明显加长而宽扁；第五、六节长于第三、第四节；自第六节起，渐向端部趋狭略长，末节顶端尖锐。雌虫前胸较发达，背面呈半球状隆起，后绿角突出外方；鞘翅长约为前胸长度的4倍，后翅退化。雄虫鞘超长约为前胸长度的5倍。足浅褐色，雄虫足较细长。

成虫上灯时间：河北省4—5月。

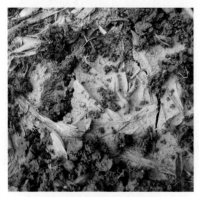  

沟金针虫幼虫 邯郸市 毕章宝 2014 年 7 月	沟金针虫成虫 馆陶县 陈立涛 2018 年 5 月	沟金针虫成虫 玉田县 孙晓计 2018 年 4 月

2. 黑艳叩头虫

中文名称：黑艳叩头虫，*Ampedus cambodiensis*，鞘翅目，叩甲科。

为害：以幼虫为害小麦、玉米等作物的根、根茎部。为害小麦造成根茎部断裂，植株死亡，严重时缺苗断垄。为害玉米造成根部孔洞，植株萎蔫，死亡。

生活史及习性：2～5年完成1代。以幼虫越冬，冬前小麦播种后，在小麦幼苗根部取食为害。随着温度降低，幼虫逐渐下移越冬。次年春季温度回升，在小麦返青至起身期，幼虫上升至地表为害小麦根部及近地面叶鞘，幼虫数量多时，造成小麦成片死亡，缺苗断垄。小麦拔节后，幼虫为害减轻。玉米幼苗期，又是其为害的高峰。而后开始越夏。至秋季小麦播种期，又上升为害。

成虫形态特征：体长13 mm左右。体细长而略扁平，体色为光亮黑色，体表着生黑色短绒毛；前胸背板散生稀疏的微细刻点，鞘翅则具有较明显的刻点，形成平行纵线状排列，有纵沟至末端。头部扁平，有三角凹洼。触角雄虫11节，锯齿状；雌虫12节，线性。

成虫上灯时间：河北省7—8月。

黑艳叩头虫成虫 馆陶县　　黑艳叩头虫幼虫为害小麦根部　　黑艳叩头虫幼虫为害造成死苗
陈立涛 2018年8月　　馆陶县 陈立涛 2016年11月　　馆陶县 陈立涛 2016年11月

3. 细胸金针虫

中文名称：细胸金针虫，*Agriotes fuscicollis*（Miwa），鞘翅目，叩甲科。

为害：细胸金针虫为多食性害虫，寄主范围十分广泛，不但为害麦类、玉米、高粱、谷子、大麻、青麻、大豆、甘薯、马铃薯、甜菜、棉花、向日葵、瓜类、萝卜、花生、番茄、苹果、梨，还可以取食多种杂草和苗木的根。

分布：河北、黑龙江、吉林、内蒙古、陕西、宁夏、甘肃、陕西、河南、山东。

生活史及习性：细胸金针虫在东北约需3年完成1个世代。在河北4月平均气温0℃时，即开始上升到表土层为害。一般10 cm深土温7～13℃时为害严重。6月中、下旬羽化为成虫，成虫活动能力较强，对禾本科草类刚腐烂发酵时的气味有趋性。6月下旬至7月上旬为产卵盛期，卵产于表土内。

成虫形态特征：体长8～9 mm，宽约2.5 mm。体形细长扁平，暗褐色，略具光泽。头、胸部黑褐色，鞘翅、触角和足红褐色，光亮。触角细短，第一节最粗长，第二节稍长于第三节，基端略等粗，自第四节起略呈锯齿状，各节基细端宽，彼此约等长，末节呈圆锥形。前胸背板长稍大于宽，后角尖锐，顶端多少上翘；鞘翅狭长，末端趋尖，每翅具 9 行深的封点沟。

成虫上灯时间：河北省 5—7 月。

细胸金针虫成虫 馆陶县
2018 年 5 月

· 丽金龟科 ·

1. 黄褐丽金龟

中文名称：黄褐丽金龟，*Anomala exoleta*（Faldermann），鞘翅目，丽金龟科。别名：黄褐异丽金龟、黄褐金龟子。

为害：成虫、幼虫均能为害，而以幼虫为害最严重。成虫取食杏树花、叶以及杨树、榆树、花生、大豆等的叶片。幼虫食性较广，主要取食小麦、大麦、玉米、高粱、谷子、马铃薯、向日葵、豆类等作物以及蔬菜、林木、果树和牧草的地下部分。取食萌发的种子，造成缺苗断垄，咬断根茎、根系，使植株枯死，且伤口易被病菌侵入，造成植物病害。

分布：河北、黑龙江、吉林、辽宁、上海、江苏、浙江、安徽、福建、江西、山东、北京、天津、山西、内蒙古、河南、湖北、湖南、广东、广西、海南、四川、贵州、云南、重庆、陕西、甘肃、青海、宁夏。

生活史及习性：在华北、东北等地均是 1 年发生 1 代，以幼虫越冬。4—5 月化蛹。在河北南部，5 月下旬始见成虫，6—8 月是成虫盛发期，期间出现两个高峰，以第一高峰为大，是田间幼虫的主要来源。在河北东部，全年只在 6 月下旬至 7 月上旬出现一个峰期，发生量中等。成虫羽化后需在土内短暂栖息再出土。初羽化时体色较淡，为淡黄褐色，3 d 后，体色变深，呈黄褐色。

211

成虫昼伏夜出，傍晚活动最盛，趋光性强。

成虫形态特征：体长 15～18 mm，宽 7～9 mm，体黄褐色，有光泽，前胸背板色深于鞘翅。头顶具刻点，唇基长方形，前侧缘向上卷，复眼黑色。触角9节，黄褐色，雌、雄区分特征以触角最为明显，雄虫鳃叶部大而长，雌虫短而细。前胸背板隆起，两侧呈弧形，后缘在小盾片前密生黄色细毛。鞘翅长卵形，密布刻点，各有3条暗色纵隆纹。前、中足大爪分叉，3对足的基节、转节、腿节淡黄褐色，胫节、跗节为黄褐色。

成虫上灯时间：河北省4—7月。

黄褐丽金龟成虫 香河县 崔海平
2018 年 6 月

黄褐丽金龟成虫 卢龙县 董建华
2018 年 6 月

2. 苹毛丽金龟

中文名称：苹毛丽金龟，*Proagopertha lucidula*（Faldermann），鞘翅目，丽金龟科。别名：苹毛金龟子、长毛金龟子。

为害：该虫食性很杂，果树上可食害苹果、梨、桃、杏、葡萄樱桃、核桃、板栗和海棠等，特别是山地果园受害较重。主要以成虫在果树花期取食花蕾、花朵及嫩叶，虫量大时可将幼嫩部分吃光，严重影响产量及树势。幼虫以植物的细根和腐殖质为食，为害不明显。

分布：吉林、辽宁、河北、河南、山东、山西、陕西、甘肃、安徽、江苏。

生活史及习性：1年发生1代。以成虫在土中越冬。辽宁4月中旬成虫开始出土，5月末绝迹，历期的30 d。5月上旬田间开始见卵，产卵盛期为5月中旬，下旬产卵结束。5月下旬至8月上旬为幼虫发生期。7月底至9月中旬为化蛹期，8月下旬蛹开始羽化为成虫。新羽化的成虫当年不出土，即在土中越冬。

成虫出土一般有两个盛发期。第一次出现在4月下旬，占总虫数的30%；第二次出现在5月中旬，占总虫数的65%。成虫有假死习性。

成虫形态特征：卵圆形，体长 9～10 mm，宽 5～6 mm，虫体除鞘翅和小盾片光滑无毛外，皆密被黄白色细茸毛，雄虫茸毛长而密；头、胸背面紫铜色，鞘翅茶褐色，有光泽，半透明，透过鞘翅可透视出后翅折叠成"V"形，腹部末端露在鞘翅外。

苹毛丽金龟成虫 临西县 李保俊
2018 年 4 月

3. 铜绿丽金龟

中文名称： 铜绿丽金龟，*Anomala corpulenta*（Motschulsky），鞘翅目，丽金龟科。别名：铜绿金龟子、青金龟子、淡绿金龟子。

为害： 成虫为害柳、榆、松、豆类、板栗、核桃、苹果、山楂、海棠、梨、杏、桃、李、梅、柿、草莓等几十种树木和植物的叶部，幼虫则食害植物及苗木的根部。

分布： 北京、陕西、甘肃、宁夏、内蒙古、东北、河北、山西、河南、江苏、安徽、浙江、江西、湖北、湖南、四川。

生活史及习性： 在河北省 1 年发生 1 代，以三龄幼虫，少数以二龄幼虫在土中越冬。翌年 4 月越冬幼虫上升至表土为害，5 月下旬至 6 月上旬化蛹，6—7 月为成虫活动期，9 月上旬停止活动；成虫高峰期开始见卵，将卵散产于根系附近 5～6 cm 深的土壤中，卵期 10 d；7—8 月为幼虫活动高峰期，10—11 月进入越冬期。成虫昼伏夜出，趋光性强，有假死习性；白天隐伏于地被物或表土中，黄昏出土后多群集于苹果、杨、柳、梨等树上。

成虫形态特征： 体长 15～21 mm，宽 8～11.3 mm，体背铜绿色，有金属光泽，前胸背板及鞘翅侧缘黄褐色或褐色。唇基褐绿色且前缘上卷；复眼黑色；触角黄褐色，9 节；有膜状缘的前胸背板前缘弧状内弯，侧、后缘弧形外弯，前角锐而后角钝，密布刻点。鞘翅黄铜绿色且纵隆脊略现，合缝隆较显。雄虫腹面棕黄色且密生细毛、雌虫乳白色且末节横带棕黄色，臀板黑斑近三角形。足黄褐色，胫节、跗节深褐色。

成虫上灯时间：河北省5—8月。

铜绿丽金龟成虫 泊头市 李兴钊
2018年6月

·拟步甲科·

1. 网目拟地甲

中文名称：网目拟地甲，*Gonocephalum reticulatum*（Motschulsky）鞘翅目，拟步甲科。别名：网目沙潜、网目土甲。

为害：寄主包括蔬菜、豆类、小麦、花生等作物。成虫和幼虫为害蔬菜幼苗，取食嫩茎、嫩根，影响出苗，幼虫还能钻入根茎块根和块茎内食害，造成幼苗枯萎，以致死亡。

分布：黑龙江、吉林、辽宁、北京、天津、山西、河北、内蒙古、陕西、甘肃、青海、宁夏、新疆。

生活史及习性：在华北地区1年发生1代，以成虫在土中、土缝、洞穴和枯枝落叶下越冬。翌春3月下旬成虫大量出土，取食蒲公英、野蓟等杂草的嫩芽，并随即在菜地为害蔬菜幼苗。卵产在1～4 cm表土中。幼虫孵化后即在表土层取食幼苗嫩茎嫩根，具假死习性。6、7月份幼虫老熟后，在5～8 cm深处做土室化蛹。成虫羽化后多在作物和杂草根部越夏，秋季向外转移，为害秋苗。沙潜性喜干燥，一般发生在旱地或较粘性土壤中。成虫只能爬行，假死性特强。成虫寿命较长，最长的能跨越 4 个年度，连续 3 年都能产卵，且孤雌后代成虫仍能进行孤雌生殖。

成虫形态特征：雌成虫体长 7.2～8.6 mm，宽 3.8～4.6 mm；雄成虫体长 6.4～8.7 mm，宽 3.3～4.8 mm。成虫羽化初期乳白色，逐渐加深，最后全体呈黑色略带褐色，一般鞘翅上都附有泥土，因此外观成灰色。虫体椭圆形，头部较扁，背面似铲状，复眼黑色在头部下方。触角棍棒状 11 节，第 1、3 节较长，其余各节呈球形。鞘翅近长方形，其前缘向下弯曲将腹部包住，故有翅不能飞翔，鞘翅上有 7 条隆起的纵线，每条纵线两侧有突起 5～8 个，形成网格状。前、中、后足各有距 2 个，足上生有黄色细毛。

成虫上灯时间：河北省 9 月可见。

网目拟地甲成虫 栾城区 焦素环
2017 年 9 月

·瓢虫科·

1. 马铃薯瓢虫

中文名称：马铃薯瓢虫，*Henosepilachna vigintioctomaculata*（Motschulsky），鞘翅目，瓢虫科。别名：二十八星瓢虫。

为害：主要为害茄科植物，是马铃薯和茄子的重要害虫。成虫和幼虫均取食同样的植物，取食后叶片残留表皮，且成许多平行的牙痕。也能将叶吃成孔状或仅存叶脉，严重时全田如枯焦状，植株干枯而死。

分布：北京、陕西、甘肃、东北、河北、山西、河南、山东、浙江、福建、台湾、广西、四川、云南、西藏。

生活史及习性：1 年发生 2 代，以越冬代成虫在发生地块周围的石堰缝内、草丛中、石块下、树洞及草垛等避风向阳处越冬。越冬代成虫于 4 月中旬开始出蛰活动，先是在附近杂草上栖居，以后迁至野菊花、苍耳、龙葵、刺儿菜、构杞等杂草上取食，进入5月，随着马铃薯出苗，陆续迁入大田进行为害，5月中旬为越冬代成虫迁移盛期。成虫迁到马铃薯植株上后，随即交配产卵，5月下旬至6月上旬为越冬代成虫产卵盛期，第一代幼虫在5月下旬开始孵化，6月上、中旬为害最严重，6月中旬开始化蛹，6月下旬末始见第一代成虫。第一代成虫于7月上旬开始产卵，7月下旬至8月上旬为越冬代幼虫孵化盛期，8月中旬是幼虫为害盛期，8月下旬至9月上旬为越冬代成虫羽化盛期。9月中旬后，随着马铃薯的收获，开始转移到附近的菜豆、南瓜、茄子、白菜等植物上栖食，10月上旬开始寻觅越冬场所，10月中旬后蛰伏进入越冬期。

　　成虫昼夜均可羽化，羽化后3～4 d开始交尾，有假死性和避光性，大都在叶片背面活动。幼虫蜕皮3次，四龄。老熟幼虫多在植株近基部的叶背上化蛹，少数在附近杂草或茎上化蛹。

　　成虫形态特征：体长7～8 mm，体宽5.2～5.7 mm，半球形，赤褐色，体背密生短毛，并有白色反光。前胸背板常常具5个黑斑，中斑似由3个斑组成，形成较大的剑状纹，两侧两个斑分别连接形成黑斑（有时合并成1个）。两鞘翅各有14个黑色斑（6个基斑和8个变斑），鞘翅基部3个黑斑后面的4个斑不在一条直线上；两鞘翅合缝处有1～2对黑斑相连。

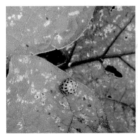

马铃薯瓢虫成虫
大名县　崔延哲
2014年8月

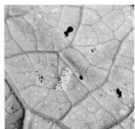

马铃薯瓢虫卵
大名县　崔延哲
2014年8月

马铃薯瓢虫蛹　大名县
崔延哲
2014年8月5日

马铃薯瓢虫蛹　平山县
韩丽
2018年8月

马铃薯瓢虫　临西县　李保俊
2018年7月

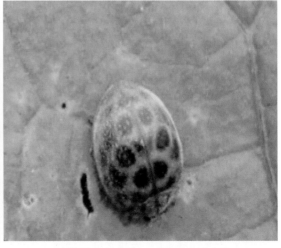

马铃薯瓢虫为害茄子　霸州市　潘小花
2008年7月

2. 龟纹瓢虫

中文名称：龟纹瓢虫，*Propylaea japonica*（Thunberg），鞘翅目，瓢虫科。

分布：黑龙江、吉林、辽宁、新疆、甘肃、宁夏、北京、河北、河南、陕西、山东、湖北、江苏、上海、浙江、湖南、四川、台湾、福建、广东、广西、贵州、云南。

生活史及习性：除了冬季外均可发现成虫，但在早春特别多。会捕食蚜虫、叶蝉、飞虱等。是益虫，常见种类，也是与大众甲壳虫车最像的瓢虫。斑纹多变（十多种），有时鞘翅全黑或无黑纹。常见于农田杂草，以及果园树丛，捕食多种蚜虫。它耐高温，7月下旬后受高温和蚜虫凋落的影响，其他瓢虫数量骤降，而龟纹瓢虫因耐高温，喜高湿，在棉花、芋头、豆类等作物田数量占绝对优势（90%以上）。在棉田7、8月以捕食伏蚜、棉铃虫和其他害虫的卵及低龄幼若虫。7—9月也是果园内的重要天敌，在苹果园取食蚜虫、叶蝉、飞虱等害虫。

成虫形态特征：体长3.4～4.5 mm，体宽2.5～3.2 mm。外观变化极大；标准型翅鞘上的黑色斑呈龟纹状；无纹型翅鞘除接缝处有黑线外，全为单纯橙色；另外尚有四黑斑型、前二黑斑型、后二黑斑型等不同的变化。

成虫上灯时间：河北省4—6月。

龟纹瓢虫成虫 馆陶县 陈立涛
2018年8月

龟纹瓢虫成虫 馆陶县 马建英
2017年6月

龟纹瓢虫成虫 馆陶县 马建英
2018年6月

龟纹瓢虫成虫 邯郸市 毕章宝
2013年6月10日

3. 七星瓢虫

中文名称： 七星瓢虫，*Coccinella septempunctata*（Linnaeus），鞘翅目，瓢虫科。别名：花大姐。

分布： 河北、黑龙江、吉林、辽宁、内蒙古、北京、天津、山西、重庆、甘肃、宁夏、河南、西藏、青海、陕西、新疆、四川、上海、安徽、江苏、福建、江西、山东、浙江、湖北、湖南、云南、贵州、广西、广东、海南、香港、澳门、台湾。

生活习性及习性： 分布非常普遍，但是较少成群聚集。以成虫在小麦或油菜的根茎间越冬，也有的在向阳的土缝中过冬。次年4月出蛰，产卵于有蚜虫的植物寄主上，成虫和幼虫均以多种蚜虫、木虱等为食。七星瓢虫是著名的害虫天敌，成虫可捕食麦蚜、棉蚜、桃蚜、介壳虫等害虫。在河北每年发生5～6代，一生有卵、幼虫、蛹和成虫4个发育阶段。成虫寿命长，平均77 d，一头雌虫可产卵567～4 475粒。每只七星瓢虫一生可取食上万头蚜虫，是一种非常好的益虫。七星瓢虫有较强的自卫能力，它脚关节上有一种"化学武器"。当遇到敌人侵袭时，它的脚关节能分泌一种极难闻的黄色液体，使敌人受不了而仓皇退却、逃走。它还有一套装死的本领，当遇到强敌和危险时，它就立刻从作物上落到地下，把脚收缩到肚子底下，装死瞒过敌人。

成虫形态特征： 体长不足7 mm，呈卵圆形，背部拱起似半球，头黑色，顶端有两个淡黄色斑纹，前胸黑色，足黑色，密生细毛，鞘翅红色或橙黄色，每个鞘翅上各有3个黑点，中间1个黑点被鞘翅缝分割成每边一半，共有七个黑点，所以叫七星瓢虫。

成虫上灯时间： 河北省4月。

| 七星瓢虫成虫 饶阳县 高占虎 2018年4月 | 七星瓢虫成虫 饶阳县 高占虎 2018年5月 | 七星瓢虫蛹 定州市 白素芹 2018年5月 | 七星瓢虫幼虫 定州市 白素芹 2018年5月 |

·鳃金龟科·

1. 暗黑鳃金龟

中文名称： 暗黑鳃金龟，*Holotrichia parallela*（Motschulsky），鞘翅目，鳃金龟科。

为害： 寄主植物有榆、柳、杨、核桃、桑、苹果、梨、向日葵、大豆等。

分布： 北京、陕西、甘肃、青海、东北、山西、河北、河南、山东、江苏、安徽、浙江、江西、福建、湖南、四川、贵州。

生活史及习性： 河北省中南部地区1年发生1代，多数以3龄幼虫在深层土中越冬，少数以成虫越冬，翌年5月初为化蛹始期，5月中旬为盛期，终期在5月底，6月初见成虫，7月中下旬至 8 月上旬为产卵期，7 月中旬至 10 月为幼虫为害期，10 月中旬进入越冬期。成虫有较强的选择适应能力，在榆、加拿大杨、柳、刺槐混交林带，嗜食榆叶，在梨、苹果、桃混交果园中，最喜欢食梨叶，红香蕉苹果叶则不受害。成虫有多次交尾习性。雌虫交尾后，5 ～ 7 d 产卵。卵经 8 ～ 10 d 孵化为幼虫。1 龄幼虫平均 20.1 d，2 龄平均 19.3 d，3 龄平均 270 d。

成虫形态特征：体长 17 ～ 22 mm，宽 9.0 ～ 11.3 mm，呈窄长卵形。初羽化成虫为红棕色，以后逐渐变为红褐色或黑色，体被淡蓝灰色粉状闪光薄层，腹部闪光更显著。唇基前缘中央稍向内弯和上卷，刻点粗大。触角 10 节，红褐色。前胸背板侧缘中央呈锐角状外突，刻点大而深，前缘密生黄褐色毛。每鞘翅上有 4 条可辨识的隆起带，刻点粗大，散生于带间，肩瘤明显。前胫节外侧有 3 钝齿，内侧生 1 棘刺，后胫节细长，端部 1 侧生有 2 端距；跗节 5 节，末节最长，端部生 1 对爪，爪中央垂直着生齿。小盾片半圆形，端部稍尖。腹部圆筒形，腹面微有光泽，尾节光泽性强。雄虫臀板后端浑圆，雌虫则尖削。雄性外生殖器阳基侧突的下部不分叉，上部相当于上突部分呈尖角状。

成虫上灯时间：河北省 5—7 月。

暗黑鳃金龟成虫 定州市 苏翠芬
2018 年 7 月 30 日

暗黑鳃金龟成虫 香河县 程丽
2018 年 7 月

2. 大云斑鳃金龟

中文名称：大云斑鳃金龟，*Polyphylla laticollis*（Lewis），鞘翅目，鳃金龟科。别名：大云鳃金龟、大理石须金龟、花石金龟。

为害：寄主于松、云杉、杨、柳、榆、桃、李、杏、苹果等林果及多种农作物。幼虫取食大田作物、杂草及灌木的地下茎和根，使苗木枯萎死亡，造成缺苗；成虫啃食林木幼芽嫩叶，对林木生长影响很大。

分布：河北、黑龙江、吉林、辽宁、内蒙古、北京、天津、山西、重庆、甘肃、宁夏、河南、青海、陕西、四川、上海、安徽、江苏、福建、江西、山东、浙江、湖北、湖南、云南、贵州、广西、广东、海南、香港、澳门、台湾。

生活史及习性：3～4年发生1代，以幼虫在土中越冬。当春季土温回升10～20℃时幼虫开始活动，6月间老熟幼虫在土深10 cm左右作土室化蛹，7—8月成虫羽化。成虫有趋光性，白天多静伏，黄昏时飞出活动，求偶、取食进行补充营养。产卵多在沿河沙荒地、林间空地等沙土腐殖质丰富的地段，每个雌虫产卵十多粒至数十粒。初孵幼虫以腐殖质及杂草须根为食，稍大后即能取食树根，对幼苗的根为害很大，使树势变弱，甚至死亡。

成虫形态特征：全体栗褐色至黑褐色，鞘翅布满不规则云斑，体长31.0～38.5 mm。头部有粗刻点，密生淡黄褐色及白色鳞片。唇基横长方形，前缘及侧缘向上翘起。触角10节，雄虫柄节3节，鳃片部7节，鳃片长而弯曲，约为前胸背板长的1.5倍；雌虫柄节4节，鳃片部6节，鳃片短小，长度约为前胸背板的1/3。前胸背板宽大于长的2倍，表面有浅而密的不规则刻点，有3条散布淡黄褐色或白色鳞片群的纵带，形似"M"形纹。小盾片半椭圆形，黑色，布有白色鳞片。鞘翅散布小刻点，白色鳞片群点缀如云，犹如大理石花纹，故名大理石须金龟、花石金龟。胸部腹面密生黄褐色长毛。前足胫节外侧雄虫有2齿，雌虫有3齿。

成虫上灯时间：河北省6—8月。

大云斑鳃金龟成虫 定州市 苏翠芬 2018年6月22日 ・ 大云斑鳃金龟成虫 宽城县 姚明辉 2017年8月22日 ・ 大云斑鳃金龟成虫 宽城县 姚明辉 2018年8月

3．黑绒鳃金龟

中文名称：黑绒鳃金龟，*Maladera orientalis*（Motschulsky），鞘翅目，鳃金龟科。别名：黑绒金龟子、天鹅绒金龟子、东方金龟子、东方绢金龟。

为害：寄主植物有40多科150余种。成虫取食叶片为害，食性复杂，主要为害蔷薇科果树、柿、葡萄、桑、杨、柳、榆，各种农作物及十字花科植物等。

分布：河北、黑龙江、吉林、辽宁、内蒙古、北京、天津、山西、重庆、甘肃、宁夏、河南、西藏、青海、陕西、新疆、四川、上海、安徽、江苏、福建、江西、山东、浙江、湖北、湖南、云南、贵州、广西、广东、海南、香港、澳门、台湾。

生活史及习性：1年发生1代，以成虫在20～40 cm深的土中越冬。一般4月上、中旬越冬，成虫即逐渐上升，4月中、下旬至5月初，旬平均气温5℃左右，开始出土，8℃以上时开始盛发。成虫出土后，首先为害返青早的杂草，牧草出苗后，转到幼苗上为害，特别喜食豆科牧草，开始取食子叶，后啃咬心叶，叶片呈缺刻，甚至全部吃光。为害盛期在5月初至6月中旬左右。6月为产卵期，卵期 9 d 左右。6 月中旬开始出现新一代幼虫，幼虫一般为害不大，仅取食一些植物的根和土壤中腐殖质。8—9 月，3 龄老熟幼虫作土室化蛹，蛹期 10 d 左右，羽化出来的成虫不再出土而进入越冬状态。成虫白天潜伏在 1～3 cm 的土表，夜间出土活动。以无风温暖的天气出现最多，成虫活动的适宜温度为 20～25℃左右。降雨较多，湿度高有利于出土和盛发。雌虫产卵于被害植株根际附近 5～15 cm 土中，单产，通常 4～18 粒为一堆。雌虫一生能产卵 9～78 粒。成虫具假死性，略有趋光性。

成虫形态特征：体长 7～8 mm，宽 4.5～5.0 mm，卵圆形，体黑至黑褐色，具天鹅绒闪光。头黑、唇基具光泽。前缘上卷，具刻点及皱纹。触角黄褐色 9～10 节，棒状部 3 节。前胸背板短阔。小盾片盾形，密布细刻点及短毛。鞘翅具 9 条刻点沟，外缘具稀疏刺毛。前足胫节外缘具 2 齿，后足胫节端两侧各具 1 端距，跗端有齿爪 1 对。臀板三角形，密布刻点，胸腹板黑褐具刻点且被绒毛，腹部每腹板具毛 1 列。

成虫上灯时间：河北省 4—8 月。

黑绒鳃金龟成虫 泊头市 吴春娟
2018 年 8 月

4. 华北大黑鳃金龟

中文名称：华北大黑鳃金龟，*Holotrichia oblita*（Faldermann），鞘翅目，鳃金龟科。

为害：成虫取食杨、柳、榆、桑、核桃、苹果、刺槐、栎等多种果树和林木叶片，幼虫为害阔叶、针叶树根部及幼苗。

分布：河北、黑龙江、辽宁、吉林、北京、天津、山西、内蒙古、陕西、甘肃、宁夏、青海、新疆、山东、江苏、安徽、浙江、福建、江西、上海。

生活史及习性：西北、东北和华东 2 年 1 代，华中及江浙等地 1 年 1 代，以成虫或幼虫越冬。在河北越冬成虫约 4 月中旬出土活动直至 9 月入蛰，前后持续达 5 个月，5 月下旬至 8 月中旬产卵，6 月中旬幼虫陆续孵化，为害至 12 月以第 2 龄或第 3 龄越冬；第二年 4 月越冬幼虫继续发育为害，

6月初开始化蛹、6月下旬进入盛期，7月始羽化为成虫后即在土中潜伏、相继越冬，直至第三年春天才出土活动。东北地区的生活史则推迟约半月余。

成虫白天潜伏土中，黄昏活动，20:00～21:00为出土高峰，有假死及趋光性；出土后尤喜在灌木丛或杂草丛生的路旁、地旁群集取食交尾，并在附近土壤内产卵，故地边苗木受害较重；成虫有多次交尾和陆续产卵习性，产卵次数多达8次，雌虫产卵后约27 d死亡。多喜散产卵于6～15 cm深的湿润土中，每雌产卵32～193粒，平均102粒，卵期19～22 d。幼虫3龄、均有相互残杀习性，常沿垄向及苗行向前移动为害，在新鲜被害株下很易找到幼虫；幼虫随地温升降而上下移动，春季10 cm处地温约达10℃时幼虫由土壤深处向上移动，地温约20℃时主要在5～10 cm处活动取食，秋季地温降至10℃以下时又向深处迁移，越冬于30～40 cm处。土壤过湿或过干都会造成幼虫大量死亡（尤其是15 cm以下的幼虫），幼虫的适宜土壤含水量为10.2%～25.7%，当低于10%时初龄幼虫会很快死亡；灌水和降雨对幼虫在土壤中的分布也有影响，如遇降雨或灌水则暂停为害下移至土壤深处，若遭水浸则在土壤内作一穴室，如浸渍3 d以上则常窒息而死，故可灌水减轻幼虫的为害。老熟幼虫在土深20 cm处筑土室化蛹，预蛹期约22.9 d，蛹期15～22 d。

成虫形态特征：椭圆形，体长16～21 mm，宽8～11 mm，黑色或黑褐色，有光泽。胸、腹部生有黄色长毛，前胸背板宽不到长的2倍，前缘钝角、后缘角几乎成直角。小盾片近半圆形。鞘翅呈长椭圆形，其长度为前胸背板宽度的2倍，鞘翅黑色或黑褐色，具光泽，每侧有4条明显的纵肋。前足胫节外侧3齿，内方距1根，中足、后足胫节末端2距，3对足的爪均为双爪，形状相同，位于爪的中部下方有垂直分裂的爪齿，中足、后足胫节中段有1完整的具刺横脊。

成虫上灯时间：河北省5—8月。

华北大黑鳃金龟成虫 卢龙县
董建华 2018年8月8日

华北大黑鳃金龟成虫 高阳县
李兰蕊 2018年7月

5. 小阔胫绒金龟

中文名称： 小阔胫绒金龟，*Maladera Oratula*（Fairmaire），鞘翅目，鳃金龟科。

为害： 常见的寄主有花生、甘薯、玉米、小麦、高粱、谷子等作物和杨、柳、苹果、梨、榆、桃、泡桐等树木，成虫嗜食大豆的叶片，叶子被吃呈孔洞或缺刻，严重者仅剩叶脉。幼虫取食寄主须根，使植株长势减弱，植株矮小，生长期延迟。

分布： 河北、山西、黑龙江、吉林、辽宁、内蒙古、山东、河南、江苏、安徽、广东、海南。

生活史及习性： 在河南郑州 1 年发生 1 代，以三龄幼虫在土壤中越冬，7 月上、中旬始见成虫，8 月上、中旬为成虫盛发期。翌年 4 月越冬幼虫开始活动为害，6 月中下旬开始化蛹，成虫寿命 20 ～ 30 d，卵期一般 7 ～ 13 d。成虫昼伏夜出，具趋光性和假死性，有多次交配习性，交配后 15 ～ 20 d 开始产卵，卵一般产在 5 cm 左右深的土层中。

成虫形态特征： 体长 6.5 ～ 8.0 mm，宽 4.2 ～ 4.8 mm。体淡棕色，额头顶部深褐色，前胸背板红棕色，触角鳃片部淡黄褐色。体表较粗糙，刻点散乱，有丝绒般闪光。头较短阔，唇基滑亮。触角 10 节，鳃片部 3 节组成，雄虫鳃片部甚长大，约与柄部等长。前胸背板短阔，密布刻点。鞘翅布满纵列隆起纹。

成虫上灯时间： 河北省 7 月。

小阔胫绒金龟成虫 安新县 张小龙
2018 年 7 月

6. 小云斑鳃金龟

中文名称： 小云斑鳃金龟，*Polyphylla grailicornis*（Blanch），鞘翅目，鳃金龟科。别名：小云斑金龟、小云鳃金龟、褐须金龟子。

为害： 寄生于松、云杉、杨、柳、榆等林、果及多种农作物。幼虫食害幼苗的根，使苗木枯萎死亡，造成缺苗。成虫啃食林木幼芽嫩叶，对林木生长影响很大。

分布：黑龙江、吉林、辽宁、北京、天津、山西、河北、内蒙古、陕西、甘肃、青海、宁夏、新疆。

生活史及习性：此虫 3～4 年发生 1 代，以幼虫在土中越冬。当春季土温回升 10～20℃ 时幼虫开始活动，6 月老熟幼虫在土深 10 cm 左右作土室化蛹，7—8 月成虫羽化。

成虫有趋光性，白天多静伏，黄昏时飞出活动，求偶、取食进行补充营养。产卵多在沿河沙荒地、林间空地等沙土腐殖质丰富的地段，每个雌虫产卵十多粒至数十粒。初孵幼虫以腐殖质及杂草须根为食，稍大后即能取食树根，对幼苗的根为害很大，使树势变弱，甚至死亡。

成虫形态特征：全体黑褐色，鞘翅布满不规则云斑，体长 36～42 mm，宽 19～21 mm。头部有粗刻点，密生淡黄褐色及白色鳞片。唇基横长方形，前缘及侧缘向上翘起。触角 10 节，雄虫柄节 3 节，鳃片部 7 节，鳃片长而弯曲，约为前胸背板长的 1.5 倍；雌虫柄节 4 节，鳃片部 6 节，鳃片短小，长度约为前胸背板的 1/3。前胸背板宽大于长的 2 倍，表面有浅而密的不规则刻点，有 3 条散布淡黄褐色或白色鳞片群的纵带，形似"M"形纹。小盾片半椭圆形，黑色，布有白色鳞片。鞘翅散布小刻点，白色鳞片群点缀如云，犹如大理石花纹，胸部腹面密生黄褐色长毛。前足胫节外侧雄虫有 2 齿，雌虫有 3 齿。

成虫上灯时间：河北省 7 月。

小云斑鳃金龟成虫 平山县 韩丽
2018 年 7 月

· 天牛科 ·

1. 光肩星天牛

中文名称：光肩星天牛，*Anoplophora glabripennis*（Motschulsky），鞘翅目，天牛科。

为害：国内主要寄主树种有杨属、柳属、榆属、槭属四大类，另外还有悬铃木、沙枣等。主要以幼虫于树体中蛀食孔道，造成树木千疮百孔，树干易风折，或整株枯死，经济损失巨大。

分布：河北、陕西、甘肃、山西、宁夏、内蒙古、山东、辽宁、北京、天津。

生活史及习性：一年发生一代，少数两年一代，以幼虫在树干内越冬。越冬幼虫次年 5 月开始化蛹，6 月中旬开始出现成虫。7 月上旬至 8 月上旬为羽化盛期。成虫羽化后先取食嫩枝皮，不久即交尾产卵。第二年 4 月越冬幼虫继续活动为害，向木质部更深处蛀食。幼虫在木质部为害 1 年左右，第三年的 5—6 月份即行化蛹、羽化。这样光肩星天牛就完成了一个世代周期。

成虫白天以 8—10 点最为活跃。一生可多次交尾及产卵。卵产在韧皮部和木质部之间，分泌胶黏物封塞产卵孔；幼虫孵化后取食韧皮部、木质部和树皮，排出褐色粪便和蛀屑。3 龄末至 4 龄幼虫蛀食木质部，排出白色木屑及粪便。坑道结构不规则，其长度一般短于 20 cm。成虫无趋光习性，有一定飞翔能力但距离一般在 10 ~ 30 m。

成虫形态特征：体长 20 ~ 39 mm，宽 8 ~ 12 mm，前胸两侧各有 1 个刺状凸起。鞘翅黑色或微带古铜色光泽，肩区有大或小的刻点。鞘翅上有大小不等的白色、淡黄色、乳黄至黄色组成的斑纹 20 个左右。主要分 3 个型：白斑型：鞘翅纯黑色，翅斑白色；黄斑型：鞘翅黑色微带古铜色光泽，翅斑乳黄至黄色；黄白杂合型：鞘翅外围翅斑纯白色而内部翅斑黄色，或翅斑细小几乎联结成网状，或翅斑上半部黄色而下半部白色。

光肩星天牛 大名县 崔延哲
2018 年 7 月

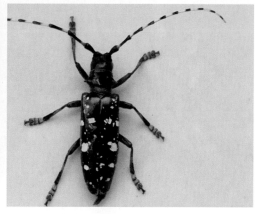

光肩星天牛成虫 省植保站 勾建军
2018 年 6 月

2. 桑粒肩天牛

中文名称：桑粒肩天牛，*Apriona germari*（Hope），鞘翅目，天牛科。

为害：桑、构树、杨、柳、苹果、沙果、花红、海棠、无花果、榆等。

分布：黑龙江、吉林、辽宁、上海、江苏、浙江、安徽、福建、江西、山东、北京、天津、山西、河北、内蒙古、河南、湖北、湖南、广东、广西、海南。

生活史及习性：桑天牛 2 ~ 3 年发生 1 代，以幼虫在枝干内越冬。寄主萌动后开始为害，落叶时休眠越冬。北方幼虫经过 2 ~ 3 个冬天，于 6、7 月份老熟，在隧道内两端填塞木屑筑蛹室、化蛹。蛹期 15 ~ 25 d，羽化后在蛹室内停 5 ~ 7 d 后，咬羽化孔钻出，7—8 月份为成虫发生期。

成虫飞翔能力较强，有趋光性和假死性，一生中可多次交尾，交尾后 7～10 d 产卵，产卵期长而分散。平均每只雌成虫产卵 90～150 粒。成虫多在直径 1.5 cm 左右的枝条上产卵，先将枝干皮层咬成"川"形刻槽，产 1 粒卵在刻槽内。很少在直径 3.0 cm 以上或 0.7 cm 以下枝条上产卵。幼虫孵出后先在韧皮部与木质部之间向上蛀食，然后蛀入木质部，转向下蛀食成直蛀道，每隔 5～6cm 向外咬一圆排粪孔，老熟幼虫常在根部蛀食。

成虫形态特征：雌虫体长约 46 mm，雄虫体长约 36 mm，体翅灰褐色，密生黄棕色短毛。头部中央有 1 条纵沟，触角的柄节和梗节均呈黑色，鞭节的各节基部都呈灰白色，端部黑褐色，前胸背面有横向皱纹，两侧中央有 1 刺状凸出，鞘翅基部密生颗粒状黑粒点。

成虫上灯时间：河北省 7 月。

桑粒肩天牛成虫 栾城区 焦素环 靳群英
2018 年 7 月

3. 桃红颈天牛

中文名：桃红颈天牛，*Aromia bungii*（Faldermann），鞘翅目，天牛科。

为害：桃红颈天牛是一种枝干类害虫，主要为害核果类，如桃、杏、樱桃、郁李、梅等。幼虫蛀入木质部为害，造成枝干中空，树势衰弱，严重时可使植株枯死。幼虫在枝干皮层和木质部蛀食，蛀成不规则弯曲隧道，隔一段距离向外蛀一排粪孔，由此排出红褐色粪便及木屑，常造成皮层脱落，树干中空，树体流胶，严重影响树势，最后全株死亡甚至毁园。

分布：河北、四川、重庆、云南、贵州、河南、天津、内蒙古、辽宁、甘肃、湖南、湖北、陕西、福建、江苏、浙江、山东、安徽、上海、广东、广西、海南等地。

生活史及习性：在河北省2年发生1代，以幼虫在寄主枝干内越冬。6月下旬至7月下旬为成虫羽化盛期，羽化后的成虫在蛀道内停留几天，再外出活动。成虫产卵于枝干缝隙中，卵期8天左右。幼虫孵化后蛀入韧皮部，当年不断蛀食一直到秋后并越冬。幼虫由上而下蛀食，在树干中蛀成弯曲无规则的孔道，一生钻蛀隧道全长约50～60 cm，在树干的蛀孔外及地面上常大量堆积有排出的红褐色粪屑。老龄幼虫于4—6月化蛹，蛹期20 d左右。蛹室在蛀道的末端，老熟幼虫越冬前就做好了通向外界的羽化孔，未羽化外出前，孔外树皮仍保持完好。

成虫形态特征：体长23～37 mm，雄虫触角比体长，雌虫触角与体长相近。体黑发亮、有光泽，前胸背面棕红色或黑色，背有4个瘤状突起，两侧各有一刺突。卵长6～7 mm，乳白色，形似大米粒。幼虫体长42～52 mm左右。幼虫乳白色。前胸背板扁平、长方形，前缘黄褐色，后缘色淡。蛹为裸蛹型，长约35 mm，乳白色，后黄褐色。

桃红颈天牛成虫 大名县 崔延哲　　　　　桃红颈天牛成虫 卢龙县 董建华
2018年7月　　　　　　　　　　　　2018年7月

4. 中华薄翅天牛

中文名称：中华薄翅天牛，*Megopis sinica*，鞘翅目，天牛科。

为害：杨树、柳树、桑树、松树、法桐、梧桐、油桐等。

分布：辽宁、内蒙古、甘肃、河北、山西、陕西、山东、河南、江苏、安徽、浙江、湖北、江西、湖南、福建、台湾、广西、四川、贵州、云南。

成虫形态特征：体长30～52 mm，体宽8.0～14.5 mm。体赤褐或暗褐色，有时鞘翅色泽较淡，为深棕红色。上唇着生棕黄色长毛，额中央凹下，具1条细纵沟，后头较长，头具细密颗粒刻点；雄虫触角约与体等长或略超过，第二至第五节粗糙，下面具刺状粒，柄节短粗，第三节最长，雌虫触角较细短，超过鞘翅中部，基部5节粗糙程度较弱，不如雄虫。前胸背板呈梯形，后缘中央两边稍弯曲，两侧仅基部有较清楚边缘；表面密布颗粒刻点和灰黄短毛，有时中区被毛较稀。鞘翅宽于前胸，向后逐渐狭窄；表面微显细颗粒刻点，基部略粗糙，有2条或3条明显纵脊。后胸腹板密被绒毛；足粗扁。

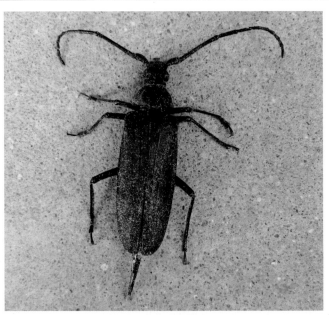

中华薄翅天牛成虫 定州市 吴永山

2018 年 7 月

·铁甲科·

1. 甘薯蜡龟甲

中文名称：甘薯蜡龟甲，*Laccoptera guadrimaculata* Thunberg，鞘翅目，铁甲科。别名：甘薯褐龟甲、甘薯大龟甲。

为害：主要为害甘薯、雍莱、旋花等旋花科植物。

分布：主要分布于江苏、浙江、安徽、福建、江西、湖北、湖南、广东、广西、海南、四川、贵州、云南、重庆等省区，河北也有发现。

生活史及习性：年发生代数地区差异较大，一般每年繁殖 4～6 代。成虫在田边杂草、枯叶、石缝或土缝中过冬，次年 4 月上、中旬越冬成虫开始活动，7 月中旬至 8 月中、下旬是田间成虫及幼虫盛发时期，世代重迭很严重。

成虫常于山边的旋花科植物或早插甘薯上取食。性活泼，善飞翔。成虫一般在羽化后 20 d 左右交尾。雌、雄一生可多次交尾。幼虫移动性小，孵化后一般即在附着卵块的薯叶上取食，但亦偶见其迁移于薯藤上啮食茎皮。幼虫足的攀着力很强，生活在叶上不易脱落。初孵幼虫吃叶不穿孔，稍大即可穿孔，使叶片萎黄至全叶干枯。幼虫老熟后在叶片上或植株隐蔽处不食不动，进入预蛹阶段。

成虫形态特征：雌成虫体长 9.5 mm，肩宽约 8.1 mm；雄体长 9 mm，肩宽 7.3 mm，全体茶褐色。前胸背板上生很多弯曲纵隆脊。鞘翅边缘近肩角处生 1 黑斑并向盘区中部延伸向敞边处靠近。后侧角、缝角也有 1 黑斑，肩瘤上一般无黑斑。鞘翅上具很多小刻点 驼顶突起很高，四周生隆起脉纹。雌虫较雄虫粗糙，前胸背板、鞘翅边缘具网状纹。

成虫上灯时间：河北省 7—9 月。

甘薯蜡龟甲　卢龙县　董建华
2018 年 8 月　　　　　　甘薯蜡龟甲　卢龙县　董建华
2018 年 8 月　　　　　　甘薯蜡龟甲　卢龙县　董建华
2018 年 8 月

·象甲科·

1. 臭椿沟眶象

中文名称：臭椿沟眶象，*Eucryptorrhynchus brandti*（Harold），鞘翅目，象甲科。

为害：主要蛀食为害臭椿和千头椿。

分布：河北、北京、山东、黑龙江、吉林、辽宁、内蒙古、山西、河南、江苏、四川。

生活史及习性：1 年发生 2 代，以幼虫或成虫在树干内或土内越冬。翌年 4 月下旬至 5 月上中旬越冬幼虫化蛹，6—7 月成虫羽化，7 月为羽化盛期。幼虫为害 4 月中下旬开始，4 月中旬至 5 月中旬为越冬代幼虫翌年出蛰后为害期。7 月下旬至 8 月中下旬为当年孵化的幼虫为害盛期。虫态重叠，很不整齐，至 10 月都有成虫发生。成虫有假死性，羽化出孔后需补充营养取食嫩梢、叶片、叶柄等，成虫为害 1 个月左右开始产卵，卵期 7 ～ 10 d，幼虫孵化期上半年始于 5 月上中旬，下半年始于 8 月下旬至 9 月上旬。幼虫孵化后先在树表皮下的韧皮部取食皮层，钻蛀为害，稍大后即钻入木质部继续钻蛀为害。蛀孔圆形，熟后在木质部坑道内化蛹，蛹期 10 ～ 15 d。受害树常有流胶现象。与此虫合并发生的还有"沟眶象"。

臭椿沟眶象食性单一，是专门为害臭椿的一种枝干害虫，主要以幼虫蛀食枝、干的韧皮部和木质部，因切断了树木的输导组织，导致轻则枝枯、重则整株死亡。成虫羽化大多在夜间和清晨进行，有补充营养习性，取食顶芽、侧芽或叶柄，成虫很少起飞、善爬行，喜群聚为害，为害严重的树干上布满了羽化孔。臭椿沟眶象飞翔力差，自然扩散靠成虫爬行。

成虫形态特征：体长 11.5 mm 左右，宽 4.6 mm 左右。臭椿沟眶象体黑色。额部窄，中间无凹窝，头部布有小刻点；前胸背板和鞘翅上密布粗大刻点，前胸前窄后宽。前胸背板、鞘翅肩部及端部布有白色鳞片形成的大斑，稀疏掺杂红黄色鳞片。卵长圆形，黄白色。

臭椿沟眶象成虫 卢龙县 董建
华 2018 年 7 月

臭椿沟眶象成虫 卢龙县 董建
华 2018 年 7 月

2. 大灰象甲

中文名称： 大灰象甲，*Sympiezomias velatus*（Chevrolat）；鞘翅目，象甲科。别名：大灰象鼻虫、大灰象虫。

为害： 主要以幼虫和成虫为害棉花、豆类、辣椒、甜菜、瓜类、烟草、玉米、花生、马铃薯、苹果、梨、核桃、板栗等作物的根、嫩尖和叶片，造成缺苗断垄、叶片缺刻或孔洞等。

分布： 黑龙江、吉林、辽宁、上海、江苏、浙江、安徽、福建、江西、山东、北京、天津、山西、河北、内蒙古、河南、陕西、甘肃、青海、宁夏、新疆。

生活史及习性： 两年1代，第一年以幼虫越冬，第二年以成虫越冬。成虫不能飞，主要靠爬行转移，动作迟缓，有假死性。翌年4月下旬开始出土活动，先取食杂草，待寄主植物发芽后，陆续转移到植株取食新芽、嫩叶。白天多栖息于土缝或叶背，清晨、傍晚和夜间活跃。5月下旬开始产卵，成块产于叶片，6月下旬陆续孵化。幼虫期生活于土内，取食腐殖质和须根，对幼苗为害不大。随温度下降，幼虫下移，9月下旬达60～100 cm土深处，筑土室越冬。翌春越冬幼虫上升表土层继续取食，6月下旬开始化蛹，7月中旬羽化为成虫，在原地越冬。

成虫形态特征： 体长9～12 mm，灰黄或灰黑色，密被灰白色鳞片。头部和喙密被金黄色发光鳞片，触角索节7节，长大于宽，复眼大而凸出，前胸两侧略凸，中沟细，中纹明显。鞘翅近卵圆形，具褐色云斑，鞘翅每鞘翅上各有10条纵沟。后翅退化。头管粗短，背面有3条纵沟。

大灰象甲成虫 平山县 韩丽 2011 年 6 月

3. 稻水象甲

中文名称： 稻水象甲，*Lissorhoptrus oryzophilus*（Kuschel），鞘翅目，象甲科。别名：稻水象。

为害： 稻水象甲寄主以禾本科和莎草科植物为主，也能寄生于泽泻科、鸭跖草科、灯心草科杂草。主要为害水稻及禾本科杂草白茅、稗、芦苇、牧草等。也为害玉米、甘蔗、小麦等作物。幼虫为害秧苗时，可将稻秧根部吃光。成虫啃食稻叶的叶肉，先从叶片边缘开始，残留表皮，形成间断的纵向白色条斑，严重时仅剩叶脉，影响光合作用。

分布： 河北、吉林、广西。

生活史及习性： 河北省稻区一年 1 代，主要以蛹在土表 3 ～ 7 cm 深处的根际、树林落叶层中越冬。5 月中下旬成虫大量侵入水稻本田，以靠近田边的稻苗虫量大。成虫早晚活动，可在水中游泳，白天躲在秧田或稻丛基部株间或田埂的草丛中，有假死性和趋光性。产卵前先在离水面 3 cm 左右的稻茎或叶鞘上咬一小孔，每孔产卵 13 ～ 20 粒，卵期为 7 d，幼虫分 4 龄，幼虫期为 30 ～ 45 d。初孵幼虫取食叶肉，后落入水中蛀入根内为害。低龄幼虫蛀食稻根，大龄幼虫咬食稻根，6 月中下旬达为害盛期。幼虫喜聚集在土下，食害幼嫩稻根，老熟后在稻根附近土下 3 ～ 7 cm 处筑土茧化蛹。

成虫形态特征： 体长 2.6 ～ 3.8 mm，宽 1.15 ～ 1.75 mm，雌虫略比雄虫大，体壁褐色，密布相互连接的灰色鳞片。前胸背板中区前缘至后缘及两鞘翅合缝处侧区自基部至端部 1/3 处的鳞片黑色，分别组成明显的广口瓶状和椭圆形端部尖实（合缝处）的黑色大斑。足的腿节棒形，无齿；胫节细长，弯曲；中足胫节两侧各有一排长的游泳毛。

稻水象甲成虫 丰宁县 尚玉儒　　　　　　稻水象甲幼虫 丰宁县 尚玉儒
2010 年 6 月　　　　　　　　　　　　　2006 年 7 月

4. 简喙象

中文名称： 简喙象，*Lixus amurensis*（Faust），鞘翅目，象甲科。

为害： 以成虫为害叶片，造成孔洞或缺刻，有的咬断嫩芽或花序。寄主有甜菜、油菜、大豆、草莓、菜豆、豇豆等。

分布： 河北、北京、天津、山西、内蒙古、黑龙江、吉林、辽宁、河南、湖北、湖南、福建、广东、广西、海南。

生活习性：河北6、7月成虫盛发期。成虫耐干旱、耐饥饿。

成虫形态特征：细长形，体长约10 mm，宽2.5～3.0 mm，黑色，被覆灰毛；初羽化的个体被覆鲜艳的砖红色粉末，触角暗褐色，细长。喙略弯，长达前胸的3/4，比前足腿节粗，有灰毛，有较大的刻点，端部有的有浅沟。前胸宽大于长，其基部最宽，向前逐渐缩窄，呈圆锥形，表面散生极密的小刻点，没有光泽。小盾片前有1长窝，小盾片不明显。鞘翅隆起两侧近于平行，每一鞘翅上有呈纵行排列刻点，基部的刻点稍深，两侧及后端刻点稍浅。鞘翅端部开裂，具一长且尖的锐突。腹部生有不明显的黑点。足长，中间黄毛密被，形成隆脊。雌虫腹部前两节稍隆起。

简喙象成虫 大名县 崔延哲
2018年9月

简喙象成虫 大名县 崔延哲
2018年9月

5. 蒙古灰象甲

中文名称：蒙古灰象甲，*Xylinophorus mongolicus*（Faust），鞘翅目，象甲科。

为害：主要为害棉、麻、谷子、菾菜菜、甜菜、瓜类、玉米、花生、大豆、向日葵、高粱、烟草、果树幼苗等。

分布：河北、黑龙江、辽宁、吉林、北京、天津、山西、内蒙古、陕西、甘肃、宁夏、青海、新疆、江苏。

生活史及习性：华北2年1代，以成虫或幼虫越冬。翌春均温近10℃时，开始出土，成虫白天活动，以10时前后和16时前后活动最盛，受惊扰假死落地；夜晚和阴雨天很少活动，多潜伏在枝叶间和作物根际土缝中。成虫经一段时间取食后，开始交尾产卵。一般5月开始产卵，多成块产于表土中。产卵期约40余天，每雌虫可产卵200余粒，卵期11～19 d。8月以后成虫绝迹。5月下旬幼虫开始孵化，幼虫生活于土中，为害植物地下部组织，至6月中旬开始老熟，筑土室于内化蛹，9月末筑土室于内越冬。翌春继续活动为害，5—6月为害最重。

成虫形态特征：体长4.4～6.0 mm，宽2.3～3.1 mm，卵圆形，体灰色，密被灰黑褐色鳞片，鳞片在前胸形成相间的3条褐色、2条白色纵带，内肩和翅面上具白斑，头部呈光亮的铜色，鞘翅上生10纵列刻点。头喙短扁，中间细，触角红褐色膝状，棒状部长卵形，末端尖，前胸长大于宽，后缘有边，两侧圆鼓，鞘翅明显宽于前胸。

蒙古灰象甲成虫 宽城县
姚明辉 2019 年 4 月　　蒙古灰象甲成虫 卢龙县
董建华 2019 年 4 月　　蒙古灰象甲成虫 卢龙县
董建华 2019 年 4 月　　蒙古灰象甲成虫 围场县
宣梅 2016 年 7 月

·叶甲科·

1. 葱黄寡毛跳甲

中文名称： 葱黄寡毛跳甲，*Luperomorpha suturalis*（Chen），鞘翅目，叶甲科。

为害： 寄主植物大葱、洋葱、韭菜、大蒜等作物。

分布： 河北、吉林、内蒙古、山西、江苏、安徽。

生活史及习性： 河北省中南部地区 1 年发生 2 代，以幼虫在根部周围土壤中 10 cm 深处越冬。越冬幼虫于翌年 3 月上旬移至 5～10 cm 处为害，5 月上旬开始化蛹，5 月中旬成虫始见，幼虫龄期不整齐，春季虫量大，5 月中旬至 11 月上旬一直延续不断。

成虫形态特征： 体长 3.3～4.2 mm，宽 1.5 mm，长圆形，体色变异大，多为棕红色。头黑色，中、后胸腹面棕黑色，触角基 3 节棕色，其余棕黑色；鞘翅四周黑色。头和背面均具皮革状皱纹；额瘤斜呈近三角形。雄虫触角特长，伸展至鞘翅末端且粗状；2、3 节细小，余各节近等长，第 4 节、末节稍长，有的末端数节均呈扁形。前胸背板布有小刻点，中部两侧各具 1 浅凹陷，两侧边缘直形。鞘翅两边平行，表面有较大深点刻，近内缘更明显。雄虫前足第 1 跗节膨大呈卵状。幼虫体长约 1 mm，黄白色，略横扁，稍弯，头黄褐色，前口式，头上具黑色弧形斑；胸部 3 节，腹部 8 节，中胸、腹部各节侧生环状气门 1 对，腹部各节腹面有突起 1 对。蛹白色。

葱黄寡毛跳甲成虫 邢台县 张须堂
2015 年 5 月

2. 枸杞负泥虫

中文名称： 枸杞负泥虫，*Lema decempunctata*（Gebler），鞘翅目，叶甲科。该虫肛门向上开口，粪便排出后堆积在虫体背上，故别名负泥虫、背粪虫。

为害： 该虫为暴食性食叶害虫，食性单一，主要为害枸杞的叶子。成虫、幼虫均嚼食叶片，幼虫为害比成虫严重，3龄以上幼虫为害尤为严重。幼虫食叶使叶片造成不规则缺刻或孔洞，严重时全部吃光，仅剩主脉，并在被害枝叶上到处排泄粪便，早春越冬代成虫大量聚集在嫩芽上为害，致使枸杞不能正常抽枝发叶。

分布： 内蒙古、宁夏、甘肃、青海、新疆、北京、河北、山西、陕西、山东、江苏、浙江、江西、湖南、福建、四川、西藏。

生活史及习性： 枸杞负泥虫1年发生5代。4—9月在枸杞上可见各虫态。枸杞负泥虫以成虫及幼虫在枸杞的根际附近的土下越冬，以成虫为主，约占越冬虫量的70%左右，翌年4月枸杞开始抽芽开花时，负泥虫即开始活动。成虫寿命长及产卵期长是造成世代重叠的主要原因。成虫喜栖息在枝叶上，把卵产于嫩叶的叶面或叶背面，金黄色呈"人"字形排列，每卵块6～22粒。产卵量甚大，室内饲养平均每雌产卵44.3块356粒。卵孵化率很高，通常在98%以上，且同一卵块孵化很整齐。1龄幼虫常群集在叶片背面取食，吃叶肉而留表皮，2龄后分散为害，虫屎到处污染叶片、枝条。幼虫老熟后入土3～5 cm处吐白丝与土粒结成棉絮状茧，化蛹其中。

各虫态历期中卵历期因世代而异，第一代12～15 d，第二代7～8 d，其余各代5～6 d，幼虫期7～10 d，蛹历期8～12 d，成虫寿命长短不一，平均91 d。幼虫自5月上旬开始活动，此时为害常不明显，于7月上旬开始出现第二代，大量的成虫聚集产卵，8、9月为负泥虫大量暴发时期。

成虫形态特征： 体长5～6 mm。前胸背板及小盾片蓝黑色，具明显金属光泽；触角11节，黑色棒状，第二节球形，第三节之后渐粗，长略大于宽；复眼硕大突出于两侧；足黄褐或红褐色，基节、腿节端部及胫节基部黑色，胫端、跗节及爪黑褐色；头部刻点粗密，头顶平坦，中部有纵沟，中央有凹窝，头及前胸背板黑色；前胸背板近长圆筒形两侧中央溢入，背面中央近后缘处有凹陷；小盾片舌形，末端较直；鞘翅黄褐或红褐色，近基部稍宽，鞘端圆形，刻点粗大纵列，每鞘有5个近圆形黑斑，外缘内侧3斑，均较小，近鞘缝2斑较大，鞘翅，鞘面斑点数量及大小变异甚大，斑纹可部分消失或全部消失；腹面蓝黑色，有光泽。中、后胸刻点密，腹部则疏。

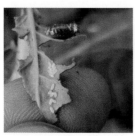   

枸杞负泥虫卵 邢台县	枸杞负泥虫土里的虫茧	枸杞负泥虫幼虫集中为害	枸杞负泥虫幼虫 邢台县
张须堂	宽城县 姚明辉	宽城县 姚明辉	张须堂
2010年5月	2013年8月	2013年8月	2009年5月

3. 谷子粟叶甲

中文名称: 粟叶甲, *Oulema tristis*（Herbst）, 鞘翅目, 叶甲科。别名: 粟负泥虫、谷子钻心虫。

为害: 粟叶甲是谷子重要虫害之一, 主要为害谷子和糜子, 偶尔为害小麦、高粱、玉米和禾本科杂草。成幼虫均可造成危害, 成虫沿叶脉啃食叶肉呈白条状, 不食下表皮。幼虫为害较重, 初孵幼虫, 三五成群从谷、糜植株顶部钻入心叶或叶鞘内取食, 造成白色短纵纹。

分布: 黑龙江、吉林、辽宁、内蒙古、宁夏、陕西、山西、山东、河北、北京等。

生活史及习性: 该虫在河北一年发生一代, 以成虫潜伏在谷茬、田埂裂缝中、枯草下或杂草根际及土壤内越冬。越冬成虫于5月下旬开始活动, 6月上旬至7月上旬产卵于谷子、糜子叶背面, 卵期4～7 d。6月下旬至7月上旬为幼虫的为害盛期。7月中、下旬至9月上旬为老熟幼虫入土化蛹期, 8月上旬为化蛹盛期。9月中、下旬随着天气变冷逐渐越冬。

越冬成虫出蛰后几天有向谷苗地成群迁移的现象。成虫白天不取食, 作短距离飞翔, 在傍晚到日出前取食。以傍晚在谷叶上交尾产卵最多。卵产于第1～6谷叶的叶背, 呈1～4粒排成线状。成虫具有假死习性, 受惊后立刻坠地不动即落地假死。

成虫形态特征: 体椭圆形, 长约4 mm, 宽约1.6 mm, 黑蓝色。复眼大而向外突出, 呈黑褐色, 触角为丝状, 11节。鞘翅为青蓝色, 有金属光泽, 鞘翅上有纵行较大刻点10列, 爪黑色。刚羽化的成虫一日内体色由淡黄色变为金黄色、淡褐色、深褐色, 最后呈蓝黑色。

谷子粟叶甲成虫 围场县 宣梅
2018年7月

谷子粟叶甲幼虫 围场县 宣梅 2018
年6月

4. 褐足角胸叶甲

中文名称: 褐足角胸叶甲, *Basilepta fulvipes*（Motschusky）, 鞘翅目, 肖叶甲科。

为害: 主要为害多种果树植物叶片, 在北方也为害大豆、花生、谷子、玉米、高粱等农作物和田间地头的葎草、铁苋菜等杂草。主要以成虫取食叶肉, 被害部呈不规则白色网状斑和孔洞, 在局部地区以成虫取食玉米幼苗叶片而造成较大的损失。为害玉米心叶可使心叶卷缩在一起呈牛尾状, 不易展开。从玉米苗期至成株期均可受害, 但以玉米抽雄前受害最重。

生活史及习性: 在河北省1年发生1代, 成虫发生始期在6月下旬至8月上中旬。成虫有短暂的假死性，白天阳光照射比较强时，喜欢躲藏在玉米心叶内为害，早晚在叶片上为害。一般每年6月下旬到8月上旬为成虫为害玉米盛期，尤其是夏玉米苗期受害严重，对玉米造成较大损失。以幼虫在5～15 cm土层中越夏、10～15 cm土层中越冬。幼虫生活于土中，食害植株根部，并于土中化蛹羽化后，为害植物地上部分。卵产在距地表1～3 mm的表土层，或产在干枯的玉米叶片上，散产或呈块状，少的2～3粒，多的一块卵达32粒。

成虫形态特征：卵形或近方形，体长3.0～5.5 mm。前胸背板两侧在中间明显突出成尖角。体色变异较大，大致可分为6种色型：标准型、铜绿鞘型、蓝绿型、黑红胸型、红棕型和黑足型。老熟幼虫体长5～6 mm，乳白色。蛹体长5 mm，宽3 mm，乳白色。

褐足角胸叶甲成虫 定州市
苏翠芬 2015 年 7 月

褐足角胸叶甲幼虫 滦州市
尚秀梅 2017 年 6 月

5. 黄曲条跳甲

中文名称：黄曲条跳甲，*Phyllotreta striolata*（Fabricius），鞘翅目，叶甲科。别名：狗虱虫、跳虱、简称跳甲。

为害：常为害叶菜类蔬菜，以为害十字花科蔬菜芥菜、菜心、甘蓝、花椰菜、白菜、萝卜、芜菁、油菜等为主，其中以芥菜、菜心为害最重，同时也为害茄果类、瓜类、豆类蔬菜。

分布：河北、黑龙江、吉林、辽宁、内蒙古、北京、天津、山西、重庆、甘肃、宁夏、河南、西藏、青海、陕西、新疆、四川、上海、安徽、江苏、福建、江西、山东、浙江、湖北、湖南、云南、贵州、广西、广东、海南、香港、澳门、台湾。

生活史及习性：黄曲条跳甲在我国北方1年发生3～5代，南方7～8代。在华南及福建漳州等地无越冬现象，可终年繁殖。在江浙一带以成虫在田间、沟边的落叶、杂草及土缝中越冬，越冬期间如气温回升10℃以上，仍能出土在叶背取食为害。越冬成虫于3月中下旬开始出蛰活动，在越冬蔬菜与春菜上取食活动，随着气温升高活动加强。4月上旬开始产卵，以后每月发生1代，因成虫寿命长，致使世代重叠，10—11月，第6至第7代成虫先后蛰伏越冬。春季1代、2代（5、6月）和秋季5代、6代（9、10月）为主害代，但春季为害重于秋季，盛夏高温季节发生为害较少。

虫态有成虫、卵、幼虫、蛹，以成虫和幼虫两个虫态对植株直接造成为害。成虫食叶，造成叶片孔洞，以幼苗期最重；在留种地主要为害花蕾和嫩荚。幼虫只害菜根，蛀食根皮，咬断须根，使叶片萎蔫枯死。萝卜被害呈许多黑斑，最后整个变黑腐烂；白菜受害叶片变黑死亡，并传播软腐病。

成虫形态特征： 体长约2 mm，长椭圆形，黑色有光泽，前胸背板及鞘翅上有许多刻点，排成纵行。鞘翅中央有1黄色纵条，两端大，中部狭而弯曲，后足腿节膨大、善跳。

黄曲条跳甲成虫 怀来县 程校云
2018年6月

6．葡萄十星叶甲

中文名称： 葡萄十星叶甲，*Oides decempunctata*（Billberg），鞘翅目，叶甲科。别名：葡萄金花虫、十星瓢萤叶虫。

为害： 寄主有葡萄、柚、爬山虎、黄荆树等。一般管理粗放的果园发生普遍而严重。以成虫、幼虫为害，食芽、叶呈孔洞或缺刻，残留一层绒毛和叶脉，严重的可把叶片吃光，残留主脉，致使植株生长发育受阻，对产量影响较大，是葡萄产区的重要害虫之一。

分布： 河北、新疆、陕西、山东、云南、河南、江西、四川。

生活史及习性： 长江以北1年发生1代，江西省发生2代，少数1代，四川省发生2代，均以卵在根际附近的土中或落叶下越冬，南方地区也有以成虫在各缝隙中越冬。1代区5月下旬开始孵化，6月上旬进入盛期，幼虫先群集为害芽叶，后向上转移，3龄后分散。喜在叶面上取食，白天隐蔽，有假死性。老熟后于6月底入土，在3～6 cm处作土茧化蛹，蛹期约10 d，7月上、中旬羽化。成虫白天活动，有假死性，经6～8 d交配，交配后8～9 d开始产卵，卵块生，多产在距植株 30 cm 左右土表，以葡萄枝干接近地面处居多。8 月上旬至 9 月中旬为产卵期，每头雌虫可产卵 700 ～ 1 000 粒，以卵越冬。成虫寿命 60 ～ 100 d，进入 9 月陆续死亡。2 代区越冬卵于 4 月中旬孵化，5 月下旬化蛹，6 月中旬羽化，8 月上旬产卵，8 月中旬孵化，9 月上旬化蛹，9 月下旬羽化、交配及产卵。以卵越冬，11 月成虫死亡。以成虫越冬的于 3 月下旬到 4 月上旬开始活动，并交配产卵。

成虫形态特征：体长约 12 mm，椭圆形，土黄色。头小隐于前胸下。复眼黑色。触角淡黄色丝状，末端 3 节及第 4 节端部黑褐色。前胸背板及鞘翅上布有细点刻，鞘翅宽大，共有黑色圆斑10 个略成 3 横列。足淡黄色，前足小，中、后足大。后胸及第一至第四腹节的腹板两侧各具近圆形黑点 1 个。

葡萄十星叶甲成虫 宽城县 姚明辉
2018 年 7 月

7. 双斑萤叶甲

中文名称：双斑萤叶甲，*Monolepta hieroglyphica*（Motschulsky），鞘翅目，叶甲科。别名：双圈萤叶甲。

为害：主要为害，玉米、高粱、棉花、辣椒、花生、马铃薯等，还可为害马唐、狗尾草、苋菜等野生杂草。幼虫和成虫均能为害玉米，幼虫期生活在地下 3 ～ 5 cm 土中，取食禾本科等作物的根部组织，为害不显著。成虫在玉米叶脉间纵向啃食玉米下表皮及叶肉，仅存上表皮和叶脉，形成带状不规则透明斑，严重时斑块相连，表皮干枯脱落，叶片支离破碎。玉米抽雄吐丝后，成虫群集取食雄花小穗、花丝、苞叶及嫩粒。雄穗被害，影响授粉，尤其制种田，受害后使母本结实率低，灌浆初期成虫为害嫩粒，将部分籽粒吃掉，造成籽粒破碎。

分布：河北、黑龙江、吉林、辽宁、内蒙古、北京、天津、山西、重庆、甘肃、宁夏、河南、西藏、青海、陕西、新疆、四川、上海、安徽、江苏、福建、江西、山东、浙江、湖北、湖南、云南、贵州、广西、广东、海南、香港、澳门、台湾。

生活史及习性：在我国北方一年发生 1 代，以卵在土中越冬，翌年 5 月开始孵化，幼虫期 30～40 d，经 3 个龄期。幼虫为害玉米的苗根和嫩茎，老熟幼虫做土室化蛹，蛹期 7～10 d，初孵化的成虫先在地边杂草上生活。6 月底至 7 月上旬转入玉米等作物田为害。卵散产或几粒粘结杂草从根际表土中，偶见产于玉米花丝和苞叶等处。卵耐干旱，即使卵壳表面干瘪，经洗水后仍可恢复原形，条件适宜时即可发育孵化，春季湿润，秋季干旱的年份发生较重，成虫具有弱趋光性，种植密度过大，田间郁蔽，通风透光性差，有利于成虫发生为害。

成虫形态特征：体长卵圆形，长 3.5～4.5 mm，头，胸红褐色或棕黄色，有光泽，触角灰褐色，细长，长于体之半，第 1～3 节黄色，其余各节黑色。前胸背板宽大于长，拱凸，鞘翅基半部黑色，上有 2 个黄白色斑，斑前方缺刻较小。胸部、腹部黑色，腹部腹面黄褐色，足大部黄色，茎节端部和跗节黑褐色。

双斑萤叶甲成虫 丰宁县 尚玉儒
2006 年 8 月

8. 中华萝藦肖叶甲

中文名称：中华萝藦叶甲，*Chrysochus chinensis*（Baly），属鞘翅目，肖叶甲科。别名：中华甘薯叶甲。

为害：成虫多取食萝藦科植物，也会取食甘薯、刺儿菜、茄等植物。

分布：黑龙江、吉林、辽宁、内蒙古、甘肃、青海、河北、山西、陕西、山东、河南、江苏、浙江、江西。

成虫形态特征：体长 7.2～ 13.5 mm，体蓝紫色、蓝色、蓝绿色。触角黑色，末端 5 节乌暗无光泽，第一至第四节常为深褐色，第一节背面具有金属光泽。头部刻点或稀或密，或深或浅，一般在唇基处的刻点较头的其余部分细密，毛被亦较密；头中央有 1 条细纵文，有时此纹不明显；触角基部各有一个稍隆起光滑的瘤，第一节膨大，球形，第二节短小，第三节较长，约为第二节长的两倍，末端 5 节稍粗而且较长。前胸背板长大于宽，基端两处较狭；盘区中部高隆，两侧低下，如球面形，前角突出；小盾片心形或三角形，蓝黑色，有时中部有一红斑，表面光滑或具微细刻点。鞘翅基部稍宽于前胸，肩部和基部均隆起，二者之间有一条纵凹沟，基部之后有一条或深或浅的横凹；前胸前侧片前缘凸出，刻点和毛被密。前胸后侧片光亮，具稀疏的几个大刻点。前胸腹板宽阔，长方形，在前足基节之后向两侧展宽；中胸腹板宽，方形。

中华萝藦肖叶甲成虫 南皮县 田艳艳 2018 年 6 月

中华萝藦肖叶甲成虫 万全区 薛鸿宝 2018 年 6 月

·隐翅虫科·

1. 青翅蚁形隐翅虫

中文名称：青翅蚁形隐翅虫，*Paederus fuscipes*（Curtis），鞘翅目，隐翅虫科。别名：青翅隐翅虫、黄胸青腰隐翅虫。

为害：寄主昆虫有玉米螟、棉叶蝉、棉盲蝽、棉小造桥虫、棉叶螨、棉铃虫、蓟马、棉蚜等。主要为害棉花、玉米等作物。

分布：河北、湖北、湖南、江苏、江西、广东、云南、四川、福建、浙江。

成虫形态特征：体长 6.5～7.5 mm。头部扁圆形，具黄褐色的颈。口器黄褐色，下颚须 3 节，黄褐色，末节片状。触角 11 节，丝状，末端稍膨大，着生于复眼间额的侧缘，基节 3 节黄褐色，其余各节褐色。前胸较长，呈椭圆形。鞘翅短，蓝色，有光泽，仅能盖住第一腹节，近后缘处翅面散生刻点。足黄褐色，后足腿节末端及各足第五跗节黑色，腿节稍膨大，胫节细长，第四跗节叉形，第五跗节细长，爪 1 对，后足基节左右相接。腹部长圆筒形，末节较尖，有 1 对黑色尾突。

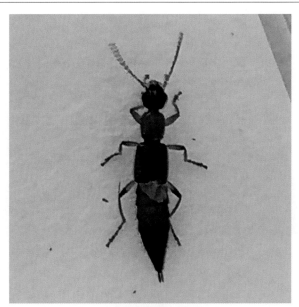

青翅蚁形隐翅虫成虫
卢龙县 董建华 2018 年 9 月

·芫菁科·

1. 豆芫菁

中文名称： 豆芫菁，又分为中国豆芫菁 *Epicauta chinensis* 和暗黑豆芫菁 *Epicauta gorhami Marseul*，鞘翅目，芫菁科。斑蝥，白条芫菁、锯角都芫菁。

为害： 寄主植物除马铃薯、大豆外，还为害花生、甜菜、棉花、菜豆、豇豆、蚕豆、番茄、茄子、辣椒、苋菜、麻、苋菜等多种作物。以成虫为害寄主叶片，尤喜食幼嫩部位。将叶片咬成孔洞或缺刻，甚至吃光，只剩网状叶脉。也为害嫩茎及花瓣，有的还取食豆粒，使其不能结实。幼虫以蝗卵为食，是蝗虫的天敌。

分布： 黑龙江、吉林、辽宁、上海、江苏、浙江、安徽、福建、江西、山东、北京、天津、山西、河北、内蒙古、河南、湖北、湖南、广东、广西、海南、四川、贵州、云南、重庆、西藏、陕西、甘肃、青海、宁夏、新疆。

生活史及习性： 在华北一年发生一代，以第 5 龄幼虫（假蛹）在土中越冬。在一代区的越冬幼虫 6 月中旬化蛹，成虫于 6 月下旬至 8 月中旬出现为害，8 月份为严重为害时期，尤以大豆开花前后最重。

成虫形态特征： 体长 11 ～ 19 mm，头部红色，胸腹和鞘翅均为黑色，头部略呈三角形，触角近基部几节暗红色，基部有 1 对黑色瘤状突起。雌虫触角丝状，雄虫触角第 3 ～ 7 节扁而宽，呈锯齿状。前胸背板中央和每个鞘翅都有 1 条纵行的灰白色纹。前胸两侧、鞘翅的周缘和腹部各节腹面的后缘都生有灰白色毛。识别要点成虫头部红色，胸腹和鞘翅均为黑色，前胸背板中央和每个鞘翅都有 1 条纵行的灰白色纹。

豆芫菁成虫 丰宁县 尚玉儒

2010 年 7 月

· 葬甲科 ·

1. 双斑葬甲

中文名称：双斑葬甲，*Ptomascopus plagiatus*，鞘翅目，葬甲科。

分布：辽宁、吉林、北京、河北、甘肃、江苏、浙江。

生活史及习性：取食动物尸体，或捕食其上的蛆虫等昆虫。

成虫形态特征：体长 16 mm。体狭长黑色，有光泽，密布刻点。触角黑褐色，呈球杆状。前胸背板盔状，边沿平直；盘区横沟，中纵沟不显，具细密刻点，周缘刻点粗深。鞘翅中部有 1 大红斑，无明显的隆起纵脊。足黑褐色，中足胫节端部有 2 个钜。胸部腹面、足和腹部腹面 1 ～ 2 节被金黄色微毛。

双斑葬甲成虫 大名县 崔延哲

2018 年 7 月

第六章 蜻蜓目

·蜻 科·

1. 黄 蜻

中文名称：黄蜻，*Pantala flavescens*（Fabricius），蜻蜓目，蜻科。别名：小黄、马冷。

分布：河北、黑龙江、吉林、辽宁、内蒙古、北京、天津、山西、重庆、甘肃、宁夏、河南、西藏、青海、陕西、新疆、四川、上海、安徽、江苏、福建、江西、山东、浙江、湖北、湖南、云南、贵州、广西、广东、海南、香港、澳门、台湾。

生活史及习性：1～2年完成1代。成虫产卵于水草茎叶上，孵化后生活于水中。若（稚）虫以水中的孑孓生物及水生昆虫的幼龄虫体为食。成虫飞翔于空中，捕捉蚊、蝇等小型昆虫。

成虫形态特征：腹长 27～34 mm，后翅长 36～42 mm。身体赤黄至红色；头顶中央突起，顶端黄色，下方黑褐色，后头褐色。前胸黑褐，前叶上方和背板有白斑；合胸背前方赤褐，具细毛。翅透明，赤黄色；后翅臀域浅茶褐色。足黑色、腿节及前、中足胫节有黄色纹。腹部赤黄，第1腹节背板有黄色横斑，第四至第十背板各具黑色斑1块。肛附器基部黑褐色，端部黑褐色。雌虫体色较浅。

黄蜻成虫 鹿泉区 张立娇

2018 年 7 月

第七章　双翅目

·大蚊科·

1. 斑大蚊

中文名称：斑大蚊，*Nephrotoma scalaris terminalis*（Wiedemann），双翅目，大蚊科。

为害：该害虫为害多种作物，棉花、小麦、西瓜、黄瓜等。主要发生在施用过有机肥的棉田、西瓜田中，田块间虫量差异较大。

分布：河北、黑龙江、吉林、辽宁、内蒙古、北京、天津、山西、重庆、甘肃、宁夏、河南、西藏、青海、陕西、新疆、四川、上海、安徽、江苏、福建、江西、山东、浙江、湖北、湖南、云南、贵州、广西、广东、海南、香港、澳门、台湾。

生活史及习性：河北省一年发生3代，3月下旬出土开始活动，取食植物根部和嫩芽，4月下旬开始化蛹，5月上旬开始出现飞翔的成虫。斑大蚊的生长发育分四个时期：卵、幼虫、蛹、成蚊。幼虫白天躲在2～4 cm潮湿土中，为害植物的种芽和幼苗根茎。施用未腐熟鸡粪、羊粪等有机肥的地块，虫量大，为害重。

成虫形态特征：体黄色，前、中、后胸分别有3、2、1个黑斑。腹背各节上有伞状黑斑，腹面各节有黑斑。体长15～25 mm，翅透明，翅展40～50 mm，一般体细长少毛，灰褐色至黑色。头大，无单眼，雌虫触角丝状，雄虫触角栉齿状或锯齿状。中胸背板有一"V"形沟，翅狭长，足细长，转节与腿节处常易折断。

成虫上灯时间：河北4—5月。

麦田斑大蚊成虫 霸州市 潘小花
2014年4月

· 盗虻科 ·

1. 食虫虻

中文名称：中华单羽食虫虻，*Cophinopoda chinensis*（Fabricius），双翅目。盗虻科。别名：中华盗虻，俗称瞎虻。

捕食害虫：成虫捕食性，可捕食许多类昆虫，如半翅目的蝽、鞘翅目的隐翅虫等。

分布：河北、黑龙江、吉林、辽宁、内蒙古、北京、天津、山西、重庆、甘肃、宁夏、河南、西藏、青海、陕西、新疆、四川、上海、安徽、江苏、福建、江西、山东、浙江、湖北、湖南、云南、贵州、广西、广东、海南、香港、澳门、台湾。

生活史及习性：1 年发生 1 代，具体生活史不详。

成虫飞身体强壮、飞行快速，常常停息在草茎上，看到飞行的猎物时飞冲过去，用灵活、强大有力而多小刺的足夹住猎物。

成虫形态特征：体长 20～29 mm；头部密被黄色，复眼翠绿色，触角基 2 节红棕色，余黑色，触角芒内侧具 1 列细毛；腿节黑色，胫节红棕色。

食虫虻成虫 大名县 崔延哲　　　　食虫虻成虫 大名县 崔延哲
2018 年 7 月　　　　　　　　　　2018 年 7 月

· 食蚜蝇科 ·

1. 黑带食蚜蝇

中文名称：黑带食蚜蝇，*Episyrphus balteatus*（De Geer, 1842），双翅目，食蚜蝇科。

捕食害虫：是蚜和蚧等同翅目害虫的重要捕食性天敌，也是授粉昆虫。

分布：河北、黑龙江、吉林、辽宁、内蒙古、北京、天津、山西、重庆、甘肃、宁夏、河南、西藏、青海、陕西、新疆、四川、上海、安徽、江苏、福建、江西、山东、浙江、湖北、湖南、云南、贵州、广西、广东、海南、香港、澳门、台湾。

生活史及习性：在上海和河南洛阳地区每年发生5代，以蛹在土壤中越冬，以蛹在土壤中越夏。气温在24℃时，完成1个时代需28.83 d，其中卵期1.77 d、幼虫期5.24 d、蛹期6.49 d、成虫（产卵前期）15.33 d，1个世代的发育期点温度为8.23℃，日有效积温为449.05℃。在河北省田间消长生活史不详。

成虫飞翔能力较强，一般成虫发生高峰在上午10点，中午以后活动逐渐减少。雌虫喜在蚜虫聚集的叶片上分散产卵。

幼虫共3龄，有报道在自然条件下幼虫期8～13 d，整个幼虫期可捕食蚜虫千头左右。

成虫形态特征：体长8～11 mm，翅展20 mm左右。体略狭长。头部棕黄色，被黄粉，额毛黑色，颜毛黄色。复眼红褐色，雄虫两复眼在头背面结合在一起，雌虫则分离。触角三节，第一、第二节之和约与第三节等长，橙黄至黄褐色，但第三节的背侧面有时略黑，触角芒基部黄褐色，端部黑色。触角基部上方有一对黑点，中胸背面（即中胸盾片）有四道亮黑色纵纹，内侧1对狭，且不达到盾片后缘，外侧一对宽，达盾片后缘。小盾片黄色，背面的毛黑色，侧、后缘的毛黄色。腹部较细长，背面棕黄色，上有黑纹，但黑纹的变化很大，一般为第一节绿黑色；第二、第三节后缘及第四节近后缘有一较宽的黑色横带；第三、第四节近前缘各有一条细狭的黑色横带，其中央向前尖凸，有时不到达侧缘甚至中央也断开；第二节中央的黑斑有时呈倒箭头形，有时呈菱形或双钩形等。腹部腹面乳黄色，有的个体第二至第四节中央近后缘各有一灰斑。翅较细长、透明，翅脉黄色至黑褐色。

黑带食蚜蝇成虫 灵寿县   黑带食蚜蝇成虫 平山县 韩丽

周树梅 2018 年 5 月   2018 年 5 月

黑带食蚜蝇蛹

2007 年 8 月 6 日

黑带食蚜蝇幼虫

2010 年 6 月 15 日

· 蕈蚊科 ·

1. 迟眼蕈蚊

中文名称：迟眼蕈蚊，*Bradysia odoriphaga*（Yang et Zhang），双翅目，蕈蚊科。别名：韭蛆。

为害：是韭菜的重要害虫，在北方菜区普遍发生，为害严重。初孵幼虫分散爬行，先为害韭菜的地下叶鞘及嫩茎，再蛀入鳞茎。幼虫喜欢在湿润的嫩茎及鳞茎内生活。一般潮湿的壤土地为害严重。

分布：河北、北京、天津、山东、山西、辽宁、江西、宁夏、内蒙古、浙江、台湾。

生活史及习性：在洞中发光，能织网，以网上悬挂的黏丝捕飞虫为食。在黄河流域 1 年发生 4 代。以幼虫在韭根周围 3 ～ 4 cm 土中或鳞茎内休眠越冬。翌年 3 月下旬以后，越冬幼虫上升到 1 ～ 2 cm 深处化蛹，4 月上、中旬羽化为成虫 5 月中、下旬为第一代幼虫为害盛期，5 月下旬至 6 月上旬成虫羽化。6 月下旬末至 7 月上旬为第二代幼虫为害盛期，成虫羽化盛期在 7 月上旬末至下旬初。第三代幼虫 9 月中、下旬盛发，9 月下旬至 10 月上旬为成虫羽化盛期。10 月下旬以后第四代幼虫陆续入土越冬。成虫活动能力差，不善飞翔，善爬行，畏强光，喜欢在阴暗潮湿的环境中活动。常聚集成群，交配后 1 ～ 2 d 即在原地产卵，常造成田间点片分布为害。卵多成堆产于韭菜根茎周围的土壤内、叶鞘缝隙及土块下。初孵幼虫分散爬行，先为害韭菜的地下叶鞘及嫩茎，再蛀入鳞茎。幼虫喜欢在湿润的嫩茎及鳞茎内生活。一般潮湿的壤土地为害严重。

成虫形态特征：体小，长 2.0 ～ 5.5 mm、翅展约 5 mm、体背黑褐色。复眼在头顶成细"眼桥"，触角丝状，16 节，足细长，褐色，胫节末端有刺 2 根。前翅淡烟色，缘脉及亚前缘脉较粗，后翅退化为平衡棒。雄虫略瘦小，腹部较细长，末端有 1 对抱握器，雌虫腹末粗大，有分两节的尾须；幼虫体细长，老熟时体长 5 ～ 7 mm，头漆黑色有光泽，体白色，半透明，无足。

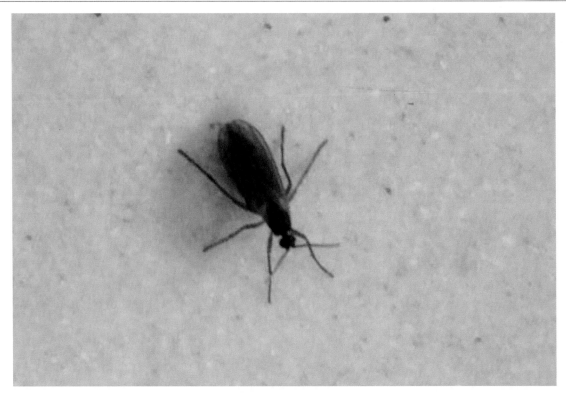

迟眼蕈蚊成虫 阜城县 杜宏

2018 年 3 月

第八章 螳螂目

·螳螂科·

1. 广斧螳螂

中文名称：广斧螳螂，*Hierodula patellifera*（Serville），螳螂目，螳螂科。别名：广腹螳螂、宽腹螳螂。是一种捕食性天敌昆虫。

分布：安徽、江苏、北京、河北、江西、福建、河南、上海、浙江、广东、湖北、台湾、广西、湖南、天津、贵州、辽宁、山东、陕西。

生活史及习性：1年发生1代，以卵鞘在树干、树枝或石块上越冬，次年5月中旬至6月下旬孵化若虫，孵化期5 d左右。若虫经7～8龄，全历期为100 d左右，成虫于8月上旬开始出现，8月中、下旬为羽化盛期，9月上旬全部羽化为成虫。8月中旬成虫开始交尾，9月上、中旬雌虫开始产卵。9月下旬成虫开始死亡，到11月上旬，在野外还可见到活动迟缓的成虫。

成虫羽化以早晨和上午为多。羽化16～19 d开始交尾，交尾时间多集中在13:00—18:00，雌、雄一生可交尾多次，交尾后9～25 d开始产卵，1天内产卵时间集中在12:00—19:00，15:00最集中。卵鞘产于乔灌木的枝条上，10 m高以上的树枝上也有卵鞘，在槐树、榆、柳、枣树上产卵较多。产卵时先分泌一层乳白色的黏着物，在黏着物上产一层卵，然后再分泌一层黏着物，再产一层卵，并借助于尾须连续不停地来回探索，测量所产卵鞘的大小，一直到把卵产完为止。广斧螳螂的雌虫一生一般产1～2个卵鞘，有的可产5个，每个卵鞘的含卵量为111～303粒。

广斧螳螂一生主要在灌木和乔木上栖息活动，极少在草丛中。若虫和成虫的捕食期长达4～5个月，可以捕食多种害虫，1—2龄若虫捕食蚜虫、叶蝉和粉虱，3龄后捕食昆虫种类增多，包括多种鳞翅目成虫及其幼虫、蝉和金龟子等。其捕食量随虫龄而增加，老龄若虫和成虫的捕食量最大。

成虫形态特征：雌虫体长57～63 mm。雄虫体长41～56 mm。体绿色（草绿和翠绿）或褐色（紫褐和淡褐）。头部三角形，复眼发达。触角细长，丝状。前胸背板粗短，呈长菱形，几乎与前足基节等长，横沟处明显膨大，侧缘具细齿，前半部中纵沟两侧光滑，无小颗粒。前胸腹极平，基部有2条褐色横带。中胸腹板上有2个灰白色小圆点。前足基节前龙骨具3个黄色圆盘突。腿节粗，侧扁，内线及内缘和外线之间具相当长的小刺。胶节长为腿节的2/3。中、后足基节短。腹部很宽。前翅前缘区甚宽，翅长过腹，股脉处有1浅黄色翅斑。后翅与前翅等长。雌虫肛上极短，中央有深的凹陷。雄虫肛上较雌虫长，中部背面有1纵沟。

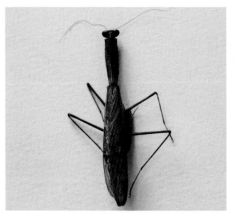
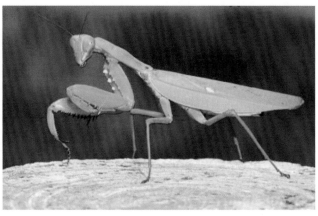

广斧螳螂成虫 栾城区 焦素环

2018 年 8 月

广斧螳螂成虫 华中农业大学 宋康

2018 年 8 月

广斧螳螂成虫 宽城县 姚明辉

2018 年 9 月

广斧螳螂成虫 宽城县 姚明辉

2018 年 9 月

广斧螳螂成虫 宽城县 姚明辉

2018 年 9 月

第九章　同翅目（半翅目同翅亚目）

·蝉　科·

1. 蟪蛄

中文名称：蟪蛄，*Platypleura kaempferi*（Fabricius），同翅目，蝉科。别名：褐斑蝉、斑蝉、斑翅蝉。

为害：蟪蛄幼虫在地下吸食树根汁液，削弱树势。成虫刺吸枝条汁液，产卵于当年生枝梢木质部内，致产卵部以上枝梢多枯死。寄主有梨、苹果、杏、山楂、桃、李、梅、柿、核桃以及多种林木等。

分布：河北、黑龙江、吉林、辽宁、内蒙古、北京、天津、山西、重庆、甘肃、宁夏、河南、西藏、青海、陕西、新疆、四川、上海、安徽、江苏、福建、江西、山东、浙江、湖北、湖南、云南、贵州、广西、广东、海南、香港、澳门、台湾。

生活史及习性：数年发生1代，以若虫在土中越冬，但每年均有1次成虫发生。若虫在土中生活，数年老熟后于5—6月中、下旬在落日后出土，爬到树干或树干基部的树枝上蜕皮，羽化为成虫。蟪蛄晚上羽化，特别是雨后土地湿润柔软的晚上。刚蜕皮的成虫为黄白色，经数小时后变为黑绿色，不久雄虫即可鸣叫。成虫主要在白天活动，有趋光性。7～8月为产卵盛期，卵产于当年生枝条内，每孔产数粒，产卵孔纵向排列，每枝可着卵百余粒，枝条因伤口失水而枯死。卵当年孵化，若虫落地入土，吸食根部汁液。

成虫形态特征：体长20～25 mm，翅展宽65～75 mm。3个单眼为红色，呈三角形排列。头部和前、中胸背板为暗绿色至暗黄褐色，具黑色斑纹。前胸宽于头部。腹部为黑色，每节后缘为暗绿色或暗褐色。翅透明、暗褐色。前翅具深浅不一的黑褐色云状斑纹，斑纹不透明；后翅黄褐色。雄虫腹部有发音器；雌虫无发音器，产卵器明显。

成虫上灯时间：河北省6—9月。

蟪蛄 泊头市 吴春娟

2018 年 7 月

蟪蛄若虫 南皮县 田艳艳

2018 年 8 月

2. 蚱 蝉

中文名称: 蚱蝉,*Cryptotympana atrata* Fabricius,同翅目,蝉科。别名:秋蝉、黑蝉、鸣蝉,俗称"知了"。

为害: 寄主植物有樱花、元宝枫、槐树、榆树、桑树、白蜡、桃、柑橘、梨、苹果、樱桃、杨柳、洋槐等树木。为害特点是以若虫在土壤中刺吸植物根部,成虫刺吸枝条,在树木枝条上用锯状产卵器刺破1~2年生枝条表皮和木质部,在枝条内产卵,使锯口表皮翘起,造成枝条干枯死亡,影响树势和产量。

分布: 河北、黑龙江、吉林、辽宁、内蒙古、北京、天津、山西、重庆、甘肃、宁夏、河南、西藏、青海、陕西、新疆、四川、上海、安徽、江苏、福建、江西、山东、浙江、湖北、湖南、云南、贵州、广西、广东、海南、香港、澳门、台湾。

生活史及习性: 4~5年发生1代,以若虫在土壤中或以卵在寄主枝条内越冬。若虫在土壤中刺吸植物根部,为害数年。6月下旬,老熟若虫开始出土,在雨后傍晚钻出地面,晚上出土较多,爬到树干、枝条及树叶等处脱皮羽化。7月中旬至8月中旬为羽化盛期,成虫栖息在树干上,夏季不停地鸣叫,刺吸树木汁液,7月下旬开始产卵,8月为产卵盛期。雌虫先用产卵器刺破树皮,将卵产在1~2年生枝条木质部内,每卵孔有卵6~8粒,1枝条上产卵可达90粒,造成被害枝条枯死。越冬卵翌年6月孵化为若虫,并钻入土中生活,秋后向深土层移动越冬,来年随气温回暖,上移刺吸根部为害。

成虫形态特征: 体长约44~48 mm,翅展约125 mm;体色漆黑,有光泽,中胸背板宽大,中央有黄褐色"X"形隆起,体背有金黄色绒毛;翅透明,翅脉浅黄或黑色,雄虫腹部第1~2节有鸣器,雌虫没有。

成虫上灯时间: 河北省6—9月。

蚱蝉成虫 邯郸市 毕章宝
2017 年 8 月

蚱蝉蜕皮 永年区 李利平
2018 年 6 月

·飞虱科·

1. 灰飞虱

中文名称： 灰飞虱，*Laodelphax striatellus*（Fallen），同翅目，飞虱科。

为害： 寄主植物有水稻、稗草、千金子、小麦、看麦娘、高粱、谷子、玉米等。灰飞虱在河北省主要为害农作物为水稻，在水稻整个生育期均有发生。成、若虫均以口器刺吸水稻等寄主汁液为害，一般群集于稻丛中上部叶片和水稻穗部为害。灰飞虱是传播条纹叶枯病等多种水稻病毒病的媒介。

分布： 河北、黑龙江、吉林、辽宁、内蒙古、北京、天津、山西、重庆、甘肃、宁夏、河南、西藏、青海、陕西、新疆、四川、上海、安徽、江苏、福建、江西、山东、浙江、湖北、湖南、云南、贵州、广西、广东、海南、香港、澳门、台湾。

生活史及习性： 在河北省 1 年发生 4～5 代，以若虫越冬。越冬若虫于 4 月中旬至 5 月中旬羽化为成虫，迁向杂草产卵繁殖，第 1 代若虫于 5 月中下旬至 6 月中旬羽化为成虫，迁入稻田为害，第 2 代若虫于 6 月中下旬至 7 月中下旬羽化，第 3 代于 7 月至 8 月上、中旬羽化，第 4 代若虫在 8 月下旬至 10 月上旬羽化，有部分则以 3、4 龄若虫进入越冬状态，第 5 代若虫在 10 月上旬至 11 月下旬进入越冬期，在田边、沟边杂草中越冬。

灰飞虱属于温带地区的害虫，耐低温能力较强，对高温适应性较差，成虫喜在生长嫩绿、高大茂密的地块产卵。雌虫产卵量一般数十粒，每个卵块的卵粒数，由 1～10 粒。

成虫形态特征： 长翅型成虫体长：雄虫 1.8～2.1 mm，雌虫 2.1～2.5 mm，连翅体长：雄虫 3.3～3.8 mm，雌虫 3.6～4.0 mm，短翅型成虫体长：雄虫 2.2 mm，雌虫 2.5 mm。头顶近方形，额以中部最宽，前胸背板侧脊不伸达后缘。雄虫虫体大部分黑褐色，头顶基板与前胸背板淡黄色，面部各脊、小盾片端部、各足及腹部各骨板后缘为淡黄褐或污黄白色，虫体其他部位及头顶端半侧脊与中侧脊间黑褐色，中胸背板黑褐色；雌虫仅头顶端半侧脊与中侧脊间与面部各脊间黑褐色，余部均为淡黄褐色，中胸背板黄褐色，侧区具暗黑褐色宽条斑，中足与后足基节间有一黑褐斑。前翅近于透明，微具淡黄褐色晕；翅与脉同色，具黑褐色翅痣。

成虫上灯时间：河北省 6—8 月。

| 灰飞虱产卵痕 曹妃甸区 付秀悦 2018 年 7 月 | 灰飞虱雌虫 曹妃甸区 付秀悦 2018 年 7 月 | 灰飞虱若虫（雌）曹妃甸区 付秀悦 2018 年 7 月 |

·广翅蜡蝉科·

1. 黑羽广翅蜡蝉

中文名称：黑羽广翅蜡蝉，*Ricania speculum*（Walker），同翅目，广翅蜡蝉科。别名：八点蜡蝉、八斑蜡蝉。

为害：以成虫、若虫刺吸嫩枝、芽、叶汁液，产卵于当年生枝条内，影响枝条生长，重者产卵部以上枝条枯死，削弱树势，其排泄物易引发煤烟病。寄主有石榴、樱桃、梨、桃、杏、李、梅、枣、山楂、柑橘等。

分布：河北、黑龙江、吉林、辽宁、内蒙古、北京、天津、山西、重庆、甘肃、宁夏、河南、西藏、青海、陕西、新疆、四川、上海、安徽、江苏、福建、江西、山东、浙江、湖北、湖南、云南、贵州、广西、广东、海南、香港、澳门、台湾。

生活史及习性：1 年发生 1 代，以卵于枝条内越冬。5 月间陆续孵化，为害至 7 月下旬开始老熟羽化，8 月中旬前后为羽化盛期，成虫经 20 余天取食后开始交配，8 月下旬至 10 月下旬为产卵期。成虫、若虫均白天活动为害。若虫有群集性，常数头在一起排列枝上，爬行迅速，善于跳跃；成虫飞行力较强且迅速，产卵于当年生枝条的木质部内，枝背面光滑处落卵较多，每处产卵 5～22 粒，排成 1 纵列，卵上覆盖有白色绵毛状蜡丝，极易发现与识别。每头雌虫可产卵 120～150 粒，产卵期 30～40 d。成虫寿命 50～70 d，至秋后陆续死亡。

成虫形态特征：体长 11.5～13.5 mm，翅展宽 23.5～26.0 mm，呈黑褐色，疏被白蜡粉。单眼 2 个，呈红色。翅革质，密布纵横脉呈网状，前翅宽大，略呈三角形，翅面布有白色蜡粉，翅上有 6～7 个白色透明斑，后翅半透明，翅脉呈黑色。腹部和足呈褐色。

成虫上灯时间：河北省 7 月。

黑羽广翅蜡蝉 大名县 崔延哲
2018 年 7 月

黑羽广翅蜡蝉 大名县 崔延哲
2018 年 3 月

·蜡蝉科·

1. 斑衣蜡蝉

中文名称：斑衣蜡蝉，*Lycorma delicatula*，同翅目，蜡蝉科。别名："花姑娘""椿蹦""花蹦蹦"。

为害：主要为害樱、梅、珍珠梅、海棠、桃、葡萄、石榴等花木（特别喜欢臭椿）。

分布：北京、陕西、甘肃、河北、山西、河南、江苏、安徽、浙江、山东、湖北、广东、广西、四川、贵州、云南。

生活史及习性：一年发生 1 代，以卵在树干或附近建筑物上越冬。翌年 4 月中下旬若虫孵化为害，5 月上旬为盛孵期；若虫稍有惊动即跳跃而去。经三次蜕皮，6 月中、下旬至 7 月上旬羽化为成虫，活动为害至 10 月。8 月中旬开始交尾产卵，卵多产在树干的南方，或树枝分叉处。一般每块卵有 40～50 粒，多时可达百余粒，卵块排列整齐，覆盖自蜡粉。成、若虫均具有群栖性，飞翔力较弱，但善于跳跃。

成虫形态特征：体长 15～25 mm，翅展 40～50 mm，全身灰褐色；前翅革成虫质，基部约三分之二为淡褐色，翅面具有 20 个左右的黑点；端部约三分之一为深褐色；后翅膜质，基部鲜红色，具有黑点；端部黑色。体翅表面附有白色蜡粉。头角向上卷起，呈短角突起。

成虫上灯时间：河北省 7—8 月。

斑衣蜡蝉成虫 望都县　斑衣蜡蝉成虫 大名县 要兵涛　斑衣蜡蝉成虫 南皮县 田艳
安文占 2018 年 7 月　　　2018 年 10 月　　　艳 2018 年 8 月

斑衣蜡蝉低龄若虫 大名县 崔延哲　斑衣蜡蝉低龄若虫 大名县 崔延哲
2018 年 5 月　　　　　　　2018 年 5 月

· 象蜡蝉科 ·

1. 伯瑞象蜡蝉

中文名称：伯瑞象蜡蝉，*Dictyophara patruelis*（Stal，1859），同翅目，象蜡蝉科。别名：长头蜡蝉、象蜡蝉、苹果象蜡蝉。

为害：寄主植物有小麦、水稻、甘蔗、桑、红桑、甘薯、苹果等。

分布：东北、陕西、山东、河北、江苏、浙江、湖北、江西、福建、台湾、广东、海南、云南。

成虫形态特征：体长 8.0～11.0 mm，翅展 18.0～22.0 mm。体绿色，死后多少变黄色。头前伸成头突，长约等于头胸长度之和。头突背面和腹面各有 3 条绿色纵脊线和 4 条橙色条纹。翅透明，脉纹淡黄色或浓绿色，端部脉纹和翅痣褐色。胸部腹面黄绿色，侧面有橙色条纹。腹部腹面淡绿色，各节中央黑色。足黄绿色，有暗黄色和黑褐色纵条纹；后足胫节侧刺 5 个。

伯瑞象蜡蝉成虫　馆陶县　陈立涛
2018 年 8 月

伯瑞象蜡蝉成虫　馆陶县　陈立涛
2018 年 8 月

·蚜　科·

1. 麦长管蚜

中文名称： 麦长管蚜，*Sitobion avenae*（Fabricius），同翅目，蚜科。

为害： 寄主于小麦、大麦、燕麦，南方偶害水稻、玉米、甘蔗、荻草等。前期集中在叶正面或背面，后期集中在穗上刺吸汁液，致受害株生长缓慢，分蘖减少，千粒重下降，是麦类作物重要害虫。

分布： 河北、北京、天津、山西、重庆、甘肃、宁夏、河南、西藏、青海、陕西、新疆、四川、上海、安徽、江苏、江西、山东、浙江、湖北、湖南、云南、贵州、广西、广东、海南。

生活史及习性： 该虫在我国中部和南部属不全周期型，即全年进行孤雌生殖不产生性蚜世代，夏季高温季节在山区或高海拔的阴凉地区麦类自生苗或禾本科杂草上生活。在麦田春、秋两季出现两个高峰，夏天和冬季蚜量少。秋季冬麦出苗后从夏寄主上迁入麦田进行短暂的繁殖，出现小高峰，为害不重。11 月中下旬后，随气温下降开始越冬。春季返青后，气温高于 6℃开始繁殖，低于 15℃繁殖率不高，气温高于 16℃，麦苗抽穗时转移至穗部，虫田数量迅速上升，直到灌浆和乳熟期蚜量达高峰，气温高于 22℃，产生大量有翅蚜，迁飞到冷凉地带越夏。该蚜在北方春麦区或早播冬麦区常产生孤雌胎生世代和两性卵生世代，世代交替。在这个地区多于 9 月迁入冬麦田，10 月上旬均温 14～16℃进入发生盛期，9 月底出现性蚜，10 月中旬开始产卵，11 月中旬旬均温 4℃进入产卵盛期并以此卵越冬。翌年 3 月中旬进入越冬卵孵化盛期，历时 1 个月，春季先在冬小麦上为害，4 月中旬开始迁移到春麦上，无论春麦还是冬麦，到了穗期即进入为害高峰期。6 月中旬又产生有翅蚜。

成虫形态特征： 无翅孤雌蚜体长 3.1 mm，宽 1.4 mm，长卵形，草绿色至橙红色，头部略显灰色，腹侧具灰绿色斑。触角、喙端节、财节、腹管黑色。尾片色浅。腹部第六至第八节及腹面具横网纹，无缘瘤。中胸腹岔短柄。额瘤显著外倾。触角（1 和 2 龄若蚜触角均为 5 节，3～4 龄若蚜和成蚜触角均为 6 节）细长，全长不及体长，第三节基部具 1～4 个次生感觉圈。喙粗大，超过中足基节。端节圆锥形，是基宽的 1.8 倍。腹管长圆筒形，长为体长 1/4，在端部有网纹十几行。尾片长圆锥形，长为腹管的 1/2，有 6～8 根曲毛。有翅孤雌蚜：体长 3.0 mm，椭圆形，绿色，触角黑色，第三节有 8～12 个感觉圈排成 1 行。喙不达中足基节。腹管长圆筒形，黑色，端部具 15～16 行横行网纹，尾片长圆锥状，有 8～9 根毛。

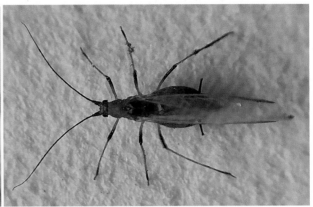

麦蚜麦长管有翅蚜孤雌蚜 卢龙县 董建华
2018 年 5 月

麦蚜麦长管有翅蚜孤雌蚜 卢龙县 董建华
2018 年 5 月

2. 禾谷缢管蚜

中文名称：禾谷缢管蚜，*Rhopalosiphum padi*，半翅目，蚜科。

为害：为害细叶结缕草、野牛草，还为害绣线菊、美人蕉、西府海棠、梅花、碧桃、樱花、月季等花木以及小麦等农作物。以成蚜、若蚜初春为害梅花的新叶，在叶背吮吸汁液，受害叶片向叶背纵卷，进而枯黄脱落，严重时，被害叶株卷曲率可达 90% 以上。

分布：上海、江苏、浙江、山东、福建、四川、重庆、贵州、云南、辽宁、吉林、黑龙江、内蒙古、新疆等。

生活史及习性：在每年 4—5 月 40 d 内平均产仔蚜 169 头。禾谷缢管蚜为害梅花在 5 月上中旬最为猖獗，至 5 月下旬出现大量迁飞蚜，迁飞转移到细叶结缕草、狗尾草、升马唐、牛筋草、狗牙根等禾本科杂草上取食越夏；10 月下旬至 11 月上旬在禾本科杂草上又产生迁飞蚜迁回到梅花树上产生有性蚜，交尾产卵，每处产卵 1～11 粒，多数 3～5 粒。卵多产在枝条的东南方向。

成虫形态特征：无翅孤雌蚜，体宽卵形，长 1.9 mm，宽 1.1 mm，体表绿色至墨绿色，杂以黄绿色纹，常被薄粉；头部光滑，胸腹背面有清楚网纹；腹管基部周围常有淡褐色或锈色斑，腹部末端稍带暗红色；触角 6 节，黑色，为体长的三分之二；第三至第六节有复瓦状纹，第六节鞭部的长度是基部 4 倍；腹管黑色，长圆筒形，端部略凹缢，有瓦纹。有翅孤雌蚜，体醯卵形，长 2.1 mm，宽 1.1 mm；头、胸黑色；腹部绿色至深绿色，腹部背面两侧及后方有黑色斑纹；翅中脉分 3 叉，分叉较小；触角 6 节，黑色，短于体长。

禾谷缢管蚜孤雌蚜小麦上为害状
卢龙县 董建华
2018 年 5 月

禾谷缢管蚜无翅孤雌蚜
卢龙县 董建华
2018 年 5 月

麦蚜成虫 饶阳县 高占虎
2018 年 5 月

禾谷缢管蚜有翅蚜 卢龙县 董建华
2018 年 6 月

禾谷缢管蚜有翅蚜 卢龙县 董建华
2018 年 6 月

3. 棉蚜

中文名称： 棉蚜，*Aphis gossypii* Glover，同翅目，蚜科。别名：腻虫。

为害： 寄主植物有石榴、花椒、木槿、鼠李属、棉、瓜类等。

分布： 河北、新疆、山西、河南、山东、安徽、湖北、湖南、江西、海南。

成虫形态特征： 无翅胎生雌蚜体长不到 2 mm，身体有黄、青、深绿、暗绿等色。触角约为身体一半长。复眼暗红色。腹管黑青色，较短。尾片青色。有翅胎生蚜体长不到 2 mm，体黄色、浅绿或深绿。触角比身体短。翅透明，中脉三岔。卵初产时橙黄色，6 d 后变为漆黑色，有光泽。卵产在越冬寄主的叶芽附近。

无翅若蚜与无翅胎生雌蚜相似，但体较小，腹部较瘦。有翅若蚜，形状同无翅若蚜，2 龄出现翅芽，向两侧后方伸展，端半部灰黄色。

棉蚜无翅孤雌伏蚜 卢龙县 董建华
2018 年 7 月

棉蚜有翅蚜孤雌伏蚜 卢龙县 董建华
2018 年 7 月

·叶蝉科·

1. 窗耳叶蝉

中文名称：窗耳叶蝉，*Ledra auditura*（Walker），同翅目，叶蝉科。

为害：寄主植物有梨、苹果、葡萄、臭椿、杨刺槐等。

分布：河北、北京、陕西、辽宁、浙江、安徽、广东等。

成虫形态特征：体长 15 ～ 18 mm，体深灰褐色，足灰粉色；头扁平，前伸呈钝园形突出，头冠有刻点，前部散生颗粒状突起，中部及两侧区凸起似"山"字形，两侧各有大小凹陷区 1 个，颜面中央有黑色纵带 1 条；体表散生粗大的颗粒状突起；后足胫节扩延扁平；前胸背板暗褐色，两侧隆突直立向上，具耳状突起构造；前翅质地薄，半透名状，散布刻点及小褐点；腹部腹面及足黄褐色。卵蛆形，乳黄色。若虫体浅灰粉色，触角及复眼黑色，全体密布淡褐斑点，吸附在小枝或树干上，具保护色，不易被发现。

成虫上灯时间：河北省 6—8 月。

窗耳叶蝉标本 大名县 崔延哲
2018 年 6 月

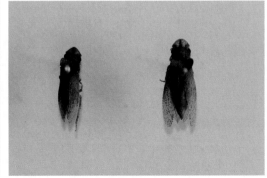

窗耳叶蝉 大名县 崔延哲
2018 年 6 月

第十章 缨翅目

·蓟马科·

1. 水稻禾蓟马

中文名称： 水稻禾蓟马，*Frankliniella tenuicornis*（Uzel），缨翅目，蓟马科。别名：玉米蓟马、瘦角蓟马。

为害： 水稻、玉米、麦类、高粱、糜子等禾本科植物和空心菜、茄子、茄瓜。以成虫、若虫锉吸玉米幼嫩部位汁液，对玉米造成严重为害，受害株一般为叶片扭曲成"马鞭状"，生长停滞，严重时腋芽萌发，甚至毁种。多在寄主植物的心叶内活动为害，当食害伸展的叶片时，多在叶正面取食，叶片呈现成片的银灰色斑。为害严重的可造成大批死苗。

分布： 新疆、内蒙古、辽宁、河北、陕西、河南、甘肃、宁夏、青海、西藏、四川、云南、广西、广东、福建、江西等。

生活史及习性： 以成虫在禾本科杂草基部和枯叶内过冬。成、若虫均较活泼，在田间与玉米黄呆蓟马很容易混淆，但它比玉米黄呆蓟马体小、活泼，喜欢郁闭环境和生长旺盛的植株，多活动于心叶中，发生期较黄呆蓟马稍迟，多发生在喇叭口期前后，这与其喜在喇叭口内取食有关。成虫多若虫甚少，为害玉米的主要是成虫。一般雌成虫多于雄虫，在北京郊区，5月下旬至6月中旬在小麦地内雌成虫占73%，在春玉米和中茬玉米上雌成虫占82%。在北京地区，以6月中、下旬发生数量较大，但一次较大降雨后，数量往往很快下降。

成虫形态特征： 雌成虫体长1.3～1.5 mm，体灰褐到黑褐色，胸部稍浅，腹部顶端黑色；触静黑褐色，仅第3、4节黄色；腿节顶端和全部胫节、跗节黄至黄褐色；翅淡黄色；鬃黑色。头部长大于宽，较前胸略长，颊平行，头顶略凸，各单眼内缘色暗；单眼间鬃长，着生于三角形连线外缘。触角8节，细长，第3节长是宽的3倍，第3、4节各着生一叉状感觉锥。前胸背板较平滑，前角各具一长鬃，前缘中对鬃稍长，后角各具2对长鬃，后缘有5对鬃。前翅脉鬃连续，上脉鬃18～20根，下脉鬃14～15根。第8腹节背板后缘梳不完整。雄成虫，较雌虫小而窄，足和触角黄色，腹部3～7腹板有似哑铃形腺域。

水稻禾蓟马成虫 卢龙县 董建华
2018年8月6日

水稻禾蓟马成虫 卢龙县 董建华
2018年8月9日

2. 玉米黄呆蓟马

中文学名： 玉米黄呆蓟马，*Anaphothrips obscurus*（Muller），缨翅目，蓟马科。别名：玉米蓟马、玉米黄蓟马、草蓟马。

为害： 寄主于玉米、蚕豆；苦荬菜及小麦等禾本科作物。为害叶背致叶背面呈现断续的银白色条斑，伴随有小污点，叶正面与银白色相对的部分呈现黄色条斑。受害严重者叶背如涂一层银粉，端半部变黄枯干，甚至毁种。

分布： 分布在北京、天津、山西、河北、内蒙古、新疆、甘肃、宁夏、江苏、四川、西藏等。

生活史及习性： 1 年生代数不详，成虫在禾本科杂草根基部和枯叶内越冬，是典型的食叶种类。春季 5 月中下旬从禾本科植物上迁向玉米，在玉米上繁殖 2 代，第一代若虫于 5 月下旬至 6 月初发生在春玉米或麦类作物上，6 月中旬进入成虫盛发期，6 月 20 日为卵高峰期，6 月下旬是若虫盛发期，7 月上旬成虫发生在夏玉米上，该虫为孤雌生殖。成虫有长翅型、半长翅型和短翅型之分，行动迟钝，不活泼，阴雨时很少活动，受惊后亦不愿迁飞。成虫取食处，就是它产卵的场所。卵产在叶片组织内，卵背鼓出于叶面。初孵若虫乳白色。以成虫和 1、2 龄若虫为害，若虫在取食后逐渐变为乳青或乳黄色。3、4 龄若虫停止取食，掉落在松土内或隐藏于植株基部叶鞘、枯叶内。6 月中旬主要是成虫猖獗为害期，6 月下旬、7 月初若虫数量增加。该虫有转换寄主为害的习性。干旱对其大发生有利，降雨对其发生和为害有直接的抑制作用。

成虫形态特征： 长翅型雌成虫体长 1～1.2 mm，黄色略暗，胸、腹背（端部数节除外）有暗黑区域。触角第 1 节淡黄，第 2 至 4 节黄，逐渐加黑，第 5 至 8 节灰黑。头、前胸背无长鬃。触角 8 节，第 3、4 节具叉状感觉锥，第 6 节有淡的斜缝。前翅淡黄，前脉鬃间断，绝大多数有 2 根端鬃，少数一根，脉鬃弱小，缘缨长，具翅胸节明显宽于前胸。每八节腹背板后缘有完整的梳，腹端鬃较长而暗。半长翅型的前翅长达腹部第五节。短翅型的前翅短小，退化成三角形芽状，具翅胸几乎不宽于前胸。

玉米黄呆蓟马成虫 卢龙县 董建华	玉米黄呆蓟马成虫 卢龙县 董建华	玉米黄呆蓟马若虫 卢龙县 董建华
2018 年 8 月 6 日	2018 年 8 月 6 日	2018 年 8 月 9 日

第十一章　直翅目

·斑翅蝗科·

1. 花胫绿纹蝗

中文名称：花胫绿纹蝗，*Aiolopus tamulus*（Fabr.），直翅目，斑翅蝗科。

为害：棉花、玉米、小米、小麦、高粱、稻、大豆、柑橘、毛茛等。

分布：黑龙江、吉林、辽宁、上海、江苏、浙江、安徽、福建、江西、山东、北京、天津、山西、河北、内蒙古、河南、湖北、湖南、广东、广西、海南、四川、贵州、云南、重庆、西藏、陕西、甘肃、青海、宁夏、新疆。

生活史及习性：在华北地区1年发生1～2代，以卵越冬。在河北省安新县1年发生2代，以卵越冬，越冬卵于翌年5月中旬开始孵化，6月下旬始见越冬代成虫，8月上旬1代幼虫孵化，8月下旬1代幼虫羽化，9月中旬1代成虫开始交尾、产卵，成虫寿命可延至11月上、中旬。

越冬代卵孵化比较集中，5月中旬始见出土幼虫，出土高峰在5月下旬，孵化出土期20 d左右。1代卵8月上旬开始孵化，至下旬结束，孵化期也为20 d左右。越冬卵及1代卵在上午孵化多，下午较少，阴雨及低温天气不孵化，阴雨天过后天气转晴时孵化量大，可出现1个小高峰。一般雌幼虫经6次蜕皮、雄幼虫经5次蜕皮羽化为成虫。上午蜕皮羽化多，下午较少。喜欢在农田附近或道路两侧产卵，每头雌虫产卵2～4块，每卵块含卵9～34粒。幼虫多栖息在植物茎、叶上，羽化后成虫多在植物低矮、稀少处活动。受惊扰后作短距离飞翔。花胫绿纹蝗成虫趋光性较强。

成虫形态特征：体中小型。虫体通常暗褐或黄褐色。头顶较狭，顶端呈较狭的锐角形，侧缘隆线较直，不向内弯曲，到达复眼的前缘。颜面隆起自中单眼向上渐渐缩狭，顶端甚狭。头侧窝狭长，梯形。前胸背板前端狭，后端宽，中隆线明显，无侧隆线。前翅几达后足胫节中部，具中闰脉。雄性下生殖板短锥形，顶钝圆。雌性产卵瓣粗短，顶端呈钩状，较尖锐，体黄褐色。前胸背板中央常具有褐色、黄褐色或红褐色纵纹，两侧有狭的黑色纵纹；侧片沟后区常绿色。前翅暗褐色，具细碎小斑点，在亚前缘脉域具一鲜绿色纵条纹。后足股节内侧具2个大黑斑，下侧红色，膝黑色。后足胫节基部1/3黄色，中部蓝色，端部红色。本种最明显的特征是后足胫节无外端刺，胫节端部1/3鲜红色。

成虫上灯时间：河北省7月—9月，灯下偶见。

花胫绿纹蝗成虫 平山县　花胫绿纹蝗雄成虫 安新县　花胫绿纹蝗成虫 安新县　花胫绿纹蝗出土 安新县
刘明霞　　　　　　　张小龙　　　　　　　张小龙　　　　　　张小龙
2018 年 9 月　　　　2003 年 10 月　　　　2007 年 6 月　　　2006 年 5 月

2. 黄胫小车蝗

中文名称：黄胫小车蝗，*Oedaleus infernalis*（Sauss），直翅目，斑翅蝗科。别名：黄胫车蝗。

为害：主要取食小麦、玉米、谷子等禾本科农作物的叶片。

分布：黑龙江、吉林、辽宁、上海、江苏、浙江、安徽、福建、江西、山东、北京、天津、山西、河北、内蒙古、陕西、甘肃、青海、宁夏、新疆。

生活史及习性：黄胫小车蝗在河北平原 1 年发生 2 代，北部及西部山区 1 年发生 1 代，以卵越冬。平原地区越冬卵 5 月下旬至 6 月上、中旬孵化，6 月下旬至 7 月上旬羽化。7 月中旬成虫交配产卵；蝗卵 8 月上、中旬孵化，9 月中、下旬羽化，10 月上、中旬产卵，成虫 10 月下旬至 11 月初死亡。如果春季气温偏低，越冬卵 6 月中、下旬孵化，8 月上、中旬羽化，则 1 年仅完成 1 代。黄胫小车蝗有扩散、迁移习性。龄期小的黄胫小车蝗扩散、迁移能力弱，距离短，龄期大的黄胫小车蝗扩散、迁移能力强。成虫不远距离迁飞。

成虫形态特征：成虫体大、中型。雄成虫体长 21～27 mm，前翅长 22～26 mm，后足股节长 12～14 mm；雌成虫体长 30～36 mm，前翅长 26～31 mm，后足股节长 17～20 mm。前胸背板略缩狭，沟后区两侧较平，无肩状圆形突。背板上 X 形纹在沟后区较宽，其宽度明显宽于沟前区的条纹。后翅暗色带较狭。雌性后足股节下侧及后足胫节通常呈黄褐色。雄性后足股节下侧及后足胫节红色，后足胫节基部黄色部分常染有红色。

成虫上灯时间：河北省 6 月下旬至 9 月，灯下偶见。

黄胫小车蝗雌成虫 安新县　　黄胫小车蝗雄成虫 安新县　　黄胫小车蝗成虫 平山县
张小龙 2003 年 10 月　　　　张小龙 2003 年 10 月　　　许连兵 2013 年 9 月

3. 亚洲小车蝗

中文名称：亚洲小车蝗，*Oedaleus decorus asiaticus* Bey-Bienko，直翅目，斑翅蝗科。

为害：河北省十字花科蔬菜主要害虫之一，加之世代重叠，抗药性增强，为害日趋严重。主要为害禾本科、莎草科等植物。如：羊草、皮碱草、隐子草、针茅、冰草、莎草、小麦、玉米、谷子、黍子、燕麦、马铃薯、亚麻、大豆等。

分布：黑龙江、吉林、辽宁、上海、江苏、浙江、安徽、福建、江西、山东、北京、天津、山西、河北、内蒙古、陕西、甘肃、青海、宁夏、新疆。

生活史及习性：亚洲小车蝗属不完全变态昆虫，包括卵、蝗蝻、成虫蛹 4 个虫态。河北省 1 年发生 1 代，以卵在地下越冬，翌年 5 月中下旬越冬卵开始孵化，6 月下旬多见 2～3 龄蝗蝻，7 月上旬成虫出现，7 月中下旬为羽化盛期，7 月下旬开始交配，8 月中旬是交配盛期，产卵期延续到 10 月下旬。成虫产卵多选择向阳、温暖、地面裸露、土质板结、土壤湿度大的地方。当草场植被长势差、食源不足时，亚洲小车蝗大量迁入农田为害，造成严重损失。

成虫形态特征：雌虫体长约 31～37 mm，前翅长约 28.5～34.5 mm，雄虫较小，体长 21～24.7 mm，前翅长 20.0～24.5 mm。全体褐色带绿色，有深褐色斑。头、胸及翅上的黑褐斑纹很鲜艳。前胸背板中部明显缩狭，有明显的"x"纹，图纹在沟前区与沟后区等宽。前胸背板侧片近后部有倾斜的淡色斑，前翅基半部有 2～3 块大黑斑，端半部有细碎不明显的褐斑。后翅基部淡黄绿色，中部有车轮形褐色带纹。后足腿节顶端黑色，上侧和内侧有 3 个黑斑，胫节红色，基部的淡黄褐色环不明显，上侧常混红色。

亚洲小车蝗成虫 康保县 康爱国
2016 年 7 月

亚洲小车蝗雌成虫 康保县 康爱国
2016 年 7 月

4. 疣 蝗

中文名称：疣蝗，*Trilophidia annulata*（Thunberg），直翅目，斑翅蝗科。

为害：可为害禾本科植物，也可以为害棉花、大豆、花生、马铃薯等作物。

分布：黑龙江、吉林、辽宁、内蒙古、宁夏、河北、陕西、山东、江苏、安徽、浙江、江西、福建、广东、广西、四川、贵州、云南、西藏等省。

生活史及习性：河北省 1 年发生 1～2 代，以卵在土中越冬。疣蝗成虫出现于夏、秋两季，主要生活在低海拔山区，全年可见，常栖息于与体色相近的土坡、岩石、草丛保护色良好的地方，受到骚扰时会隐身不动。成虫常选择阳光充足、背风向阳、土壤板结，湿度适中的田埂、路旁、沟坡等处产卵。成虫不远距离飞翔。

成虫形态特征：雄成虫体长 11.7～16.9 mm，雌成虫 15～26 mm，体黄褐色或暗灰色，体上有许多颗粒状突起。2 复眼间有 1 粒状突起。前胸背板上有 2 个较深的横沟，形成 2 个齿状突，前翅长，超过后足胫节中部。后足腿节粗短，有 3 个暗色横斑。后足胫节有 2 个较宽的淡色环纹。

成虫上灯时间：河北省 7—8 月，灯下偶见。

| 疣蝗成虫 泊头市 吴春娟
2018 年 7 月 | 疣蝗雌成虫 安新县
张小龙 2003 年 10 月 | 疣蝗蝗蝻 安新县
张小龙 2006 年 5 月 | 疣蝗雄成虫 安新县
张小龙 2003 年 10 月 |

·斑腿蝗科·

1. 短星翅蝗

中文名称：短星翅蝗，*Calliptamus abbreviates*（Ikonnikov），直翅目，斑腿蝗科。

为害：多以冷蒿、变蒿、菱陵菜等杂草类为食，也少量取食双齿葱和糙隐子草、小叶锦鸡儿等，在农田喜食豆科植物，主要为害豆类、马铃薯，其次是小麦、玉米、高粱、亚麻、莜麦、甜菜、白菜、瓜类和甘薯等。

分布：内蒙古、黑龙江、吉林、辽宁、甘肃、河北、山东、江苏、安徽、浙江、湖北、江西、广西、广东。

生活史及习性：在河北省 1 年发生 1 代，越冬卵于 5 月中旬至 6 月中旬孵化，7 月上旬至下旬羽化，8 月上旬至下旬开始产卵，9 月中旬至 10 月下旬死亡。短星翅蝗食性较杂，在农田喜食豆科植物，幼虫孵化后，先在孵化穴旁为害。当附近植物被吃光后，便向农田迁移为害。短星翅蝗跳跃力较强，不善飞翔，不远迁，比较集中。除取食在植株上外，常喜在地面上活动。平时以爬行为主，尤其喜在植株稀疏的地方活动。严重发生时，有成群迁移的现象。短星翅蝗属地栖性害虫，除取食外，经常在地面上活动。

成虫形态特征：体中型，雌雄差异较大，雌虫体长 25～32.5 mm，前翅长 14～20 mm；雄虫体长 19～22 mm，前翅长 8～12 mm。头略大，较短于前胸背板。前胸背板略平，有明显的侧隆线，中隆线较低，在中部有 3 道横沟明显，前胸腹板在两前足之间具乳状突起。后翅较短，不到达后足股节顶端，后翅基部本色，并有黑色小斑点。后足股节粗壮，上缘有 3 个暗斑，上缘有小齿，外方羽状构造颇明显，内侧呈玫瑰色或红色，有两个不完整的黑斑；后足胫节呈红色，雄虫两行胫节刺各 8 枚，雌虫各 9 枚。雄虫的尾须粗大扁平，顶端分成 2 齿，上面的齿大，下面又分成 2 个小齿。

短星翅蝗成虫 沧州市 寇奎军
2007 年 10 月

2. 长翅素木蝗

中文名称：长翅素木蝗，*Shirakiacris shirakii*（Bolivar），直翅目，斑腿蝗科。

为害：禾本科及豆科等多种作物。

分布：吉林、河北、陕西、山东、江苏、安徽、浙江、湖北、江西、福建、广西、四川等地。

生活史及习性：长翅素木蝗在河北安新县 1 年发生一代，个别年份可见一代蝗蝻，但不能羽化为成虫产生后代。以卵越冬，越冬卵于 5 月中旬开始孵化，7 月上旬可见羽化成虫，7 月下旬交尾，8 月上旬产卵，成虫期 57～99 d，成虫寿命可延至 11 月上中旬。蝗蝻和成虫都善于跳跃，常在植株茎叶上活动，很少到地面活动。受惊后即迅速跳跃或转移到植物叶片背面。成虫具有一定的飞翔能力，秋季常因环境条件不适宜而较远距离迁移。

成虫形态特征：体中型。头顶宽短，无中隆线。虫体通常黑褐色，自头顶向后到前胸背板后缘具黑色纵条纹，前胸背板沿侧隆线具狭而略弧形的黄色纵纹。前胸背板宽平，侧隆线在沟后区近后缘部分消失；前胸腹板突圆柱形，略后倾，顶粗圆。中胸腹板侧叶间中隔狭，后胸腹板侧叶相毗连。前翅超过后足股节顶端甚远。前翅具许多黑色圆点。后足胫节端半红色，基半黄褐色，具有黑色横斑。雄虫体长 23～28 mm，雌虫 33～39 mm。雄虫前翅长 21～25 mm，雌虫 28～34 mm。

长翅素木蝗雌成虫 安新县 张小龙　　长翅素木蝗雄成虫 安新县 张小龙
2003 年 10 月　　　　　　　　　　2003 年 10 月

3. 中华稻蝗

中文名称：中华稻蝗，*Oxya chinensis* (Thunberg)，直翅目，斑腿蝗科。

为害：食量特大，多栖憩在各种植物的茎叶上，主食禾本科植物，为害水稻、玉米、高粱、小米、甘蔗、茭白等。

分布：黑龙江、吉林、辽宁、上海、江苏、浙江、安徽、福建、江西、山东、北京、天津、山西、河北、内蒙古、河南、湖北、湖南、广东、广西、海南、四川、贵州、云南、重庆、西藏、陕西、甘肃、青海、宁夏、新疆。

生活史及习性：每年发生一代，以受精卵越冬。卵在5月上旬开始孵化，跳蝻蜕皮5次，至7月中、下旬羽化为成虫。再经半月，雌雄开始交配。卵在雌蝗阴道内受精；雌蝗产出的受精卵形成卵块，一生可产1～3个卵块，每块含卵35粒左右。雌蝗产卵可延至9月间；多产在田埂内。

成虫形态特征：雌虫体长36～44 mm。雄虫体长30～33 mm；全身绿色或黄绿色，有光泽。头顶两侧在复眼后方各有1条黑褐色纵带，经前胸背板两侧，直达前翅基部。前胸腹板有1锥形瘤状突起。前翅长超过后足腿节末端。

中华稻蝗成虫 沧州市 寇奎军
2007年10月

中华稻蝗交配 河北省植保植检总站 勾建军
2014年

· 飞蝗科 ·

1. 东亚飞蝗

中文名称：东亚飞蝗，*Locusta migratoria manilensis*（Meyen），直翅目，飞蝗科。别名：蚂蚱、蝗虫。

为害：东亚飞蝗喜食玉米、高粱、谷子、小麦等禾本科作物及芦苇、稗草、荻草等禾本科杂草和莎草科植物，以成虫、若虫（幼虫）取食为害，大量发生成群迁飞时，成片的农作物被吃成光秆。中国史籍中的蝗灾，主要指的是东亚飞蝗。

分布：天津、河北、河南、山东、陕西、山西、安徽、江苏、海南。

生活史及习性：在河北省1年发生2代，第一代称夏蝗，第二代称秋蝗。以卵囊在4～6 cm

的土中越冬。由于河北省南北温差较大，地势复杂，加之小气候的影响，各地幼虫出土期及历期各不相同。一般夏蝗孵化始期为 4 月下旬至 5 月上旬，盛期为 5 月中、下旬；羽化盛期在 6 月上中旬至 7 月上旬；羽化 10 ～ 15 d 左右即可交尾，交尾后 7 ～ 10 d 即可产卵，产卵盛期在 7 月上中旬。夏蝗卵经 15 ～ 20 d 左右即可孵化，秋蝗孵化始期为 7 月上、中旬，盛期为 7 月中、下旬，羽化盛期在 8 月上旬至 9 月上旬，产卵盛期在 9 月上旬至 10 月上旬。东亚飞蝗幼虫和成虫都有合群的习性，群居型幼虫和成虫具有结群迁移的习性，具有远距离迁飞的能力。

成虫形态特征：体为大、中型。雌成虫体长 39.5 ～ 51.2 mm，雄成虫 33.5 ～ 41.5 mm。体黄褐色，头顶圆，颜面平直。复眼较小，呈卵形；触角丝状。群居型成虫前胸背板较短，前缘稍突出，后缘圆，前半部中央隆起较低，后半部平，中部两侧向内显著凹入呈马鞍状。前翅发达，常超过后足肠节中部，具暗色斑纹和光泽。后翅膜状而透明，呈淡黄色。后足股节外侧沿上缘部分色泽较深，内侧前半部黑色，后半部有 1 黑斑，胫节淡黄色，有的是微带红色。

散居型成虫前胸背板向上突出呈屋脊状，头部、胸部和后足股节常带绿色，有"青大头"之称，是散居型和群居型的主要区别。

成虫上灯时间：河北省 5—9 月，灯下偶见。

东亚飞蝗成虫（雌）安新县　　　东亚飞蝗成虫（雄）安新县　　　东亚飞蝗蝗卵 安新县 张小龙
张小龙 2003 年 10 月　　　　　张小龙 2003 年 10 月　　　　　　2003 年 4 月

东亚飞蝗蝗蝻出土 安新县 张小龙　　　东亚飞蝗蝗蝻 安新县
2003 年 5 月　　　　　　　　　张小龙　2006 年 8 月

· 癞蝗科 ·

1. 笨蝗

中文名称：笨蝗，*Haplotropis brunneriana* Saussure，直翅目，癞蝗科。

为害：可对重要粮食作物如甘薯、马铃薯、大豆、绿豆、小麦、大麦、玉米、高粱、谷子以及棉花、蔬菜、瓜类、向日葵等造成危害，有时林木幼苗也遭受其害。

分布：北京、天津、河北、山西、内蒙古、江苏、安徽。

生活史及习性：笨蝗1年发生1代，以卵在土中越冬。一般情况下，在河北省蝗卵3月下旬至4月下旬孵化，5月中旬至6月中旬羽化，6中旬至7月上旬产卵，7月中旬成虫死亡。笨蝗怕低温、炎热，喜在阳光充足、土质干燥的地方活动。成虫不能飞翔，不善跳跃，行动迟钝，活动范围小，无群集现象。在无风晴朗天气下，多在向阳处或在植株上部活动栖息，在低温阴雨天气或在高温的中午躲藏在植株根部、草丛内或土块、石缝等处。成虫夜间多在植株上部栖息。

成虫形态特征：雄虫体长28～37 mm，雌虫体长34～49 mm。体形粗大，具有粗密的颗粒和隆线。体通常呈黄褐色、褐色或暗褐色，头较短，后头常有不规则的网状隆线。颜面隆起明显，在中单眼之上具有纵沟。触角丝状，淡褐色，基部较淡，顶端较暗。复眼红褐色，卵形。前胸背部的前、后缘淡黄色，沿中隆线的两侧，在前、后端各有1较大的黑色斑块；侧片中部的前缘具有较短的黑色条纹，常和复眼后端的黑色斑纹相接。前胸背板中隆线作片状隆起，侧面观则呈圆弧形。前翅长卵形，前缘暗褐，后缘较淡。后足胫节上侧青蓝色，底侧黄褐色或淡黄色。后足股节上侧具3个暗色黄斑。

笨蝗成虫 安新县 张小龙

2007 年 8 月

·剑角蝗科·

1. 中华剑角蝗

中文名称：中华剑角蝗，Acrida cinerea Thunberg，直翅目，剑角蝗科。别称：中华蚱蜢，东亚蚱蜢，扁担沟，大扁担，也称作"老扁"。

为害：为杂食性昆虫，寄主植物广泛，有水稻、玉米、高粱、谷子、豆类、花生等农作物及禾本科杂草。常将叶片咬成缺刻或孔洞，严重时将叶片吃光。

分布：黑龙江、吉林、辽宁、上海、江苏、浙江、安徽、福建、江西、山东、北京、天津、山西、河北、内蒙古、河南、湖北、湖南、广东、广西、海南、四川、贵州、云南、重庆、西藏、陕西、甘肃、青海、宁夏、新疆。

生活史及习性：河北省一年发生一代，其发育过程属于不完全变态，一生经卵、若虫、成虫三个时期，以卵越冬。在秋季雌成虫利用腹部末端的坚强"产卵器"，插入土中产卵。产卵场所大都是湿润的河岸、湖滨及山麓和田埂，卵成块，卵块有良好的保护层，不易受温、湿度和不良因素影响。越冬卵 6 月上旬至下旬孵化，8 月中旬至 9 月上旬羽化，9 月中旬至 10 月下旬产卵，10 月中旬至 11 月上中旬成虫死亡。

成虫形态特征：雌虫体长 50～81 mm，雄虫 31～60 mm。体色为绿色或褐色。体形细长，头圆锥状，明显长于前胸背板，颜面强烈向后倾斜。触角短如剑状，基部段较粗末段尖细，头部两侧各有 2 条白色或黄褐色的棱线隆起，头部扁但近口器处渐宽，弧度较圆。前翅发达，端部尖，后翅淡绿色。后足股节及胫节绿色或褐色。

成虫上灯时间：河北省 8—9 月，灯下偶见。

 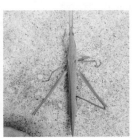  

中华剑角蝗成虫　　　　中华剑角蝗成虫 蔚县　　　中华剑角蝗卵 平山县　　中华剑角蝗成虫 平山县
平山县 韩丽 2018 年 9 月　　郑贵银 2018 年 8 月　　　刘明霞 2018 年 10 月　　张春晓 2018 年 8 月

·蝼蛄科·

1. 东方蝼蛄

中文名称：东方蝼蛄，Gryllotalpa orientalis Burmeister，直翅目，蝼蛄科。别名：拉拉蛄、土狗子。

为害：可为害各种蔬菜、水稻等作物。

分布：黑龙江、吉林、辽宁、上海、江苏、浙江、安徽、福建、江西、山东、北京、天津、山西、河北、内蒙古、河南、湖北、湖南、广东、广西、海南、四川、贵州、云南、重庆、西藏、陕西、青海、宁夏。

生活史及习性：在河北省2年左右完成1代。在黄淮地区，越冬成虫5月份开始产卵，盛期为6、7月，卵经15～28 d孵化，当年孵化的若虫发育至4～7龄后，在40～60 cm深土中越冬。第二年春季恢复活动，为害至8月开始羽化为成虫。若虫期长达400余天。当年羽化的成虫少数可产卵，大部分越冬后，至第三年才产卵。

成虫形态特征：体长30～35 mm，灰褐色，全身密布细毛。头圆锥形，触角丝状。前胸背板卵圆形，中间具一暗红色长心脏形凹陷斑。前翅灰褐色，较短，仅达腹部中部。后翅扇形，较长，超过腹部末端。腹末具1对尾须。前足为开掘足，后足胫节背面内侧有4个距。

成虫上灯时间：河北省6—9月。

| 东方蝼蛄成虫 灵寿县 周树梅
2017年9月22日 | 东方蝼蛄成虫 宽城县
姚明辉 | 东方蝼蛄成虫 安新县
张小龙 2018年7月 |

2. 华北蝼蛄

中文名称：华北蝼蛄，*Gryllotalpa unispina* Saussure，直翅目，蝼蛄科。别名：土狗，蝼蝈。

为害：华北蝼蛄是一种杂食性害虫，能为害多种园林植物的花卉、果木及林木，以及多种球根和块茎植物，成虫、若虫均为害严重。咬食各种作物种子和幼苗，喜欢取食刚发芽的种子。取食幼根和嫩茎，可咬食成乱麻状或丝状，使幼苗生长不良甚至死亡，造成严重缺苗断垄。

分布：河北、黑龙江、吉林、辽宁、北京、天津、山西、内蒙古、陕西、甘肃、青海、宁夏、新疆。

生活史及习性：约3年1代，以成虫和8龄以上的各龄若虫在150 cm以上的土中越冬。来年3—4月当10 cm深土温达8℃左右时若虫开始上升为害，地面可见长约10 cm的虚土隧道，4、5月份地面隧道大增即为害盛期；6月上旬当隧道上出现虫眼时已开始出窝迁移和交尾产卵，6月下旬至7月中旬为产卵盛期，8月为产卵末期。越冬成虫于6—7月间交配，产卵。

成虫虽有趋光性，但体形大飞翔力差，灯下的诱杀率不如东方蝼蛄高。华北蝼蛄在土质疏松的盐碱地，沙壤土地发生较多。

成虫形态特征：雌成虫体长45～50 mm，雄成虫体长39～45 mm。形似非洲蝼蛄，但体黄褐至暗褐色，前胸背板中央有1心脏形红色斑点。后足胫节背侧内缘有棘1个或消失。腹部近圆筒形，背面黑褐色，腹面黄褐色，尾须长约为体长。

成虫上灯时间：河北省6—8月。

华北蝼蛄成虫 灵寿县 周树
梅2017年9月25日

华北蝼蛄成虫 正定县 李智慧
2011年9月

·蟋蟀科·

1. 大扁头蟋

中文名称：大扁头蟋，*Loxoble mmus doenitzi*（Stein），直翅目，蟋蟀科。

为害：豆类、甘薯、草莓、花生、芝麻、棉花、蔬菜和果树苗木。

分布：北京、陕西、辽宁、河北、山西、河南、山东、上海、江苏、浙江、江西、湖南、广西、四川、贵州。

生活史及习性：每年发生1代，以卵在土内越冬。此虫昼伏夜出，雄善鸣，栖息于砖石、垃圾堆下及菜园、苗圃、旱田。

成虫形态特征：雄虫体长15～20 mm，雌为16～2 mm；雄翅长9～11 mm，雌者为9～12 mm。身体黑褐色。雄虫头顶明显向前突出，前缘弧形并黑色，边缘后方有1橙黄或赤褐色横带。颜面深栗色至棕黑色，中央有1横黄斑，中单眼隐于其中。前胸背板宽大于长；侧板前长、后短，并向下倾斜，下缘前有1黄斑。前翅长达腹端；后翅细长，伸出腹端似尾形，但常脱落仅留痕迹。足黄褐色，具黑色散地。音镜近方形，有斜脉2～3条。

成虫上灯时间：河北省8—10月。

大扁头蟋成虫 安新县 张小龙
2018 年 8 月

2．黄脸油葫芦

中文名称：黄脸油葫芦，*Teleogryllus emma*，直翅目，蟋蟀科，别名：油葫芦、北京油葫芦、天津黑虫、麦田褐蟋蟀。

为害：以各种植物的根、茎、叶为食，对大豆、花生、山芋、马铃薯、粟、棉、麦等农作物有一定的危害。

分布：分布：北京、陕西、河北、山西、河南、山东、江苏、安徽、江西、福建、湖南、广东、广西、四川、贵州、云南。

生活史及习性：黄脸油葫芦在我国大部分地区 1 年发生 1 代，以卵在土中越冬，在翌年春末天气转暖时化为若虫，夏末时化为成虫，夏末秋初为其旺发期，此时荒野之中到处都可听到其鸣声，此起彼落，连续不断。可能其鸣声像油从葫芦内倾注而出所发的声音，故得油葫芦这一称号。黄脸油葫芦喜欢栖息在田野、山坡的沟壑、岩石缝隙中和杂草丛的根部。它白天隐藏在石块下或草丛中，夜间出来觅食和交配，雄虫筑穴与雌虫同居。当两只雄虫相遇时，与斗蟋蟀一样，会相互咬斗，有互相残杀的习性。

成虫形态特征：身长 18 ～ 26 mm，体型较大，通体褐色或黑褐色，油光锃亮。头大，圆球形。复眼上方具淡黄色眉状纹，从头部背面看，二条眉状纹呈"人"字形。颜面黄色，触角窝四周黑色；前胸背板黑褐色，具左右对称的淡色斑纹，侧板下半部淡色。前翅背面褐色，有光泽，侧面黄色；足褐色或土黄色。两尾须长，超过后足股节，色较体色浅。

成虫上灯时间：河北省 7—9 月。

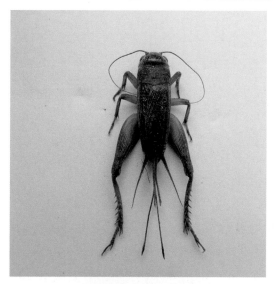

黄脸油葫芦成虫 大名县
崔延哲 2018 年 8 月

黄脸油葫芦成虫 大名县
崔延哲 2018 年 8 月

黄脸油葫芦成虫 大名县 崔延哲
2018 年 8 月

黄脸油葫芦成虫 大名县 崔延哲
2018 年 8 月

·锥头蝗科·

1. 短额负蝗

中文学名：短额负蝗，*Atractomorpha sinensis*（Boliva），直翅目，锥头蝗科。别名：中华负蝗、尖头蚱蜢、小尖头蚱蜢。

为害：主要为害美人蕉、一串红、鸡冠花、菊花、海棠、木槿、禾本科草坪草等植物。

分布：黑龙江、吉林、辽宁、上海、江苏、浙江、安徽、福建、江西、山东、北京、天津、山西、河北、内蒙古、河南、湖北、湖南、广东、广西、海南、四川、贵州、云南、重庆、西藏、陕西、甘肃、青海、宁夏、新疆。

生活史及习性：在河北省1年发生1代，以卵在沟边土中越冬。5月下旬至6月中旬为孵化盛期，7—8月羽化为成虫。喜栖于地被多、湿度大、双子叶植物茂密的环境，在灌渠两侧发生多。以卵在沟边土中越冬；5月下旬至6月中旬为孵化盛期，7—8月羽化为成虫。短额负蝗成虫多善跳跃或近距离迁飞，不能作远距离飞翔。喜栖于地被多、湿度大、双子叶植物茂密的环境，在灌蕖两侧发生多。

成虫形态特征：雄虫体长21～25 mm，雌虫体长35～45 mm，绿色或褐色。头部削尖，向前突出，侧缘具黄色瘤状小突起。前翅绿色，超过腹部；后翅基部红色，端部淡绿色。

短额负蝗成虫 卢龙县 董建华
2018 年 6 月

短额负蝗成虫 卢龙县 董建华
2018 年 9 月

短额负蝗成虫 曲周县 王洪亮
2018 年 9 月

短额负蝗成虫 卢龙县 董建华
2018 年 9 月

第十二章 植保工作照

·害虫防治·

安新县车载喷雾机

拌种防治地下害虫
（魏县 王书芳）

沧州市直升飞机防治

防治二点委夜蛾

防治黏虫现场

飞机防治虫

飞机防治黏虫

飞机防治虫

黄板和杀虫灯

喷雾机防治虫

烟雾机防治黏虫

运五黄骅

烟雾机防治黏虫

黏虫防治

黏虫防治

黏虫防治效果

· 现场监测 ·

测报灯监测丰南区　　　　春季挖卵调查　　　　灯诱昆虫现场　　　　冬前剥杆调查

· 昆虫为害 ·

土蝗为害　　　　　　　　　　　　　　烟粉虱为害

黏虫为害状　　　　　　　　　　　　　黏虫为害状

黏虫为害状 黏虫为害状

黏虫为害水稻 香河县麦田夏蝗 （廊坊市 张金华）

稻蝗为害夏玉米

·中文名索引·

A

暗黑豆芫菁	241
暗黑鳃金龟	218
暗红天蛾	112

B

八斑蜡蝉	254
八点蜡蝉	254
八字白眉天蛾	105
八字地老虎	121
八字切根虫	121
白斑地长蝽	18
白斑黑野螟	81
白菜褐夜蛾	159
白灯蛾	50
白点暗野螟	23
白戟铜翅夜蛾	152
白蜡绢须野螟	23
白蜡绢野螟	23
白蜡窄吉丁甲	208
白薯天蛾	108
白条蜂缘蝽	15
白条赛天蛾	105
白条夜蛾	125
白条银纹夜蛾	125
白线散纹夜蛾	125
白星花金龟	206
白雪灯蛾	50
白杨灰天社蛾	192
白杨枯叶蛾	78
白杨天社蛾	192
斑蝉	251
斑翅蝉	251
斑大蚊	244
斑须蝽	1
斑雅尺蛾	28
斑衣蜡蝉	255
包叶虫	93
苞叶虫	84
豹灯蛾	51
豹纹斑螟	98
北京油葫芦	274
笨蝗	270
碧夜蛾	163
扁刺蛾	44
扁担沟	271
标瑙夜蛾	126
缤夜蛾	126
伯瑞象蜡蝉	256

C

彩节天社蛾	188
菜步曲	173
菜蛾	20
残夜娥	127
草地螟	82
草地贪夜蛾	180
草蓟马	262
椿小吉丁	208
茶翅蝽	2

茶翅蝽象	2
茶树黄刺蛾	45
迟眼蕈蚊	247
赤巢螟	83
赤角盲蝽	10
赤双纹螟	83
赤条蝽	3
赤须蝽	10
赤须盲蝽	10
绸纹虎甲	205
臭斑斑	6
臭椿沟眶象	229
臭椿皮蛾	167
臭椿皮夜蛾	167
臭木椿象	2
樗蚕	48
窗耳叶蝉	260
春尺蛾	29
椿蹦	255
纯白草螟	83
刺槐掌舟蛾	182
葱黄寡毛跳甲	233

D

达光裳夜蛾	128
大斑粉螟	26
大扁担	271
大扁头蟋	273
大地老虎	122
大豆卷叶螟	90

大豆食心虫............74
大豆蛀荚虫............74
大褐木蠹蛾............103
大灰象鼻虫............230
大灰象虫............230
大灰象甲............230
大剑纹夜蛾............145
大理石须金龟............219
大绿刺蛾............44
大螟............128
大叶黄杨尺蛾............40
大云斑鳃金龟............219
大云鳃金龟............219
大造桥虫............30
单齿蝼步甲............200
淡绿金龟子............213
淡银纹夜蛾............170
岛切夜蛾............129
盗毒蛾............62
稻棘缘蝽............14
稻金斑夜蛾............130
稻金翅夜蛾............130
稻水象............231
稻水象甲............231
稻纵卷叶螟............84
地红蝽............10
地老虎............178
点蜂缘蝽............15
吊死鬼............92
顶梢卷叶蛾............70
顶芽卷叶蛾............70
顶针虫............77
东方金龟子............220
东方绢金龟............220

东方蝼蛄............271
东方美苔蛾............52
东方黏虫............174
东方蛀果蛾............71
东亚飞蝗............268
东亚蚱蜢............271
豆尺蠖............173
豆虫............106
豆丹............106
豆黄夜蛾............169
豆荚螟............90
豆荚野螟............90
豆螟蛾............90
豆髯须夜蛾............131
豆天蛾............106
豆银纹夜蛾............173
豆缘蝽象............15
短额负蝗............275
短扇舟蛾............183
短星翅蝗............266
盾天蛾............108

E

二点螟............97
二点委夜蛾............131
二化螟............96
二十八星瓢虫............215
二尾柳天社蛾............191
二星蝽............4

F

乏夜蛾............133
泛尺蛾............31
绯燕尾舟蛾............195
粉缟螟蛾............26

粉缘金刚钻............134
粉缘钻夜蛾............134
枫香尾夜蛾............134
负子蝽............9

G

甘蓝夜蛾............135
甘薯大龟甲............228
甘薯褐龟甲............228
甘薯灰褐羽蛾............181
甘薯卷叶虫............80
甘薯蜡龟甲............228
甘薯麦蛾............80
甘薯绮夜蛾............136
甘薯天蛾............108
甘薯叶天蛾............108
甘薯异羽蛾............181
甘蔗二点螟............97
甘蔗条螟............86
橄绿歧角螟............92
干果螟............89
杠柳螟............85
杠柳原野螟............85
高粱条螟............86
高粱舟蛾............184
高粱钻心虫............86
缟裳夜蛾............156
革青步甲............200
弓腰虫............130
沟金针虫............209
钩尾夜蛾............136
狗虱虫............236
枸杞负泥虫............233
构天蛾............109

构星天蛾.............109
构月天蛾.............109
谷粗喙螺..............89
谷子粟叶甲...........235
谷子钻心虫............97
谷子钻心虫...........235
瓜绢螟...............87
瓜绢野螟.............87
瓜螟.................87
光腹夜蛾............149
光腹粘虫............149
光肩星天牛..........224
广斧螳螂............249
广腹螳螂............249
广鹿蛾...............79
龟纹瓢虫............217
鬼面天蛾............110
国槐尺蛾.............33
国槐羽舟蛾..........184

H

旱柳原野螟............85
行军虫..............174
蒿冬夜蛾............137
浩蜻..................5
禾谷缢管蚜..........258
合台毒蛾.............62
核桃举肢蛾...........68
核桃四星尺蛾.........32
核桃天社蛾..........185
核桃鹰翅天蛾........110
核桃舟蛾............185
褐斑蝉..............251
褐边绿刺蛾...........44

褐纹树蚁蛉..........198
褐须金龟子..........223
褐缘绿刺蛾...........44
褐足角胸叶甲........235
黑斑红长蝽..........16
黑斑天社蛾..........195
黑蝉................252
黑带尺蛾.............33
黑带二尾舟蛾........186
黑带食蚜蝇..........245
黑点贫夜蛾..........138
黑点丫纹夜蛾........170
黑绒金龟子..........220
黑绒鳃金龟..........220
黑纹毒蛾.............66
黑纹天社蛾..........189
黑星卷叶麦蛾.........80
黑星麦蛾.............80
黑艳叩头虫..........210
黑衣黄毒蛾...........63
黑羽广翅蜡蝉........254
红边灯蛾.............53
红腹白灯蛾...........58
红腹灯蛾.............58
红脊长蝽.............16
红节天蛾............112
红脑壳虫............179
红天蛾..............112
红条绿盾背蝽..........8
红夕天蛾............112
红星雪灯蛾...........53
红袖灯蛾.............53
红缘灯蛾.............53

红粘夜蛾............138
红长蝽..............17
红棕灰夜蛾..........138
后斑青步甲..........201
弧角散纹夜蛾........139
胡桃豹夜蛾..........140
花蹦蹦..............255
花大姐..............218
花姑娘..............255
花胫绿纹蝗..........263
花罗锅..............188
花石金龟............219
花叶虫..............11
华北大黑鳃金龟......221
华北蝼蛄............272
槐尺蛾..............33
环斑蚀夜蛾..........157
黄斑卷叶蛾...........71
黄斑青步甲..........202
黄斑天社蛾..........188
黄斑长翅卷蛾.........71
黄边白野螟...........23
黄边褐缟螟...........89
黄草地螟............89
黄翅缀叶野螟.........24
黄刺蛾..............45
黄地老虎............123
黄褐金龟子..........211
黄褐丽金龟..........211
黄褐天幕毛虫.........77
黄褐异丽金龟........211
黄灰尺蛾.............34
黄胫车蝗............264

黄胫小车蝗..........264
黄脸油葫芦..........274
黄绿条螟..........82
黄脉天蛾..........113
黄毛虫..........59
黄蜻..........243
黄曲条跳甲..........236
黄条冬夜蛾..........140
黄条谷螟..........89
黄尾毒蛾..........62
黄纹野螟..........88
黄小卷叶蛾..........73
黄星尺蛾..........35
黄星雪灯蛾..........54
黄胸青腰隐翅虫......240
黄杨黑缘螟蛾..........25
黄杨金星尺蛾..........40
黄杨绢野螟..........25
黄缘伯尺蛾..........35
黄缘青步甲..........202
黄掌舟蛾..........188
黄掌舟蛾..........196
黄痣苔蛾..........54
黄紫美冬夜蛾..........141
蝗虫..........268
灰翅天蛾..........117
灰飞虱..........253
灰猎夜蛾..........141
灰双纹螟..........89
灰直纹螟..........89
蟋蛄..........251

J

棘翅夜蛾..........142

戟盗毒蛾..........63
尖头蚱蜢..........275
尖锥额野螟..........89
简喙象..........231
豇豆荚螟..........90
角翅舟蛾..........187
角红长蝽..........17
角纹幅蛾..........68
角长蝽..........17
截虫..........96
戒指虫..........77
金翅蛾..........130
金绿宽盾蝽..........8
金毛虫..........62
井夜蛾..........142
韭蛆..........247
举尾毛虫..........189
举肢毛虫..........189

K

克罗蝽..........7
客来夜蛾..........143
叩头虫..........209
枯斑翠尺蛾..........36
库氏歧角螟..........91
宽腹螳螂..........249
宽胫夜蛾..........143

L

拉拉蛄..........271
蓝目灰天蛾..........114
蓝目天蛾..........114
榄绿歧角螟..........92
劳氏黏虫..........175
累氏红天蛾..........112

梨斑螟蛾..........92
梨刺蛾..........46
梨大食心虫..........92
梨剑纹夜蛾..........144
梨娜刺蛾..........46
梨青刺蛾..........44
梨小食心虫..........71
梨小蛀果蛾..........71
梨星毛虫..........19
梨叶斑蛾..........19
李枯叶蛾..........75
栎大尺蛾..........42
栎纷舟蛾..........188
栎粉舟蛾..........188
栎黄斑天社蛾..........188
栎青尺蛾..........42
栎掌舟蛾..........188
栗六点天蛾..........114
连环夜蛾..........161
连纹夜盗蛾..........172
连纹夜蛾..........172
两头尖..........20
亮隐尺蛾..........36
溜皮虫..........73
柳残夜蛾..........127
柳毒蛾..........64
柳二尾舟蛾..........191
柳金刚钻..........134
柳木蠹蛾..........103
柳天蛾..........114
柳乌蠹蛾..........103
柳星枯叶蛾..........78
柳叶毒蛾..........64

六斑红长蝽.............17
蝼蝈.............272
芦苇豹蠹蛾.............19
鹿尾夜蛾.............134
罗锅虫.............188
落叶松毛虫.............75
绿翠尺蛾.............30
绿褐银星天蛾.............109
绿盲蝽.............11
绿尾大蚕蛾.............49
葎草流夜蛾.............133

M

麻皮蝽.............5
马冷.............243
马铃薯瓢虫.............215
蚂蚱.............268
麦蝽.............6
麦奂夜蛾.............147
麦田褐蟋蟀.............274
麦叶蜂.............199
麦长管蚜.............257
毛翅夜蛾.............164
毛魔目夜蛾.............147
霉巾夜蛾.............148
美国白蛾.............55
美国灯蛾.............55
蒙古灰象甲.............232
米缘蝽.............7
秘夜蛾.............149
棉大尺蠖.............30
棉大卷叶螟.............93
棉褐斑螟.............94
棉卷叶螟.............93

棉卷叶野螟.............93
棉铃虫.............149
棉铃实夜蛾.............130
棉铃实夜蛾.............149
棉螟蛾.............87
棉双斜卷蛾.............72
棉水螟.............94
棉天蛾.............105
棉小造桥虫.............151
棉蚜.............259
棉野螟蛾.............93
棉夜蛾.............151
明痣苔蛾.............56
鸣蝉.............252
陌夜蛾.............152
木橑尺蛾.............37
苜蓿夜蛾.............153
苜蓿夜蛾.............162

N

鸟嘴壶夜蛾.............153

P

爬山虎天蛾.............116
排点灯蛾.............57
排点黄灯蛾.............57
泡桐灰天蛾.............117
棚灰夜蛾.............154
鹏灰夜蛾.............154
屁豆虫.............188
苹果毒蛾.............64
苹果剑纹夜蛾.............145
苹果枯叶蛾.............76
苹果象蜡蝉.............256
苹果小卷叶蛾.............73

苹卷蛾.............73
苹枯叶蛾.............76
苹毛虫.............76
苹毛金龟子.............212
苹毛丽金龟.............212
苹掌舟蛾.............189
珀蝽.............7
葡萄金花虫.............237
葡萄十星叶甲.............237
葡萄天蛾.............115
葡萄小天蛾.............112
葡萄夜蛾.............153
葡萄紫褐夜蛾.............153

Q

七星瓢虫.............218
漆腹黄毒蛾.............67
气虫.............188
砌石灯蛾.............57
桥虫.............173
切根虫.............124
青翅蚁形隐翅虫.............240
青翅隐翅虫.............240
青刺蛾.............44
青金龟子.............213
清夜蛾.............155
秋蝉.............252
秋幕蛾.............55
秋幕毛虫.............55
秋千毛虫.............64
秋黏虫.............180
楸蠹野螟.............95
曲柳窄吉丁.............208
曲纹虎甲.............205

雀纹天蛾............116

R

绕环夜蛾............166
人面天蛾............110
人纹污灯蛾............58
人字纹灯蛾............58
绒毛曲斑地甲............202
绒星天蛾............119

S

三点盲蝽............12
桑斑褐毒蛾............62
桑尺蛾............29
桑毒蛾............62
桑剑纹夜蛾............145
桑粒肩天牛............225
桑夜盗虫............138
桑夜蛾............145
沙枣尺蠖............29
上海玛尺蛾............37
上海枝尺蛾............37
裳夜蛾............155
蛇纹尺蛾............38
深色白眉天蛾............106
肾纹绿尺蛾............39
十星瓢萤叶虫............237
石榴巾夜蛾............157
实夜蛾............153
蚀夜蛾............157
饰夜蛾............163
柿毛虫............64
柿裳夜蛾............156
瘦角蓟马............261
双斑萤叶甲............238

双斑葬甲............242
中国绿刺蛾............47
双圈萤叶甲............238
双线织蛾............182
双斜线尺蛾............39
霜天蛾............117
水稻二化螟............96
水稻禾蓟马............261
丝棉木金星尺蛾............40
四斑绢螟............97
四斑绢野螟............97
四星尺蛾............27
松枝黄毒蛾............64
粟负泥虫............235
粟灰螟............97
粟粘虫............174

T

桃斑蛀螟............98
桃多斑野螟............98
桃红白虫............158
桃红颈天牛............226
桃红猎夜蛾............158
桃剑纹夜蛾............145
桃六点天蛾............117
桃潜叶蛾............104
桃雀蛾............117
桃折梢虫............71
桃蛀螟............98
桃蛀心虫............98
剃枝虫............174
剃枝虫............175
天鹅绒金龟子............220
天津黑虫............274

天马............175
天幕枯叶蛾............77
天幕毛虫............77
田鳖............9
甜菜白带野螟............99
甜菜网螟............82
甜菜野螟............99
甜菜夜蛾............159
跳甲............236
跳虱............236
铁丝虫............209
铜绿金龟子............213
铜绿丽金龟............213
土蚕............124
土狗............272
土狗子............271
驼波尺蛾............41
驼尺蛾............41

W

瓦矛夜蛾............160
袜纹夜蛾............171
弯臂冠舟蛾............190
网目拟地甲............214
网目沙潜............214
网目土甲............214
围连环夜蛾............161
苇实夜蛾............162
卫矛尺蠖............40
纹白毒蛾............62
莴苣冬夜蛾............162
乌头虫............172
梧桐天蛾............117
五色虫............174

舞毒蛾...............64

X

西北麦蝽...............6
西伯利亚地夜蛾.......163
稀点雪灯蛾...........59
细翅天社蛾...........188
细胸金针虫...........210
瞎虻...............245
夏枯草线须野螟.......100
线角木蠹蛾...........103
香椿灰斑夜蛾.......145
象蜡蝉...............256
肖毛翅夜蛾...........164
小菜蛾...............20
小臭虫...............11
小地老虎...........124
小豆天蛾...........118
小豆长喙天蛾.......118
小褐木蠹蛾.........102
小红虫...............74
小黄...............243
小尖头蚱蜢.........275
小剑纹夜蛾.........146
小阔胫绒金龟.......223
小木蠹蛾...........102
小青虫...............20
小青花金龟.........207
小青花潜...........207
小双尾天社蛾.......195
小线角木蠹蛾.......102
小叶杨天社蛾.......192
小云斑金龟.........223
小云斑鳃金龟.......223

小云鳃金龟...........223
小造桥夜蛾...........151
小长蝽...............16
小舟蛾...............193
斜纹夜蛾...........172
谐夜蛾...............136
谐夜蛾...............164
新靛夜蛾...........165
星斑虎甲...........204
星绒天蛾...........119
朽木夜蛾...........166
旋花天蛾...........108
旋目夜蛾...........166
旋皮夜蛾...........167
旋幽夜蛾...........168
雪毒蛾...............64
血红雪苔蛾.........60

Y

芽白小卷蛾...........70
亚麻篱灯蛾.........60
亚洲小车蝗.........265
亚洲玉米螟.........101
烟草夜蛾...........150
烟火焰夜蛾.........169
烟青虫...............150
烟实夜蛾...........150
烟焰夜蛾...........169
烟夜蛾...............150
焰夜蛾...............169
燕尾舟蛾...........195
杨白剑舟蛾.........191
杨尺蠖...............29
杨毒蛾...............64

杨二尾舟蛾.........191
杨褐枯叶蛾...........78
杨褐天社蛾.........193
杨枯叶蛾...........78
杨柳枯叶蛾...........78
杨扇舟蛾...........192
杨树天社蛾.........192
杨双尾天社蛾.......191
杨小舟蛾...........193
杨雪毒蛾...........64
杨燕尾舟蛾.........194
杨逸巴夜蛾.........169
腰带燕尾舟蛾.......195
摇头虫...............179
野蚕...............22
夜盗蛾...............172
一点金刚钻.........134
一点钻夜蛾.........134
异色花龟蝽...........8
银锭夜蛾...........172
银纹夜蛾...........173
隐金夜蛾...........174
鹰翅天蛾...........111
肖毛翅夜蛾.........164
优美苔蛾...........61
油葫芦...............274
疣蝗...............265
榆白边舟蛾.........195
榆尺蠖...............29
榆毒蛾...............65
榆红肩天社蛾.......195
榆黄斑舟蛾.........196
榆黄足毒蛾.........65

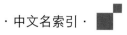
榆绿天蛾.............119
榆毛虫.............196
榆木蠹蛾.............103
榆天社蛾.............188
榆天社蛾.............195
榆掌舟蛾.............196
玉米黄呆蓟马.........262
玉米黄蓟马.........262
玉米蓟马.........261
玉米蓟马.........262
玉米螟.............101
芋双线天蛾.........120
月斑虎甲.............205
云纹虎甲.............205
云纹天蛾.............119
云星黄毒蛾.............66

Z

枣刺蛾.............47
枣豆虫.............117
枣桃六点天蛾.........117
枣天蛾.............117
枣奕刺蛾.............47
蚱蝉.............252
窄黄缘绿刺蛾.............44
长翅素木蝗.............267
长冬夜蛾.............176
长肩棘缘蝽.............14
长毛金龟子.............212
长头蜡蝉.............256
折带黄毒蛾.............67
折无缰青尺蛾.............42
赭小内斑舟蛾.........197
蔗茎禾草螟.............86

芝麻鬼脸天蛾.........110
芝麻天蛾.........110
直脉青尺蛾.............42
中带三角夜蛾.........177
中国豆芫菁.........241
中国绿刺蛾.............47
中黑盲蝽.............13
中黑天社蛾.........195
中华薄翅天牛.........227
中华单羽食虫虻.........245
中华盗虻.........245
中华稻蝗.........268
中华负蝗.........275
中华甘薯叶甲.........239
中华剑角蝗.........271
中华萝藦肖叶甲.........239
中华蚱蜢.........271
中金翅夜蛾.........177
中金弧夜蛾.........177
舟形毛虫.........189
舟形帖蛰.........189
皱地夜蛾.........178
朱绿蝽.............7
蠋步甲.........203
苎麻夜蛾.........179
蚵蚄.............175
紫斑谷螟.............26
紫斑螟.............26
紫苏红粉野螟.............27
紫苏卷叶虫.............27
紫苏野螟.............27
紫条尺蛾.............43
紫线尺蛾.............43

钻心虫.................96
钻心虫.............101